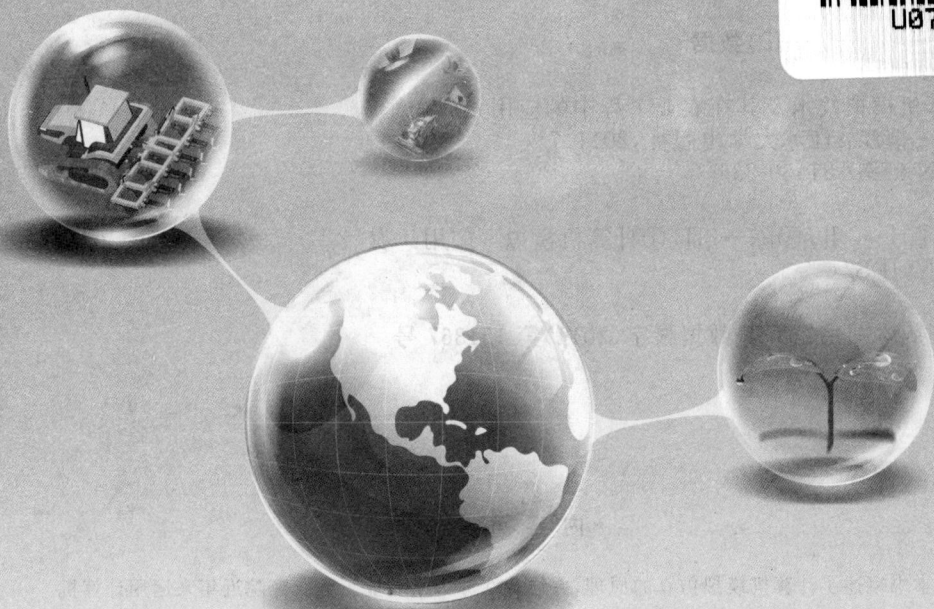

JISUANJI MONI JISHU

JI QI ZAI NONGYE GONGCHENG ZHONG DE YINGYONG

计算机模拟技术
及其在农业工程中的应用

陈树人　毛罕平　贾卫东　李青林　尹建军　编著

江苏大学出版社

JIANGSU UNIVERSITY PRESS

图书在版编目(CIP)数据

计算机模拟技术及其在农业工程中的应用/陈树人
等编著. 一镇江:江苏大学出版社,2011.7
ISBN 978-7-81130-236-3

Ⅰ.①计… Ⅱ.①陈… Ⅲ.①计算机模拟—应用—农
业工程 Ⅳ.①S2

中国版本图书馆 CIP 数据核字(2011)第 151367 号

内 容 简 介

本书概述了计算机模拟仿真的原理,并结合江苏大学农业工程研究院近年来运用计算机
模拟仿真技术进行农业工程研究和设计的实例,详细介绍 MATLAB 仿真、ADAMS 多刚体
运动动力分析虚拟样机技术、ANSYS 有限元分析、Flunt 流场软件等的特点及其在现代农业
装备数字化设计和农业工程中的应用。既有一定的学术理论价值,又有较强的实用性,对于
推动我国计算机模拟仿真技术在农业工程中的运用,提高设计效率和质量,降低设计成本,实
现农业工程设计的现代化具有积极的意义。

本书既可作为高等学校计算机模拟技术及其工程应用教材,也可供从事农业工程技术研
究人员参考。

计算机模拟技术及其在农业工程中的应用

编　　著/陈树人　毛罕平　贾卫东　李青林　尹建军
责任编辑/杨海濒
出版发行/江苏大学出版社
地　　址/江苏省镇江市梦溪园巷 30 号(邮编:212003)
电　　话/0511-84443089
传　　真/0511-84446464
排　　版/镇江文苑制版印刷有限责任公司
印　　刷/丹阳市教育印刷厂
经　　销/江苏省新华书店
开　　本/787 mm×1 092 mm　1/16
印　　张/14
字　　数/330 千字
版　　次/2011 年 9 月第 1 版　2011 年 9 月第 1 次印刷
书　　号/ISBN 978-7-81130-236-3
定　　价/32.00 元

如有印装质量问题请与本社发行部联系(电话:0511-84440882)

前言

农业工程学是为农业生产和农村生活服务的综合性工程技术及其科学。它以土壤、肥料、农业气象、育种、栽培、饲养、农业经济等学科为依据，综合应用各种工程技术，为农业生产提供各种工具、设施和能源，以求创造最适于农业生产的环境，改善农业劳动者的工作、生活条件。2000 年美国工程院评出 20 世纪对人类生活影响最大的 20 项工程技术成就，农业机械化被列为第 7 位。农业机械化在全球范围内显著改变了食品的生产和分配，促进了资本、技术向农业的转移，使大量农村人口迁移到城市，对人们的生产、生活、就业以及消费方式等都产生深刻而持久的影响。

在西方发达国家，计算机模拟技术已广泛应用于农业工程技术各领域。本书介绍了计算机模拟的原理，并结合江苏大学农业工程研究院近年来运用计算机模拟技术进行农业工程研究和设计的实例，详细介绍了 MATLAB 仿真、ADAMS 虚拟样机技术、ANSYS 有限元分析、Fluent 流场分析软件等的特点及其在现代农业装备数字化设计和农业工程中的应用，既有一定的学术、理论价值，又有较强的实用性，对于推动计算机模拟技术在农业工程中的运用，提高设计效率和质量，降低设计成本，实现农业工程设计的现代化具有积极的意义。

本书既可作为高等学校计算机模拟技术及其工程应用教材，也可供从事农业工程技术研究人员参考。

陈树人、尹建军、李双、王玉飞、卢强撰写了第一章、第二章、第五章，李青林撰写了第三章，毛罕平、贾卫东、程秀花、李成撰写了第四章，全书由陈树人进行统稿。

本书编撰过程中得到江苏大学研究生处、江苏大学农业工程研究院的大力支持和江苏大学出版社的关心，在此一并表示衷心的感谢。由于水平有限，难免有疏漏之处，恳请广大读者批评指正！

编著者
2011 年 6 月

目 录

I

第一章　计算机模拟及其在农业工程中的应用概述

计算机模拟仿真技术是指借助计算机,用系统的模型对真实系统或设计中的系统进行试验,以达到分析、研究与设计该系统的目的。利用模拟仿真技术不但可以预示或再现系统所发生的规律和过程,而且可以对无法直接进行试验的系统进行模拟仿真试验研究。随着计算机技术的发展,模拟仿真技术也得到迅速的发展,其应用领域及其作用也越来越大。尤其是近年来在农业工程及其他大规模复杂系统的研制开发过程中,计算机模拟仿真一直是不可缺少的工具,发挥着巨大作用。

1.1 系　　统

1.1.1　系统的概念

系统模拟仿真的研究对象是具有独立行为规律的系统。所谓系统是指相互联系又相互作用的元素之间的有机组合。从广义上讲,系统的概念是非常广阔的。大到无垠的宇宙世界,小到分子原子,都可以称之为系统。

系统按其物理特征的不同可以划分为两大类,工程系统和非工程系统。非工程系统是指自然和社会在发展过程中形成的,被人们在长期的生产劳动和社会实践中逐渐认识的系统,例如社会、经济、管理、交通、生物系统等;工程系统是指人们为满足某种需要或实现某个预定的功能,利用某种手段构造而成的系统,例如电气、机械和通信系统等。

任何系统,不论它是大是小,都必然存在 3 个方面需要研究的内容,即实体、属性和状态。

所谓实体是指组成系统的具体对象。例如,在液压系统中实体有液压泵、液压马达、换向阀等。系统中的各个实体既具有一定的相对独立性,又相互联系构成一个整体。

所谓属性是指实体所拥有的每一项特性(状态和参数)。例如,联合收割机割幅的大小、振动的信号;打捆机打捆速度;农业喷雾装置中压力旋流喷头压力等。

所谓状态是指由于组成系统的实体之间相互作用或者随着时间的推移而引起实体属性的变化,例如不同工况下联合收割机振动信号的改变等。

研究系统就是研究系统状态的改变,即系统的转变。

系统是在不断地运动、发展、变化的。由于组成系统的实体之间相互作用而引起实体属性的变化,使得在不同的时刻,系统中的实体和实体属性都可能会有所不同,这种变化通常用状态来描述。在任意给定时刻,系统中实体、属性以及活动的信息总和称为系统在该时刻的状态;用于表示系统状态的变量称为状态变量。

系统具有 4 个主要特性:

(1) 目的性。即设计和运行某一系统是为了实现一定的目的,它包括两个相互紧密联系的含义,即实现某些特定功能及系统优化。

(2) 集合性。系统的各个组成部分(元素或子系统)之间具有一定的独立性。系统在某些条件下是可以分解的。也就是说,构成系统的某个实体本身也可以看成一个单独的系统来进行分析研究,这个系统称为原系统的一个子系统或分系统,但它们同时构成一个有机整体。

(3) 相关性。系统不是孤立存在的。组成系统的子系统之间存在相互联系、相互作用,某一子系统的输入则是与之相联系的前一子系统的输出。为使系统正常运行,各子系统间存在着一定的逻辑关系。

(4) 环境适应性。系统的环境是指对系统的活动结果产生影响的外界因素。

系统的边界是指系统与环境之间的分界,边界确定了系统的范围,边界以外对系统的作用称系统的输入,系统对边界以外环境的作用称为系统输出。

系统边界的划分在很大程度上取决于系统研究的目的。例如在用有限元分析进行模态分析时,如果仅考虑设计评价、对比分析、有限元模型修正,那么系统只需分析自由边界条件的模态结果即可,如比较两个车身的设计,动态刚度设计(模态)是否满足设定的目标。但若要研究故障诊断分析、模拟实际工况分析时,系统中还要包括实际边界条件,如施加实际工况约束和载荷等。

任何系统都有确定的边界和环境。由于外部环境是变化的,为了使系统优化,系统必须进行相应调节使之适应环境的变化。在对一个系统进行分析时,必须考虑系统所处的环境,而首要的便是划分系统与其所处环境之间的边界。

系统研究包括系统分析、系统综合和系统预测等方面。研究系统首先需要描述清楚所研究系统的实体、属性、状态及环境。因为系统的概念不仅与实体有关,而且与研究者的目的有关。只有在对实体、属性、状态、环境作了明确的描述之后,系统才是确定的。

1.1.2 系统模型

系统模型可以定义为对系统某种特定功能的一种描述,它集合了系统必要的信息,通过模型可以描述系统的本质和内在的关系。

模型是对相应的真实对象和真实关系中那些有用的和令人感兴趣的特性的抽象,是对系统某些本质方面的描述,它以各种可用的形式提供被研究系统的信息。模型描述可视为是对真实世界中的物体或过程相关信息进行形式化的结果。模型在所研究系统的某一侧面具有与系统相似的数学描述或物理描述。从某种意义上说,模型是系统的代表,同时也是对系统的简化;另一方面,模型应足够详细,以便从模型的实验中取得关于实际系统的有效结论。

一般来说,系统模型的结构具有相似性、简单性、多面性等性质。

1.1.3 系统模拟仿真

在许多场合已将模拟仿真两个词连用,并用 Simulation 来表示,它指的是:用模型(物理模型或数学模型)来模仿实际系统,代替实际系统进行实验和研究,而模拟(Analog)却被用来仅指应用计算机进行仿真。

在给出一个系统模型后,当系统无法通过建立数学模型求解时,仿真技术能有效地进行处理。首先,系统仿真是一种对系统问题求数值解的计算技术;其次,仿真是一种人为的试验手段。它和现实系统实验的差别在于,仿真实验不是依据实际环境,而是作为实际系统映象的系统模型在相应的"人造"环境下进行的,这是仿真的主要特征。仿真可以比较真实地描述系统的运行、演变及其发展过程。

从上面的分析中可知,系统的模拟仿真就是根据系统分析的目的,在分析系统各要素性质及其相互关系的基础上,建立能描述系统结构或行为过程的,且具有一定逻辑关系或数量关系的仿真模型,据此进行试验或定量分析,以获得正确决策所需的各种信息。

系统、模型与仿真三者之间有着十分密切的关系,系统是研究对象,模型是系统特性的描述,仿真则包含建立模型及对模型进行试验两个过程。

1. 模拟仿真分类

根据模型的类型,系统模拟仿真可以分为物理仿真、数学仿真和物理-数学仿真。

物理仿真是指按照实际系统的物理性质构造系统的物理模型,并在物理模型上试验;数学仿真是指建立系统数学模型,并将数学模型转化为仿真计算模型,通过仿真模型运行达到对系统运行的目的。把系统的一部分写成数学模型,而另一部分则构造其物理模型,然后将它们连接成系统模型进行实验,就称为物理-数学仿真,也称为半实物仿真。

根据研究对象的连续性,也可把系统模拟仿真分为连续系统仿真和离散事件系统仿真。

连续系统仿真,是对那些系统状态量随时间连续变化的系统,包括数据采集与处理系统进行仿真;离散事件系统仿真,则是对那些系统状态只是在离散时间点上由于某种随机事件的驱动而发生变化的系统进行的仿真研究。

2. 计算机模拟仿真

自从电子计算机问世以后,模拟仿真这个概念就越来越紧密地与计算机连在一起了。人们越来越多地通过建立数学模型应用计算机进行模拟仿真。例如:美国研制成功的波音 777 飞机,其研制者宣称进行了"不上天的试飞(Testing without flying)",其实就是用计算机完成了模拟试飞,取得了和实际上天试飞同样的效果。这一事例充分显示当代计算机模拟仿真技术的发展水平,同时也说明计算机模拟仿真已成为现代产品开发中的重要支撑技术。

计算机模拟仿真是在数字计算机上进行实验的数字化技术,用于模仿真实系统,它包括数字与逻辑模型的某些模式,这些模型描述某一事件或经济系统在若干周期内的特征。它集成了计算机技术、网络技术、图形图像技术、多媒体技术、软件工程、信息处理、自动控制等高新技术领域的知识。即建立在控制理论、相似理论、信息处理、计算技术等基础理论之上,以计算机和其他专用设备为工具,利用系统模型对真实或假想系统进行实验,并借助于专家经验知识、统计数据和信息资料对实验结果进行分析研究,进而作出决策。

计算机模拟仿真主要包括 3 个要素:系统、模型和计算机。联系这 3 个要素的有 3 个基本活动:系统模型建立、仿真模型建立和仿真实验。

建模活动是通过对实际系统的观测和检测,在忽略次要因素及不可检测变量的基础上,用物理或数学的方法进行描述,从而获得实际系统的简化近似模型。仿真模型反映了系统模型同仿真器或计算机之间的关系,能为仿真器及计算机所接受并在其上运行。模拟仿真实验就是将系统的仿真模型置于计算机上运行的过程。系统模拟仿真是通过实验进行研究实际系统的一种技术,通过模拟仿真活动可以弄清系统内在结构变量和环境条件的影响。

3. 模拟仿真的实现过程及其重要作用

在对系统进行模拟仿真分析时,不论模拟仿真的类型和目的是否相同,其具体的仿真实现过程都有以下几点相类似:

(1) 问题提出:定义研究问题和确立求解目标;

(2) 模型的建立:根据所提出问题及其阐述,将系统抽象为数学上的逻辑关系;

(3) 数据的需求:数据的定义、标识和收集;

(4) 模型转换:用文字、图形和流程表示逻辑关系转换为计算机仿真语句序列;

(5) 论证和计划:建立仿真模型和实际工程系统之间的联系;

(6) 实验:执行仿真模型、输出仿真结果,包括数据、表格和图形等;

(7) 修改和完善模型:根据仿真结果,分析、修改和完善模型。

模拟仿真,尤其是计算机模拟仿真技术之所以能在现代产品开发中发挥重要作用,主要是因为:① 模拟仿真的过程也是实验的过程,而且还是系统地收集和积累信息的过程。尤其是对一些复杂的随机问题,应用模拟仿真技术是提供所需信息的唯一令人满意的方法。② 对一些难以建立物理模型和数学模型的对象系统,可通过仿真模型来有效地解决预测、分析和评价等系统问题。③ 通过系统模拟仿真,可以把一个复杂系统降阶成若干子系统以便于分析。④ 通过系统模拟仿真,能启发新的思想或产生新的策略,还能暴露出原系统中隐藏着的一些问题,以便及时解决。

1.2 计算机模拟的基本原理

计算机模拟仿真的基本原理是建立系统的结构模型和量化分析模型,并将其转换为适合在计算机上编程的仿真模型,然后对模型进行仿真实验并得出仿真所需的数据、图表等。从问题的提出,需要求解的目标来选取计算机模拟技术,如虚拟样机技术、有限元模拟仿真、系统控制模拟仿真等。从而建立问题所阐述的实际模型,通过几何建模到数学建模转换成计算机所能识别的仿真模型。接着进行计算机模拟仿真试验,通过仿真试验得到所需的仿真数据,并对比修改完善模型。

1.2.1 计算机模拟的方法及步骤

计算机模拟就是在计算机上将描述实际系统的几何、数学模型转化为能够被计算机求解的仿真模型,并编制相应的仿真程序进行求解,以获得系统性能参数的方法及过程。数字化仿真的基本步骤如图 1-1 所示,虚线框为计算机模拟核心步骤。

图 1-1 计算机模拟基本步骤

1. 系统建模

如前所述,模拟仿真是一种基于模型的试验活动。系统建模是仿真工作的基础,模型的质量和准确性决定了仿真结果的可信性和有效性。其中,数学建模是根据仿真目标,建立系统的数学模型;仿真建模则是采用仿真软件中的仿真算法或通过程序语言,将系统的数学模型转换成计算机能够接受的计算程序。

针对仿真目标,在分析被仿真对象的基础上,经过抽象和简化,可以构造系统的数学模型。为保证所建模型符合真实系统,在建立模型时要准确把握系统的结构和机理,提取关键的参数和特征,并采取正确的建模方法。概括起来,数学建模的方法可以分为两类:

(1)演绎法。从某些前提、假设、原理和规则出发,通过数学或逻辑推导建立系统的数学模型。演绎法是从一般到特殊的过程,即根据普遍原理推导出被仿真对象的特殊描述。

(2)归纳法。通过对真实系统的测试,获得有关真实系统本质信息及数据;通过对相关信息及数据的处理,得出对真实系统规律性的描述。归纳法是利用对真实系统的试验数据建立系统模型,是从特殊到一般的过程。

实际应用中,可以综合使用上述两类方法建模。但不管采用哪种方法,都必须充分了解真实系统,以提炼出真实系统的本质特征,由此引出模型的"可信度"问题,即模型的相似性和精度。模型的可信度不仅取决于建模所使用的经验知识及试验数据是否正确完备,还取决于所用的建模方法是否合理、严密。另外,在将数学模型转化为仿真模型的过程中,还存在模型的转换精度问题,也会影响模型的可信度。

2. 模拟仿真试验

模拟仿真试验是运行仿真程序、进行仿真研究的过程,也就是对所建立的仿真模型进行数值试验和求解的过程。不同的仿真模型有不同的求解方法。连续系统通常用常微分方程、传递函数、偏微分方程等进行描述。求解时,常微分方程可采用各种数值积分法求解,偏微分方程则可以采用有限差分法、蒙特卡罗法或有限元法等求解。

离散事件系统的仿真模型通常是概率模型。相应地,离散系统的仿真一般为数值试验的过程,即测试参数符合一定概率分布规律时系统的性能指标。不同类型的离散事件系统(如随机服务系统、随机库存系统等)具有不同的仿真方法。

一般地,研究对象、数学模型及仿真模型之间具有如图 1-2 所示的关系。

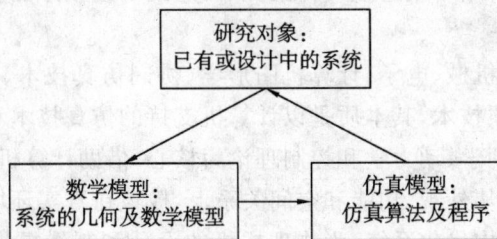

图 1-2　研究对象、数学模型及仿真模型之间关系

3. 模拟仿真结果分析

在仿真试验中提取有价值的信息,以指导实际系统的开发,是仿真的最终目标。早期仿真软件的仿真结构多以大量数据的形式输出,需要研究人员花费大量的时间整理、分析仿真数据,以得到科学结论。

目前,仿真软件中广泛采用了图形化技术,通过图形、图表、动画等形式显示被仿真对象的各种状态,使得仿真数据更加直观、丰富和详尽,也有利于人们对仿真结果的分析。另外,应用领域及仿真对象不同,仿真结果的数据形式和分析方法也不尽相同。

1.2.2　计算机模拟技术及仿真软件

在工程中主要涉及以下常用的计算机模拟技术软件,如 CAD/VPT/CAE/CFD/SC,其全称分别是计算机辅助设计(Computer Aided Design)、虚拟样机技术(Virtual Prototype Technology)、计算机辅助工程分析(Computer Aided Engineering)、计算流体力学(Computational Fluid Dynamics)、科学计算(与控制)(Scientific Computation)。经过几十年的发展,这些软件广泛应用于航空航天、生物工程、农业工程、工业生产等领域,为这些领域的科学研究和工程应用做出了巨大的贡献。

随着计算机及模拟仿真技术的发展,仿真系统规模日益扩大、结构趋于复杂并向分布式仿真发展,使得系统建模与仿真的验证、确认日益困难。为解决上述问题,现代模拟仿真软件开发广泛采用如下技术:

(1) 开放式结构。数据接口标准化,使软件能适用于多种网络接口、通信标准和操作系统,以提高系统的适应性和可维护性。

(2) "事件驱动"的编程方法。早期的编程方法为"顺序驱动",程序结构缺少灵活性;"事件驱动"将复杂多变的与仿真对象有关的数据和结构信息作为驱动事件分离出去,主程序中为通用性强、相对固定的程序结构,使得系统灵活性增加。

(3) 模块化建模。模块化建模是实现事件驱动编程的基础,可以提高代码利用率,有利于减少软件规模,适应了面向对象编程。

(4) 数据处理技术。数据是仿真的基础,仿真系统的运行实际是数据的交互活动。仿真数据可分为关系数据和实时数据两类,关系数据包括模型参数、监控信息等,而实时数据则是仿真运行中产生的数据,它具备与仿真计算同步刷新的功能。

1. 虚拟样机技术

虚拟样机技术(Virtual Prototype Techndogy——VPT)也称为机械系统动态仿真技术。它是以产品的计算机仿真模型为基础,在计算机中对模型的各种动态性能进行分析、测试和评估,并根据分析结果改进设计方案,从而达到以虚拟产品模型代替传统的物理样机试验的目的。

虚拟样机技术涉及机械、电子、计算机图形学、协同仿真技术、系统建模技术、虚拟现实技术等多个领域、多项技术,其本质是以计算机支持的仿真技术和生命周期建模技术为前提,以多刚体系统运动学、动力学和控制理论为核心,借助计算机图形技术、交互式用户界面技术、并行技术等,从外观、功能和空间关系上,模拟在真实环境下系统的运动学和动力学特性并根据仿真结构优化系统,为物理样机的设计和制造提供参数依据。虚拟样机技术的应用,对创新设计、提高设计质量、减少设计错误、加快产品开发周期具有重要意义。

虚拟样机技术的出现受到人们的高度重视,技术领先、实力雄厚的制造厂商纷纷将虚拟样机技术引入到产品开发中,以保持企业的竞争优势。例如,波音 777 飞机就是采用虚拟样机设计技术的典型实例。再如,Motorola 公司利用虚拟样机技术进行商用和军用全球移动通信系统和网络的研制,极大地降低了开发成本及技术风险。

ADAMS 是以多体动力学为基础,包含多个专业模块和专业领域的虚拟样机开发系统软件,它可以生成复杂的机—电—液一体化系统的运动学、动力学行为,其模型可以是刚性体,也可以是柔性体,或刚柔混合模型。它提供从产品概念设计、方案论证及优化、详细设计、试验规划以及故障诊断等各阶段的仿真计算。如果在产品的概念设计阶段采用ADAMS 进行辅助分析,就可以在建造真实的物理样机之前对产品进行各种性能测试,以达到缩短开发周期、降低开发成本的目的。由于 ADAMS 功能强大、分析精确、界面友好、通用性强,在全球已广泛应用于航空、航天、汽车、铁路和其他机械工业。

2. 有限元分析技术

在产品设计中,最常见的问题是计算和校验零部件的强度、刚度,以及对整体机器或部件进行动力学分析等。虽然人们运用力学知识已经得到了它们的基本方程和边界条件,但是能用解析方法求解的只是少数性质比较简单、边界条件比较规则的问题。绝大多数工程技术问题很少有解析解。

有限元法(Finite Element Analysis——FEA)的基本思想是:将形状复杂的连续体离散化为有限个单元组成的等效组合体,单元之间通过有限个节点相互连接;根据精度要求,用有限个参数来描述单元的力学或其他特性,连续体的特性就是全部单元体特征的叠加;根据单元之间的协调条件,可以建立方程组,联立求解就可以得到所求的参数特征。由于大多数实际问题难以得到准确解,而有限元不仅计算精度高,而且能适应各种复杂形状,因而成为行之有效的工程分析手段。

ANSYS 是一个通用的有限元分析软件,它具有多种多样的分析能力,从简单的线性静态分析到复杂的非线性动态分析。而且,ANSYS 还具有产品的优化设计、估计分析等附加功能。它能够提供以下分析:结构静力分析、结构动力分析、结构非线性分析、结构屈曲分析、热力学、电磁场分析等。ANSYS 功能强大,是全球用户最多的有限元分析软件。

3. 计算流体力学分析技术

计算流体力学(Computational Fluid Dynamics——CFD)的基本思想可以归纳为:把原来在时间域上连续的物理量的场(如速度场和压力场),用有限个离散点上的变量值的集合来代替,通过一定的原则和方式创建起关于这些离散点上场变量之间关系的代数方程组,然后求解代数方程组获得场变量的近似值。

CFD 软件是目前国际上一个强有力的研究领域,是进行传热、传质、动量传递及燃烧、多相流和化学反应研究的核心和重要技术,在计算流体力学领域,至今已经出现了Fluent,CFX,CFDRC,Phoenics 等一系列通用计算流体力学软件来实现流体分析、流场计算、流场预测。通过 CFD 软件,可以分析并显示发生在流场中的现象,在比较短的时间内能预测性能,并通过改变各种参数,达到最佳设计效果。

Fluent 是由 Fluent 公司开发的计算流体力学模拟软件。该软件采用 C 语言编写核心程序,因此使用起来相当灵活,具有动态内存分配、高效数据结构及灵活的解控制。从处理问题的角度来看,Fluent 可以求解:不可压或可压流动,定常或非定常流动,无粘、层流或紊流流动,牛顿流体或非牛顿流体流动,对流热传导、辐射热传导,惯性与非惯性坐标系中的流体流动,动网格求解,化学反应流动求解,多相流动求解,运动界面追踪等。针对上述每一类问题,Fluent 都提供了优秀的数值模拟格式供用户选择。因此,在工业应用方面,Fluent 已经广泛用于化学工业、环境工程、航天工程、汽车工业、电子工业和材料工业等。

解决计算流体问题,首先要对相关问题进行建模。一般来说,建模包括两个方面,一是几何建模,即对物理世界的几何结构进行计算机重建;二是数学建模,即对物理世界的流体属性进行数学模拟。几何建模是解决计算流体力学问题的第一步,完成几何建模之后需要采用网格划分软件对计算区域进行离散,目前的网格划分软件主要包括 ICEM CFD,Gridgen,Gambit,CFD Geom 等,本书将采用 Gambit 进行网格划分。对计算区域进行离散后就可以采用 CFD 求解器进行数值模拟。本书采用 Fluent 软件进行数值模拟,并采用相关的后处理软件进行 CFD 的后处理工作。

4. 科学计算与控制技术

科学计算(Scientific Computation——SC)与控制技术是伴随着计算机的出现而迅速发展并得到广泛应用的交叉学科,已与理论和实验研究一起成为当今世界科学研究的主要手段。科学研究、高新技术和重大工程中的科学计算问题越来越需要由可行的计算机网络来完成。

在理论分析领域,尤其是数学领域,Mathematic,Maple,MATLAB 等一系列数学软件将广大的教学工作者从烦琐的公式推导中解放出来。MATLAB 是矩阵实验室(Matrix Laboratory)的简称。MATLAB 是当今最流行的通用计算软件之一,Simulink 是基于 MATLAB 的图形化仿真平台,是 MATLAB 提供的进行动态系统建模、仿真和综合分析的集成软件包,Simulink 和 MATLAB 之间可以灵活地进行交互操作。

在流行的 MATLAB/Simulink 中包括拥有数百个内部函数的主包和 30 多种工具包(Toolbox)。工具包又可以分为功能性工具包和学科工具包。功能性工具包用来扩充 MATLAB 的符号计算、可视化建模仿真、文字处理及实时控制等功能。学科工具包是专业性比较强的工具包,控制工具包、信号处理工具包、通信工具包等都属于此类。经过 Math Works 公司的不断完善,MATLAB 被广泛用于科学研究和解决各种具体问题。

1.3 计算机模拟技术在农业工程中的应用现状

1.3.1 虚拟样机技术在农业工程中的应用现状

虚拟样机技术的兴起,为农业机械设计提供了全新设计理念。通过在设计初期直接在计算机环境中创建虚拟样机,并进行各项性能仿真试验和分析,不仅可以使农业机械的结构和功能得到模拟,还能使样机缺陷在最初的设计阶段就能被及时发现并加以改进,实现设计与完善同步进行。通过利用先进的制造技术进行虚拟设计、虚拟装配和虚拟制造,从而达到缩短生产周期、降低产品开发成本的目的,以提高我国农机产品质量及国际竞争力。

当前,虚拟样机技术在农业机械的设计开发上越来越得到重视。例如:在对穴盘苗移栽机设计时进行动力学仿真,利用轨迹规划确定移栽机械手末端执行器的位置、速度和加速度,研究在平面内进行轨迹规划的方法;对联合收割机割刀进行惯性力分析,在 ADAMS 中模拟出惯性力的大小和割刀往复运动的频率大小,从而为联合收割机割台的减振提供理论依据;用于农业采摘机器人机械手的初始设计到虚拟设计,大大缩短产品生产周期和设计成本,并在 AD-AMS 中模拟出机械手夹持力的大小,为进一步开发提供理论依据。

　　以磁吸滚筒式精密排种器的虚拟设计为例,通过磁吸滚筒式精密排种器的三维建模并导入 ADAMS 模型,通过仿真测得种子质心与磁极面中心距离的变化曲线,排种过程种子质心在 Y-Z 面的轨迹,滚筒转速对种子排种运动的影响等(见图 1-3)。

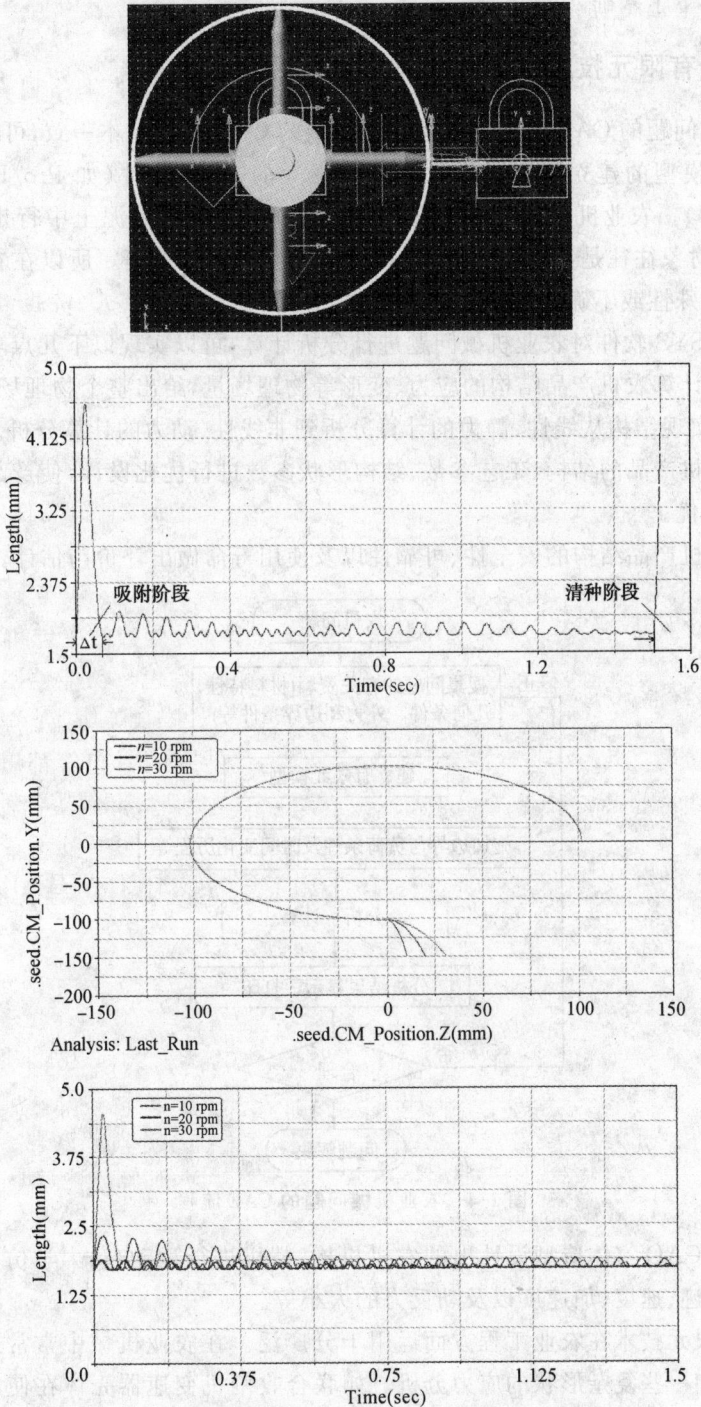

图 1-3　磁吸滚筒式精密排种器模拟仿真

通过仿真结果可以看出,滚筒转速越快,排种元件吸种阶段的吸附角越大,排种运动越不稳定,越不利于排种;励磁线圈电流强度越大,种子排种运动越稳定,越有利于排种;取种位置角越大,排种运动越稳定,也有利于排种。此仿真结果为进一步研究磁吸滚筒式精密排种器打下了基础。

1.3.2　有限元技术在农业工程中的应用现状

农业机械问题的 CAE 流程与其他工程领域的 CAE 流程基本一致,可用图 1-4 表示。其中,有限元模型的建立可以借助一些功能强大的 CAD 软件(如 Pro/E,MDT,Solid-Works,UG 等)。农业机械的问题有其特殊性,如许多农机在泥土中行走,工作环境恶劣;农机作业对象往往是不同的农作物,其材料性能差别较大等。所以在农机 CAE 中必须考虑这些特殊性或不确定性。

利用 ANSYS 软件对农业机械问题进行分析计算,可以实现以下几点功能:

(1) 分析计算农机产品结构的应力、变形等物理场量,给出整个物理场量在空间与时间上的分布,实现结构从线性、静力的计算分析到非线性、动力的计算分析。

(2) 对农机产品的结构、工艺参数、结构形状参数进行优化设计,使产品结构性能、工艺过程达到最优。

(3) 对农机产品结构的安全性、可靠性以及使用寿命做出评价与估计。

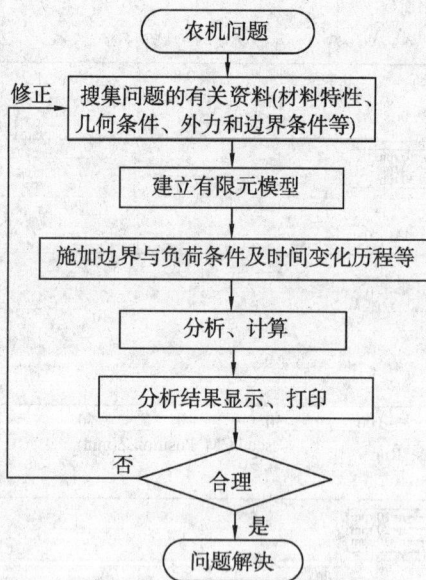

图 1-4　农业机械问题的 CAE 流程

(4) 对由 CAD 实体造型设计出的农机机构、整机进行运动/动力学仿真,给出机构、整机的运动轨迹、速度、加速度以及动反力的大小等。

当前,有限元技术在农业工程方面运用十分广泛。在农业机械中常常遇到空间梁单元、薄壁杆系和一些复杂形状的应力分析。如联合收割机变速器壳体在使用过程中出现破裂现象,则需要进行故障分析,即通过在有限元中对其进行划分网格,施加约束和载荷,模拟现实环境进行应力、应变分析,再通过仿真结果可以进行结构优化。

例如,联合收割机割台的振动和噪声问题一直是联合收割机的一个严重问题,解决振动必须先对割台进行结构分析,在有限元中,定义单元材料,将实体模型划分网格,添加边界约束,对联合收割机的有限元模型进行模态分析,求得其固有频率和振型,以避免激励频率与其固有频率一致而发生共振。图1-5为计算机模拟的前几阶模态振型。

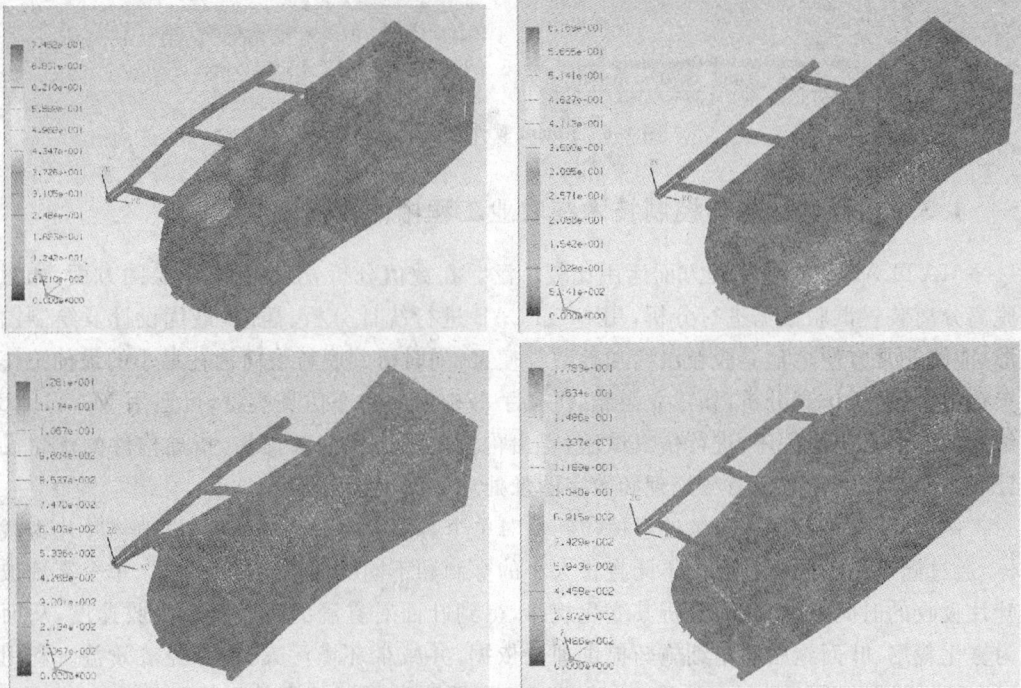

图 1-5　联合收割机割台的有限元模态分析

1.3.3　计算流体力学分析技术在农业工程中的应用现状

在农业工程中,泵、室内流体场、室外流体场等分析必须用到 CFD 软件来进行模拟仿真,而 Fluent 是最常用的 CFD 软件。研究多回路泵内部流场的数值模拟能得到泵内部工作油液的瞬时变化情况,从而可以分析区别于普通泵。用 Fluent 开展防护林带空气动力学研究,通过建立湍流数值模型以及设定诸如边界条件等环境参数,用数值模拟出绕单排防护林带流场等,分析不同疏透度下的绕林流场计算,比较它们的沿流向相对风速的变化状况以及湍动能和压力分布情况;分析不同粗糙度、带宽度下的绕林流场计算,比较它们的沿流向相对风速的变化状况。

例如,应用 CFD 软件 Fluent 对联合收割机清选室内气流场分布进行数值模拟,获得速度场分布,得出气流速度矢量图和气流速度等值线图,并与实测结果进行对比分析,验证流体计算软件的实用性,分析清选室内导流板形状对清选室内气流场分布的影响,如图1-6所示,为清选室内气流场分布提供了一种实用的分析方法。

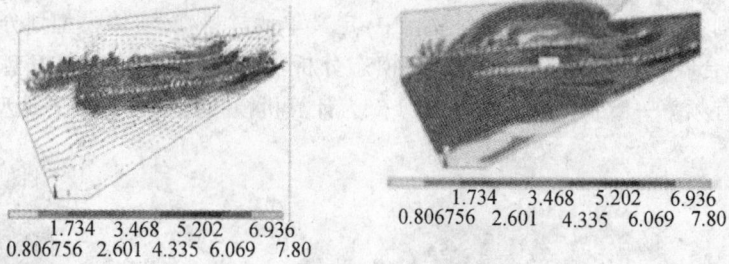

图 1-6　Fluent 软件气流场分析

1.3.4　科学计算与控制技术在农业工程中的应用现状

MATLAB 在农业工程方面运用比较广泛。在数值分析、工程与科学绘图方面,如对脱离分离装置试验数据进行分析,用 MATLAB 进行统计分析、插值、最优设计及绘制图形,能够非常方便地建立脱粒滚筒功耗数学模型,同时得到脱粒滚筒消耗最小的最佳工作参数组合;对于仿真分析,如建立齿轮、机械手等构件的动态仿真模型,可运用 MATLAB 编制动态仿真应用程序,进行仿真试验,得出构件的动态性能的预估,指导构件的优化设计和试验工作。在数字信号处理和数字图像处理方面也运用广泛。

例如,用 MATLAB 图像处理植物叶片对单个雾滴吸收过程的研究,以植物叶片为载体,通过测试出不同作物叶面不同直径大小的雾滴和不同叶面位置的条件下,单个雾滴被叶片吸收的时间数据,从而分析其变化规律,得到叶面对雾滴的吸收量和吸收速度,从而为雾化栽培、叶面施肥和精细施药提供理论依据,并减少环境污染、提高经济效益。利用 MATLAB 求出雾滴直径和体积,从而可以根据雾滴随时间的变化规律初步建立叶片吸水的数学模型。

图 1-7 为经过 MATLAB 预处理的雾滴的图像。

图 1-7　MATLAB 预处理的雾滴图像

1.3.5　其他计算机模拟技术在农业工程中的应用现状

虚拟仪器(Virtual Instrument——VI)是基于计算机的软件仪器,通过将仪器装入计算机,以通用的计算机硬件及操作系统为依托,实现各种仪器功能。虚拟仪器软件 Lab-

VIEW 是一个基于 G(Graphic)语言的图形编程开发环境,在工业界和学术界中广泛用作开发数据采集系统、仪器控制软件和分析软件的标准语言,对于科学研究和工程应用来说,它是很理想的语言。运用虚拟仪器技术,可以方便地建立适合自己需要的测控系统,再也不必将自己封闭在固定传统仪器的狭窄天地中。在农业工程中的电子测量、电力工程、振动分析、声学分析、故障诊断等领域都有极为广泛的应用。

离散单元技术是一种显示求解的数值方法。离散单元法也像有限单元法那样,将区域划分成单元。但是单元因受节点等不连续面控制,在以后的运动过程中,单元节点可以分离,即一个单元与其邻近单元可以接触,也可以分开。单元之间相互作用的力可以根据力和位移的关系求出,而个别单元的运动则完全根据单元所受的不平衡力和不平衡力矩的大小(按牛顿第二运动定律确定),采用动态(或静态)松弛法进行循环迭代计算,在每个时步都更新单元的位置,并遍及整个单元集合。在农业工程领域,如收割机的清选室,基于离散单元法研究颗粒群在清选装置气流场中的三维空间状态,基于 EDEM 软件进行模拟仿真以及实验验证。例如在复合作业机具中,可以用离散元软件 EDEM 模拟播种箱中种子的运动过程,进行仿真分析。

虚拟农业技术包括虚拟生物防治技术、虚拟植物技术等。植物可视化(亦可称为虚拟植物)指以植物个体或者群体的形态结构为研究对象,应用虚拟现实技术,在计算机上再现植物在三维空间的生长过程。此项技术在现代农业生产决策、产量预测、植物生长行为控制、生长条件的优化、虚拟实验、教学科研等方面发挥重要作用。

第二章　MATLAB 及其在采摘机械臂运动仿真中的应用

2.1　MATLAB 简介

MATLAB 是由美国 MathWorks 公司出品的商业数学软件,可用于算法开发、数据可视化、数据分析以及数值计算的高级计算机语言,包括 MATLAB 和 Simulink 两部分。与其他数据分析软件相比,MATLAB 有如下几大优势:

1. 良好的人际界面和编程环境

MATLAB 由一系列工具组成,其中许多工具采用的是图形用户界面。包括 MATLAB 桌面和命令窗口、历史命令窗口、编辑器和调试器等,这些工具极大地方便了用户使用,而且程序不必经过编译就可以运行,并能够及时地报告出现的错误及运行出错原因分析。

2. 简单易用的程序语言

MATLAB 是大量的计算算法命令的集合,拥有 600 多个工程计算中用到的数学函数,可以方便地实现用户的各种计算要求,这使得在相同的计算要求下,MATLAB 的程序更加简洁易懂。

3. 出色的图形处理功能

MATLAB 可以将向量和矩阵用图形的方式表现出来,并且可以对图形进行标注和打印,还可以进行二维和三维的可视化、图像处理、动画和表达式作图等操作。

4. 模块化的工具箱功能

对于一些专门领域,MATLAB 开发了功能强大的工具箱,用户可以直接进行学习使用。随着 MATLAB 功能不断强大,其工具箱已经延伸到各个领域,包括神经网络、信号处理、图像处理、控制系统设计等。

2.2　MATLAB 工具箱

2.2.1　MATLAB 工具箱简介

MATLAB 工具箱是一些 M 文件的集合,用户可以对工具箱中的函数进行编辑,还可以添加原来工具箱中所没有的函数,这一特性充分体现了 MATLAB 语言的开放性。MATLAB 工具箱可分为功能型工具箱和领域型工具箱两大类,常用的工具箱主要有:

MATLAB Main Toolbox:MATLAB 主工具箱

Control System Toolbox:控制系统工具箱

Communication Toolbox:通讯工具箱

Finanical Toolbox:财政金融工具箱

System Identification Toolbox:系统辨识工具箱

Fuzzy Logic Toolbox:模糊逻辑工具箱

Higher-Order Spectral Analysis Toolbox:高阶谱分析工具箱

Image Processing Toolbox:图像处理工具箱

LMI Control Toolbox:线性矩阵不等式工具箱

Model Predictive Control Toolbox:模型预测控制工具箱

μ—Analysis and Synthesis Toolbox:μ分析工具箱

Neural Network Toolbox:神经网络工具箱

Optimization Toolbox:优化工具箱

Partial Differential Toolbox:偏微分方程工具箱

Robust Control Toolbox:鲁棒控制工具箱

Signal Progessing Toolbox:信号处理工具箱

Spline Toolbox:样条工具箱

Statistics Toolbox:统计工具箱

Symbolic Toobox:动态仿真工具箱

System Identification Toolbox:系统辨识工具箱

Wavelet Toolbox:小波工具箱

随着各个学科领域的不断发展以及新兴学科的出现,MATLAB工具箱也不断地更新和完善,用户也可以根据自己的要求和需要,自行创建工具箱。

MATLAB工具箱安装方法为:对于MATLAB安装盘上的工具箱,重新执行安装程序,选中即可。如果是下载的工具箱,需要将新工具箱解压到toolbox目录下,然后用addpath或者pathtool将工具箱路径添加到MATLAB的搜索路径中,不用whichnewtoobox_command. m来检验是否可以访问。如果能够显示新路径,则表明该工具箱可以使用。

2.2.2　Robot工具箱介绍

机器人工具箱提供了很多在机器人学中用到的运动学、动力学和轨迹生成等方面的函数。另外,工具箱还可以对机器人进行实验仿真分析。

工具箱利用首尾相连的连杆来模仿机器人进行运动学和动力学分析,其中,机器人的相关参数被封装在MATLAB对象中。用户可以创建任何种类的机器人,下面将给出Puma560和Stanford机器人的创建例子。工具箱还提供了有关向量操作、齐次变换和表达三维空间位姿的单位四元数的函数。

工具箱程序用直观易懂的方式编写,运行效率不是很高,但用户能够很容易理解。

第8版本解决了与MATLAB和Simulink R2008a的兼容问题,并且做出了一些变动,包括:

(1)仿真模块和demos 1-6在R2008a环境下的运行问题。

(2)新添加了Fanuc AM120iB/10L,Motoman HP等机器人模型。

(3)当前版本在LGPL许可证下发布。

（4）取消了一些函数。

（5）重新定义了一些函数。

创建一个简单的两连杆机械手，其 D-H 参数如表 2-1 所示。

表 2-1　机械手连杆参数

Link	a_i	α_i	d_i	θ_i
1	1	0	0	θ_1
2	1	0	0	θ_2

则创建机械手的程序语句为：

```
>>L1=link([0 200  0 0 0],'standard')
L1=
0.000000 200.000000 0.000000 0.000000 R (std)
>> L2=link([0 200  0 0 0], 'standard')
L2=
0.000000 200.000000 0.000000 0.000000 R (std)
>>r=robot({L1 L2})
r=
noname (2 axis, RR)
grav=[0.00 0.00 9.81] standard D&H parameters
alpha A theta D R/P
0.000000 200.000000 0.000000 0.000000 R (std)
0.000000 200.000000 0.000000 0.000000 R (std)
>>
```

开始两行 Link 函数的作用是创建连杆对象，Link 函数的相关信息可以通过以下语句得到。

```
>> help link
LINK([alpha A theta D sigma], convention)
```

接着通过 plot 函数绘出机械手，如图 2-1 所示。

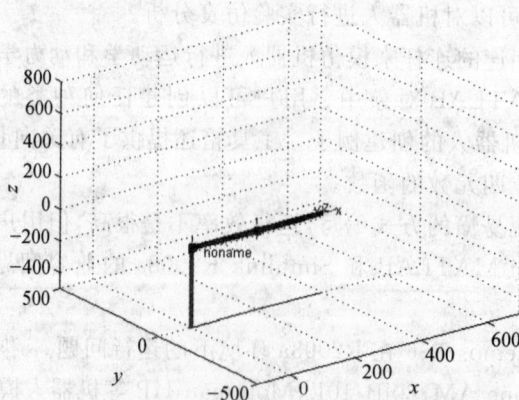

图 2-1　MATLAB 环境下绘制机械手

2.2.3　Robot 工具箱部分函数功能介绍

1. 齐次变换

Angvec2tr：返回一个表达向量转动角度的齐次变换矩阵或旋转矩阵，矩阵的平移部分为 0。

格式：$T=$ Angvec2tr(θv)

描述：v 为向量，θ 为 v 旋转的角度，T 为返回表述 v 向量旋转的齐次变换矩阵。

Eul2tr：根据欧拉角转换计算齐次变换或旋转矩阵。

格式：$T=$ Eul2tr$([\varphi \theta \psi])$

描述：输入为欧拉角的 3 个参量，输出为对应的齐次变换矩阵。

Tr2rpy：将齐次变换或旋转矩阵转换为旋转倾斜或偏移角度。

格式：$e=$ Tr2rpy(T)

描述：T 为齐次变换矩阵或旋转矩阵，e 为返回的角度。

Trot$x$/Trot$y$/Trot$z$：计算绕 x,y,z 旋转的齐次变换矩阵。

格式：$T=$ Trot$x(\theta)$

描述：θ 为绕 x 轴旋转的角度，T 为返回的 4×4 齐次变换矩阵。

Transl：从齐次变换中抽取出平移部分，或根据平移变换设置齐次变换矩阵。

格式：$T=$ Transl$([x\ y\ z])$ 或 $[x\ y\ z]=$ Transl(T)

描述：当输入为三维向量时，输出为以三维向量平移部分的齐次变换矩阵；当输入为齐次变换矩阵时，输出为表述齐次变换矩阵平移部分的三维向量。

Trnorm：将齐次变换矩阵正交化。

格式：$Tn=$ Trnorm(T)

描述：输入为非正交矩阵，输出为正交矩阵。

Eul2r：将欧拉角转换为齐次变换或旋转矩阵。

格式：$T=$ Eul2tr$([\varphi \theta \psi])$

描述：φ,θ,ψ 为绕 x,y,z 旋转的角度，T 为表征绕坐标轴旋转的齐次变换矩阵。

Oa2r：将末端接近矢量和方向矢量转变为旋转或齐次变换矩阵。

格式：$T=$ Oa2r(o,a)

描述：o 为方向矢量，a 为接近矢量。T 为由方向矢量和接近矢量计算出的齐次变换矩阵。

Rot$x$，Rot$y$，Rot$z$：绕 x,y,z 旋转一定角度，并返回一齐次变换矩阵。

格式：$T=$ Rot$x(\alpha)$

描述：α 为绕 x 旋转的角度，T 为一个 4×4 的齐次变换矩阵。

2. 运动学

Diff2tr：微分运动向量转变成矩阵。

格式：$T=$ Diff2tr(d)

描述：输入为一个六维向量，输出为一个 4×4 矩阵。

Fkine：计算机械手正运动学。

格式：$T = \text{Fkine}(\textbf{\textit{robot}}, \textbf{\textit{q}})$

描述：输入为需要计算正运动学的机械手 **robot** 以及角度 q，输出为机械手 D-H 矩阵。

Ftrans：将力向量在当前坐标系转化到另一坐标系，并返回另一坐标系下的力向量。

格式：$\textbf{\textit{F}}_2 = \text{Ftrans}(\textbf{\textit{F}}, \textbf{\textit{T}})$

描述：将力 F 从一坐标系转化到另外一坐标系，其中 F 为需要转化的力，T 为坐标系间的齐次变换矩阵。

Ikine：计算机械手逆运动学。

格式：$q = \text{Ikine}(\textbf{\textit{robot}}, \textbf{\textit{T}})$

描述：解机械手 T 矩阵，并返回机械手关节角度，T 矩阵为表述机械手末端执行器位姿的齐次变换矩阵。

Jacobn：计算机械手雅克比矩阵。

格式：$\textbf{\textit{Jac}} = \text{Jacobn}(\textbf{\textit{robot}}, \textbf{\textit{q}})$

描述：计算并返回机械手雅克比矩阵，**robot** 表述了机械手结构，q 表述了机械手当时的角度。

Tr2jac：计算机器人雅克比矩阵。

格式：$\textbf{\textit{Jac}} = \text{Tr2jac}(\textbf{\textit{T}})$

描述：T 为机器人连杆 A 到连杆 B 坐标转换的齐次变换矩阵，根据 T 矩阵该函数返回表述机器人当时的雅克比矩阵。

3. 动力学

Accel：计算机械手正动力学，返回机械手加速度向量。

格式：$qdd = \text{Accel}(\textbf{\textit{robot}}, \textbf{\textit{q}}, \textbf{\textit{qd}}, \textbf{\textit{torque}})$

描述：**robot** 表示机械手结构，q 表示机械手的角度，qd 表示机械手角速度，**torque** 表示机械手受到的驱动扭矩。

Cinertia：计算机械手笛卡尔惯性矩阵。

格式：$\textbf{\textit{M}} = \text{Cinertia}(\textbf{\textit{robot}}, \textbf{\textit{q}})$

描述：输入为机械手结构 **robot**，机械手角度 q，输出为惯性矩阵 M。

Coriolis：计算向心转矩或科氏扭矩。

格式：$tau\_c = \text{Coriolis}(\textbf{\textit{robot}}, \textbf{\textit{q}}, \textbf{\textit{qd}})$

描述：在确定机械手角度 q、角速度 qd 情况下，返回由刚体科氏、向心加速度引起的关节扭矩。

Gravload：计算机械手重力扭矩。

格式：$tau\_g = \text{Gravload}(\textbf{\textit{robot}}, \textbf{\textit{q}})$

$tau\_g = \text{Gravload}(\textbf{\textit{robot}}, \textbf{\textit{q}}, \textbf{\textit{grav}})$

描述：计算机械手在 q 角度下，由重力引起的关节扭矩。如果 q 是行向量，返回值

tau_g 为行向量形式的关节扭矩；如果 *q* 是矩阵形式，矩阵每一行为关节状态向量，则返回值 *tau_g* 也为矩阵形式，矩阵每一行对应关节状态向量 *q* 的重力扭矩。

Rne：通过递归 Newton-Euler 方程计算逆运动学。

格式：$tau = \text{rne}(robot, q, qd, qdd)$

$tau = \text{rne}(robot, [q\ qd\ qdd])$

$tau = \text{rne}(robot, q, qd, qdd, grav)$

$tau = \text{rne}(robot, [q\ qd\ qdd], grav)$

$tau = \text{rne}(robot, q, qd, qdd, grav, fext)$

$tau = \text{rne}(robot, [q\ qd\ qdd], grav, fext)$

描述：在给定由关节扭矩、关节位置、速度和加速度组成微分方程的情况下，解此微分方程。如果 *q*，*qd* 和 *qdd* 是行向量，返回值 *tau* 则为行向量；如果 *q*，*qd*，*qdd* 为矩阵形式，则 *tau* 则为矩阵形式，且每一行是关于 *q*，*qd*，*qdd* 的关节扭矩。

Angvec2tr，Angver2r：将角度/向量形式转变成齐次变换或旋转矩阵。

格式：$T = \text{Angvec2tr}(\theta v)$

$R = \text{Angvec2r}(\theta v)$

描述：将角度或方向矢量转化成 4×4 的齐次矩阵。

4. Robot 工具箱 simulink 模块介绍

Robot 工具箱 Simulink 模块如图 2-2 所示。

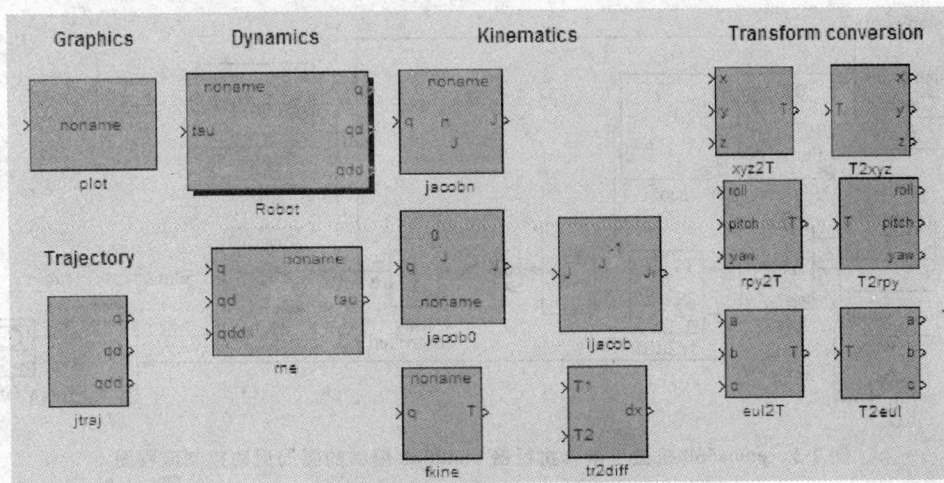

图 2-2 Robot 工具箱 Simulink 模块

（1）绘图功能模块

plot 模块：用于绘制仿真时得到的机器人仿真图像，输入为机器人关节角度。

（2）动力学模块

Robot 模块：输入为机械手各关节扭矩 *tau*、角度 *q*、角速度 *qd* 和角加速度 *qdd*。

Rne 模块：输入为机械手关节角度 *q*、角速度 *qd* 和角加速度 *qdd*，输出为机械手各关节扭矩 *tau*。

（3）运动学模块

Jacobn 模块：输入为机械手角度，输出为所处末端执行器坐标系下机械手雅克比矩阵。

19

Jacob0 模块：输入为机械手角度，输出为所处机械手基坐标系下机械手雅克比矩阵。

Ijacob 模块：输入为雅克比矩阵，输出为雅克比逆矩阵。

Fkine 模块：计算机械手正运动学，输入为机械手角度，输出为 4×4 的 T 矩阵。

Tr2diff 模块：将齐次变换转变成微分运动，输入为当前机械手状态 T_1，期望机械手状态 T_2，输出为 T_1 到 T_2 的微分运动。

xyz2T 模块：设置齐次变换矩阵 T 的位置矢量，输入为 x,y,z 坐标，输出为位置矢量 x,y,z 的齐次变换矩阵 T。

rpy2T 模块：计算齐次变换矩阵 T，输入为倾侧角/俯仰角/侧滑角，输出为齐次变换矩阵 T。

T2xyz 模块：计算倾侧角/俯仰角/侧滑角，输入为齐次变换矩阵 T，输出为倾侧角/俯仰角/侧滑角。

Eul2T 模块：计算齐次变换矩阵 T，输入为欧拉角 3 个参量，输出为变换后的齐次变换矩阵。

图 2-3 示例为 puma560 型机械手移动工具在以点(0.5,0,0)为圆心，0.05 为半径做圆周运动。在末端执行器坐标下的期望笛卡尔坐标和当前笛卡尔坐标之间的微分由 Tr2diff 模块计算出来。雅克比模块的输入是机械手的关节角度，输出为雅克比矩阵。如果微分运动是关于末端执行器的，就要用 JacobianN 模块。雅克比矩阵取逆后与微分运动相乘，所得的结果经过一比例增益得到所对应笛卡尔微分运动的关节空间运动。

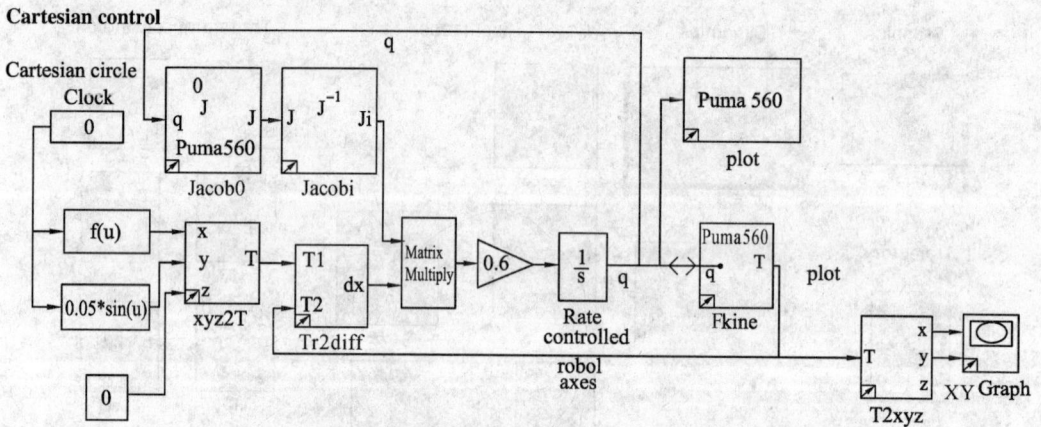

图 2-3　puma560 机械手末端执行器 Simulink 编制的圆周运动控制流程图

2.3　番茄采摘机械手运动学分析与仿真研究

机械手运动学是避障路径规划研究的基础，主要研究机械手臂各杆件之间的位移、速度和加速度关系，运动学问题包括正运动学问题和逆运动学问题。正运动学（Direct Kinematics）问题是指给出机械手各关节的位置、速度、加速度，求解各杆件的位置、姿态、速度、加速度等运动参数的问题，特别是求解机械手手臂端点（或末端杆件）的位置、姿态、速度、加速度。逆运动学（Inverse Kinematics）问题是已知工作所要求的末端执行器的位置、姿态、速度、加速度时，求解能实现这些要求的机械手各关节的位置、速度、加速度等运动参数。

2.3.1　运动学数学基础

研究机械手的运动,不仅涉及机械手本身,而且涉及各物体间以及物体与机械手的关系。为了描述机器人本身的各个连杆之间、机器人和操作对象以及障碍物之间的运动关系,通常将它们都当成刚体,研究各刚体之间的运动关系。刚体参考点的位置和刚体的姿态统称为刚体的位姿,其描述方法较多,如齐次变换法、矢量法、旋量法和四元数法等。

本文采用齐次变换法,其优点在于它将运动、变换和映射与矩阵运算联系起来,便于在MTALAB环境下编程。此外,齐次变换法不仅能够表示动力学问题,而且能够表达机器人控制算法、计算机图形学和视觉信息处理等问题。

1. 位置和姿态描述

在描述物体(如零件、工具或机械手)间的关系时,要用到位置矢量、平面和坐标系等概念。

(1) 位置描述

一旦建立了一个坐标系,就能够用某个 3×1 位置矢量来确定该空间内任一点的位置。对于直角坐标系 $\{A\}$,空间任意一点 P 的位置可用的 3×1 列矢量 $^A\boldsymbol{P}$ 表示,如公式2-1所示。其中,p_x, p_y, p_z 是点 P 在坐标系 $\{A\}$ 中的3个坐标分量。$^A\boldsymbol{P}$ 的左上标 A 代表参考坐标系 $\{A\}$。称 $^A\boldsymbol{P}$ 为位置矢量,如图2-4所示。除了采用直角坐标系以外,也可采用圆柱坐标系、球(极)坐标系来描述点的位置。

$$^A\boldsymbol{P} = \begin{bmatrix} p_x \\ p_y \\ p_z \end{bmatrix} \qquad (2\text{-}1)$$

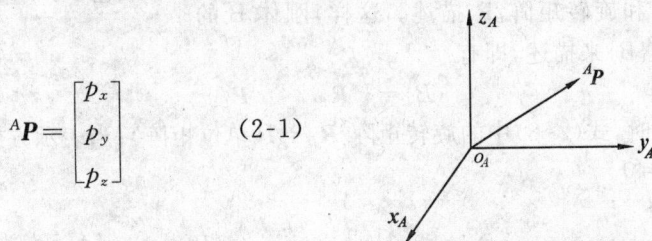

图2-4　位置示意图

(2) 方位描述

研究机器人的运动与操作,往往不仅要表示空间某个点的位置,而且需要表示物体的方位。物体的方位可由某个固接于此物体的坐标系描述。为了固定空间某刚体 B 的位置,设置一个直角坐标系 $\{B\}$ 与此刚体固接。用坐标系 $\{B\}$ 的3个单位主矢量 $\boldsymbol{x}_B, \boldsymbol{y}_B, \boldsymbol{z}_B$ 相对于参考坐标系 $\{A\}$ 方向余弦组成的 3×3 矩阵来表示刚体 B 对于坐标系 $\{A\}$ 的方位,$^A_B\boldsymbol{R}$ 称为旋转矩阵。式中,上标 A 表示参考坐标系 $\{A\}$,下标 B 表示被描述的坐标系 $\{B\}$。$^A_B\boldsymbol{R}$ 共有9个元素,但只有3个是独立的。由于 $^A_B\boldsymbol{R}$ 的3个列矢量 $^A\boldsymbol{x}_B, ^A\boldsymbol{y}_B$ 和 $^A\boldsymbol{z}_B$ 都是单位向量,且相互垂直,因而它的9个元素满足6个约束条件(正交条件)

$$^A_B\boldsymbol{R} = \begin{bmatrix} ^A\boldsymbol{x}_B & ^A\boldsymbol{y}_B & ^A\boldsymbol{z}_B \end{bmatrix} = \begin{bmatrix} r_{11} & r_{12} & r_{13} \\ r_{21} & r_{22} & r_{23} \\ r_{31} & r_{32} & r_{33} \end{bmatrix} \qquad (2\text{-}2)$$

$$^A\boldsymbol{x}_B \cdot ^A\boldsymbol{x}_B = ^A\boldsymbol{y}_B \cdot ^A\boldsymbol{y}_B = ^A\boldsymbol{z}_B \cdot ^A\boldsymbol{z}_B = 1 \qquad (2\text{-}3)$$

$$^A\boldsymbol{x}_B \cdot ^A\boldsymbol{y}_B = ^A\boldsymbol{y}_B \cdot ^A\boldsymbol{z}_B = ^A\boldsymbol{z}_B \cdot ^A\boldsymbol{x}_B = 0 \qquad (2\text{-}4)$$

对应于轴 x, y 或者 z 作转角为 θ 的旋转变换,其旋转矩阵为

$$\boldsymbol{R}(x,\theta)=\begin{bmatrix} 1 & 0 & 0 \\ 0 & \cos\theta & -\sin\theta \\ 0 & \sin\theta & -\cos\theta \end{bmatrix} \tag{2-5}$$

$$\boldsymbol{R}(y,\theta)=\begin{bmatrix} \cos\theta & 0 & \sin\theta \\ 0 & 1 & 0 \\ -\sin\theta & 0 & \cos\theta \end{bmatrix} \tag{2-6}$$

$$\boldsymbol{R}(z,\theta)=\begin{bmatrix} \cos\theta & -\sin\theta & 0 \\ \sin\theta & \cos\theta & 0 \\ 0 & 0 & 1 \end{bmatrix} \tag{2-7}$$

图 2-5 表示一物体的方位,此物体与坐标系$\{B\}$固接,并相对于坐标系$\{A\}$运动。总之,采用位置矢量描述点的位置,而用旋转矩阵描述物体的方位。

（3）位姿描述

为了完全描述刚体 B 在空间的位姿,通常将物体 B 与某一坐标系$\{B\}$相固接。坐标系$\{B\}$的原点一般选在物体 B 的特征点上,如质心或对称中心等。相对参考坐标系$\{A\}$,坐标系$\{B\}$的原点位置和坐标轴的方位分别由位置矢量$^A\boldsymbol{P}_B$和旋转矩阵$^A_B\boldsymbol{R}$描述。这样,刚体 B 的位姿可由坐标系$\{B\}$来描述,即有

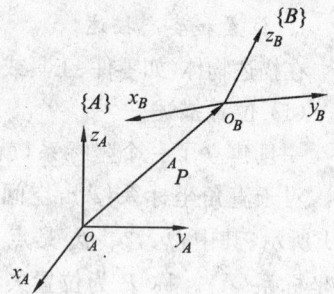

图 2-5 坐标方位描述

$$\{B\}=\{^A\boldsymbol{R}_B \quad {}^A\boldsymbol{P}_B\} \tag{2-8}$$

当表示位置时,式(2-8)中的旋转矩阵$^A\boldsymbol{R}_B=\boldsymbol{I}$(单位矩阵);当表示方位时,式(2-8)中的位置矢量$^A\boldsymbol{P}_B=0$。

2. 坐标变换

空间中的任意点 P 在不同的坐标系中的描述式是不同的。为了阐明从一个坐标系的描述到另一个坐标系的描述关系,需要讨论这种变换的数学问题。坐标变换一般有两种形式:平移坐标变换和旋转坐标变换。

（1）坐标平移

设坐标系$\{B\}$与$\{A\}$具有相同的方位,但是坐标系$\{B\}$的原点与$\{A\}$的原点不重合。用位置矢量$^A\boldsymbol{P}_B$描述相对于$\{A\}$的位置,如图 2-6 所示。称$^A\boldsymbol{P}_B$为$\{B\}$相对于$\{A\}$的平移矢量。如果点 P 在坐标系$\{B\}$中的位置为$^B\boldsymbol{P}$,那么它相对于坐标系$\{A\}$的位置矢量$^A\boldsymbol{P}$可由矢量相加得出,即

$$^A\boldsymbol{P}={}^B\boldsymbol{P}+{}^A\boldsymbol{P}_B \tag{2-9}$$

式(2-9)为坐标平移方程。

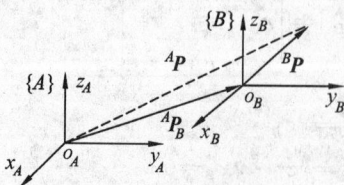

图 2-6 坐标平移变换

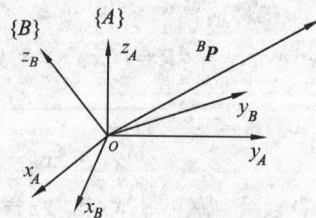

图 2-7 坐标旋转变换

（2）坐标旋转

设坐标系$\{B\}$与$\{A\}$有共同的坐标原点，但是两者的方位不同，如图2-7所示。

用旋转坐标矩阵${}_B^A\boldsymbol{R}$描述$\{B\}$对于$\{A\}$的方位。同一点P在两个坐标系$\{A\}$和$\{B\}$中的描述${}^A\boldsymbol{P}$和${}^B\boldsymbol{P}$

具有如下变换关系：

$$ {}^A\boldsymbol{P} = {}_B^A\boldsymbol{R} \cdot {}^B\boldsymbol{P} \tag{2-10} $$

式（2-10）为坐标旋转矩阵。同样，可以用${}_B^A\boldsymbol{R}$描述坐标系$\{A\}$相对于$\{B\}$的方位。${}_B^A\boldsymbol{R}$和${}_A^B\boldsymbol{R}$都是正交矩阵，两者互逆。

（3）复合变换

考虑最一般的情形：坐标系$\{B\}$的原点与$\{A\}$的原点既不重合，$\{B\}$的方位与$\{A\}$的方位也不相同。用位置矢量${}^A\boldsymbol{P}_B$描述$\{B\}$的坐标原点相对于$\{A\}$的位置，用旋转矩阵${}_B^A\boldsymbol{R}$描述$\{B\}$相对于$\{A\}$的方位，如图2-8所示。对于任意一点P在两坐标系$\{A\}$和$\{B\}$中的描述${}^A\boldsymbol{P}$和${}^B\boldsymbol{P}$具有以下变换关系：

$$ {}^A\boldsymbol{P} = {}_B^A\boldsymbol{R}\,{}^B\boldsymbol{P} + {}^A\boldsymbol{P}_B \tag{2-11} $$

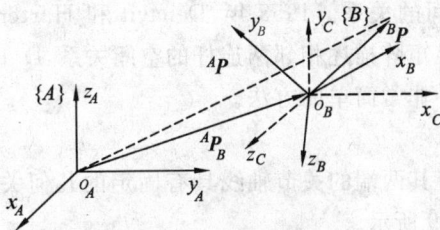

图 2-8　坐标复合变换

式（2-11）可以看成是坐标旋转和坐标平移的复合变换。实际上，规定一个过渡坐标$\{C\}$。$\{C\}$的坐标原点与$\{B\}$的重合，而$\{C\}$的方位与$\{A\}$的相同。根据式（2-10），得到向过渡坐标系的变换：

$$ {}^C\boldsymbol{P} = {}_B^C\boldsymbol{R}\,{}^B\boldsymbol{P} = {}_B^A\boldsymbol{R}\,{}^B\boldsymbol{P} \tag{2-12} $$

再由式（2-9），得到复合变换：

$$ {}^A\boldsymbol{P} = {}^C\boldsymbol{P} + {}^A\boldsymbol{P}_C = {}_B^A\boldsymbol{R}\,{}^B\boldsymbol{P} + {}^A\boldsymbol{P}_B \tag{2-13} $$

3. 齐次坐标和齐次变换

已知一直角坐标系中的某一点坐标，那么该点在另一直角坐标系中的坐标可通过齐次坐标变换求得。

复合变换式（2-11）对于点${}^B\boldsymbol{P}$而言是非齐次的，但是可以将其表示为等价的齐次变换形式：

$$ \begin{bmatrix} {}^A\boldsymbol{P} \\ 1 \end{bmatrix} = \left[\begin{array}{ccc:c} & {}_B^A\boldsymbol{R} & & {}^A\boldsymbol{P}_B \\ \hdashline 0 & 0 & 0 & 1 \end{array} \right] \begin{bmatrix} {}^B\boldsymbol{P} \\ 1 \end{bmatrix} \tag{2-14} $$

其中，4×1的列矢量表示三维空间的点，称为点的齐次坐标，仍然记为${}^A\boldsymbol{P}$或${}^B\boldsymbol{P}$。上式可以写成矩阵的形式：

$$ {}^A\boldsymbol{P} = {}_B^A\boldsymbol{T}\,{}^B\boldsymbol{P} $$

式中，齐次坐标式${}^A\boldsymbol{P}$和${}^B\boldsymbol{P}$是4×1的列矢量。与式（2-11）中的维数不同，加入了第四个元素1。齐次变换矩阵${}_B^A\boldsymbol{T}$是4×4的方阵，具有以下形式：

$$_B^A \boldsymbol{T} = \begin{bmatrix} _B^A \boldsymbol{R} & | & ^A \boldsymbol{P}_B \\ \hline 0 \quad 0 \quad 0 & | & 1 \end{bmatrix} \tag{2-15}$$

$_B^A \boldsymbol{T}$ 综合地表示了平移变换和旋转变换。

2.3.2 D-H 描述

机械手运动学研究的是手臂各连杆间的位移关系、速度关系和加速度关系。机器人操作臂可以看作一个开式链，它是由一系列连杆通过转动或移动关节串联而成，每个关节有一个自由度。基座称为连杆 0，不包含在这 6 个连杆之内。连杆 1 与基座由关节 1 相连；连杆 2 与连杆 1 通过关节 2 相连接，依次类推。开链的一端固定在基座上，另一端是自由的，安装着工具（或称末端执行器），用于操作物体，完成各种作业，在果蔬采摘中用于直接接触果实并分离果实。关节由驱动器驱动，关节的相对运动导致连杆的运动，使各连杆到达所需的位姿。

机械手末端执行器相对于固定参考系的空间描述是路径规划和轨迹规划首先必须要考虑的问题。为了研究机械手各连杆之间的位移关系，可在每个连杆上固接一个坐标系，然后描述这些坐标系之间的关系。1955 年，Denavit 和 Hartenberg 提出一种通用的方法，用一 4×4 的齐次变换矩阵描述相邻两连杆的空间关系，D-H 模型体现了对机器人连杆和关节进行建模的一种非常简单的方法。

1. 连杆描述

连杆的功能在于保持其两端的关节轴线具有固定的几何关系，连杆的特征也是由这两条轴线规定的，如图 2-9 所示。

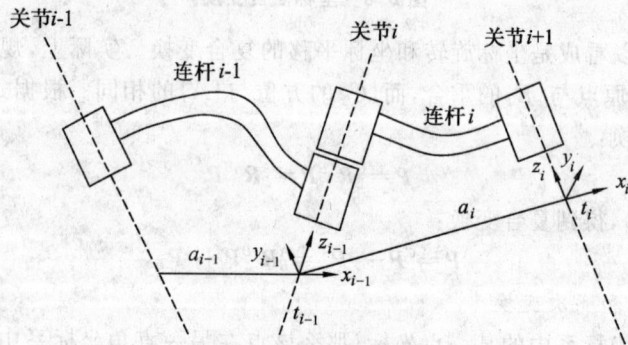

图 2-9 连杆描述示意图

连杆 $i-1$ 是由关节轴线 $i-1$ 和 i 的公法线长度 a_{i-1} 和夹角 α_{i-1} 所规定的，a_{i-1} 和 α_{i-1} 分别称为连杆 $i-1$ 的长度和扭角，α_{i-1} 的方向规定为从轴线 $i-1$ 公垂线转至轴线 i，a_{i-1} 和 α_{i-1} 完全地定义了连杆 $i-1$ 的特征。

2. 连杆参数与关节变量

每个连杆由 4 个参数描述可以用 a_{i-1}，α_{i-1}，d_i，θ_i 来描述，a_{i-1} 和 α_{i-1} 描述了连杆 $i-1$ 本身的特征；d_i 和 θ_i 描述连杆 $i-1$ 与连杆 i 之间的联系。对于旋转关节 i，仅 θ_i 是关节变量，其他 3 个参数给定不变；对于移动 i 关节，仅 d_i 是关节变量，其他 3 个参数给定不变。这种描述机构运动的方法称为 D-H 方法，坐标系称为 D-H 坐标系。一个 6 关节的机器人，用 18 个参数可以完全表示它的运动学固定部分，而用 6 个关节变量描述运动学中的变动部分。

为了确定机器人各连杆之间的相对运动关系,在各连杆上分别固接一个坐标系。与基座固接的坐标记为 $\{o\}$,与连杆 i 固接的坐标系记为 $\{i\}$,与连杆 n 固接的坐标系记为 $\{n\}$。下面讨论确定连杆坐标系的方法。基坐标系 $\{o\}$ 与基座固接,固定不动,常用它来描述操作臂其他连杆的运动。基坐标系 $\{o\}$ 原则上可以任意规定,但为了简单起见,总是规定,当第一个关节变量为零时,$\{n\}$ 与 $\{i\}$ 重合。这种规定隐含:$a_0 = 0$ 和 $\alpha_0 = 0$,当第一个关节是旋转关节时,$d_1 = 0$;第一关节是移动关节时,$\theta_1 = 0$。末端连杆坐标系 $\{n\}$ 的规定与基坐标 $\{o\}$ 相似。值得注意的是,连杆坐标系的设定不是唯一的,选择不同的连杆坐标系,相应的连杆参数将会改变。

根据所设定的连杆坐标系,相应的连杆参数可以定义如下:

$a_{i-1} =$ 从 z_{i-1} 到 z_i 沿 x_{i-1} 测量的距离;

$\alpha_{i-1} =$ 从 z_{i-1} 到 z_i 绕 x_{i-1} 旋转的角度;

$d_i =$ 从 x_{i-1} 到 x_i 沿 z_i 测量的距离;

$\theta_i =$ 从 x_{i-1} 到 x_i 绕 z_i 旋转的角度。

a_{i-1} 为连杆 $i-1$ 的长度,因此规定 $a_{i-1} \geqslant 0$,而 α_{i-1},d_i 和 θ_i 的值可正可负。

3. 连杆变换与运动学方程

为机械手的每个连杆建立一个坐标系,并用齐次变换来描述这些坐标系相应的位置姿态。通常把描述一个连杆与下一个连杆间相对关系的齐次变换叫做 **A** 矩阵,也叫连杆变换矩阵。一个 **A** 矩阵就是一个描述连杆坐标系之间相对平移和旋转的齐次变换。连杆坐标系 $\{i\}$ 相对于 $\{i-1\}$ 的连杆变换,显然,与 a_{i-1},α_{i-1},d_i 和 θ_i 这 4 个连杆参数有关。因此,可以把连杆变换分解为 4 个基本的子变换,其中每个变换只依赖于一个连杆参数,以便直接写出来。

(1) 绕 z_{i-1} 轴旋转 θ_i,使得 x_{i-1} 和 x_i 相互平行;

(2) 沿 z_{i-1} 轴平移 d_i 距离,使得 x_{i-1} 和 x_i 共线;

(3) 沿 x_{i-1} 轴平移 a_i 的距离,使得 x_{i-1} 和 x_i 的原点重合;

(4) 将 z_{i-1} 轴绕 x_i 轴旋转 α_i,使得 z_{i-1} 轴与 z_i 轴对准。

因为这些子变换都是相对于动坐标描述的,按照"从左到右"的原则,得到

$$A_i = Rot(z_{i-1}, \theta_i) Trans(0, 0, d_i) Trans(a_i, 0, 0) Rot(x_i, \alpha_i) \tag{2-16}$$

由式(2-16)右边的 4 个子变换,通过矩阵相乘,可以得到连杆变换的通式:

$$A_i = \begin{bmatrix} \cos\theta_i & -\sin\theta_i\cos\alpha_i & \sin\theta_i\sin\alpha_i & a_i\cos\theta_i \\ \sin\theta_i & \cos\theta_i\cos\alpha_i & -\cos\theta_i\sin\alpha_i & a_i\sin\theta_i \\ 0 & \sin\alpha_i & \cos\alpha_i & d_i \\ 0 & 0 & 0 & 1 \end{bmatrix} \tag{2-17}$$

将各个连杆变换 $A_i (i=1,2,\cdots,n)$ 相乘,得到

$$^0_n T = \prod_{i=1}^{n} A_i \tag{2-18}$$

式中,$^0_n T$ 为手臂变换矩阵,是 n 个关节变量 $q_1, q_2, \cdots, q_n$(对于转动关节 i,$q_i = \theta_i$;对于移动关节,$q_i = d_i$)的函数,表示末端连杆坐标系 $\{n\}$ 相对于基坐标系 $\{o\}$ 的描述。

$$^0_n T(q_1, q_2, \cdots, q_n) = A_1(q_1), A_2(q_2), \cdots, A_n(q_n) \tag{2-19}$$

根据各关节位置传感器的输出,得到各关节变量 $q_i(i=1,2,\cdots,n)$ 的值,即可求出 ${}_n^0\boldsymbol{T}$。

$$\begin{bmatrix} {}_n^0n & {}_n^0o & {}_n^0a & {}_n^0p \\ 0 & 0 & 0 & 1 \end{bmatrix} = \begin{bmatrix} {}_n^0R & {}_n^0p \\ 0 & 0 & 0 & 1 \end{bmatrix} = \boldsymbol{A}_1(q_1),\boldsymbol{A}_2(q_2),\cdots,\boldsymbol{A}_n(q_n) \tag{2-20}$$

式(2-20)称为运动方程,它表示末端连杆的位姿 (n,o,a,p) 与关节变量 $q_1,q_2,\cdots,q_n$ 之间的关系。

2.3.3 MOTOMAN SV3X 机械手运动学数学模型

目前采摘机器人机械手部分大多数仍采用工业机器人本体加上适合农业作业的专用末端执行器对果实和蔬菜进行采摘。在本书中,采用的机械手本体是由日本 YASKA-WA(安川)株式会社制造的 MOTOMAN SV3X 机械手,它是一种精密轻型垂直关节型机械手系列的机器人,在科研和教学以及工程实践中得到广泛应用,如图 2-10 所示。

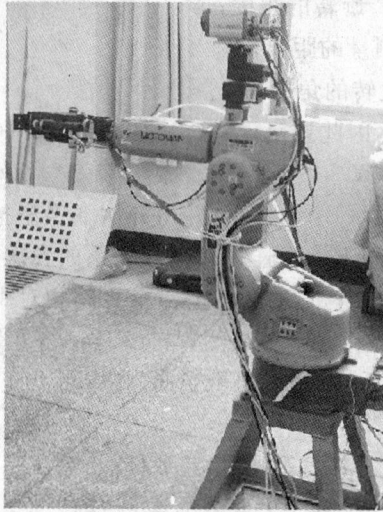

图 2-10 MOTOMAN SV3X 机械手实物图

1. 数学模型的建立

MOTOMAN SV3X 如图 2-11 所示,其中 1—腰部、2—下臂、3—上臂、4—手腕回转、5—手腕摆动、6—末端执行器,共有 6 个关节,因此具有 6 个自由度,且每个关节均为旋转关节。前 3 个关节确定末端执行器的位置,后 3 个关节确定末端执行器的姿态,且后 3 个关节轴线相交于一点,该点为末端执行器的参考点。为了适应不同的采摘环境,并使同一型号或者相同自由度的机械手具有通用性,作以下附加规定:

(1) (x_0,y_0,z_0) 为基坐标系,(x_6,y_6,z_6) 为末端执行器参考点坐标系;

(2) z_i 轴与关节 $i+1$ 的轴线重合,x_i 轴沿连杆 i 两关节轴线之公垂线,并指向 $i+1$ 关节,y_i 轴按右手定则确定;

(3) θ_i 与其转轴 z_{i-1} 的关系符合右手定则,z_i 的正方向规定为垂直向上、水平向右或者垂直于纸面指向观察者。

根据上文所述的 D-H 法则和附加规定,建立 D-H 标架及系统坐标系如图 2-12 所示。图 2-12 中 (x_i,y_i,z_i) 为坐标系、a_i 为连杆长度、α_i 为连杆扭角、d_i 为沿着关节 i 的两个公垂线的距离、θ_i 为关节变量，$i=1,2,\cdots,6$。由此确定机器人杆件参数见表 2-2 所示。由于 MOTOMAN SV3X 型机器人均是旋转关节，故 a_i，α_i，d_i 都是常数，只有 θ_i 是关节变量。

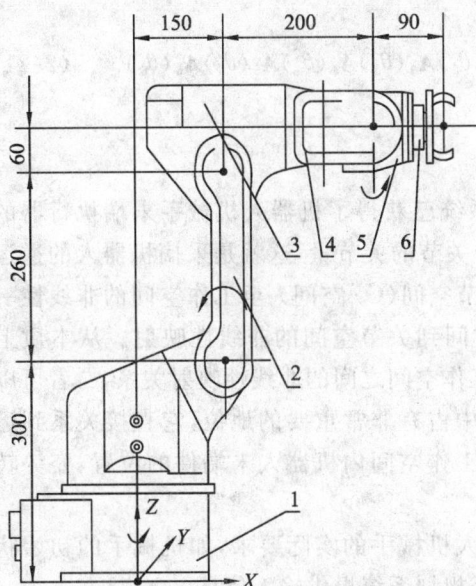

图 2-11 MOTOMAN SV3X 机械手示意图

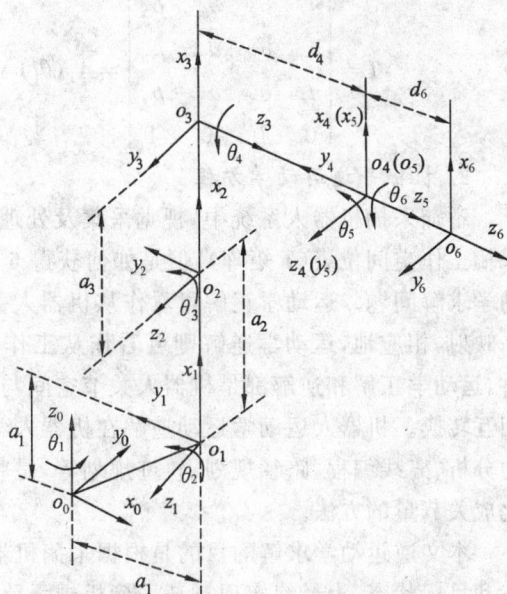

图 2-12 MOTOMAN SV3X 机械手连杆坐标系

表 2-2 MOTOMAN SV3X 连杆参数

关节 i	$\alpha_i/(°)$	a_i/mm	d_i/mm	$\theta_i/(°)$	关节角度范围/(°)
1	90	150	300	0	$-170\sim170$
2	0	260	0	90	$-45\sim150$
3	90	60	0	0	$-70\sim190$
4	-90	0	260	0	$-180\sim180$
5	90	0	0	0	$-135\sim135$
6	0	0	90	0	$-350\sim350$

根据式(2-17)和表 2-2 所示的连杆参数，可求得各连杆变换矩阵如下：

$$\boldsymbol{A}_1=\begin{bmatrix} c_1 & 0 & s_1 & a_1c_1 \\ s_1 & 0 & -c_1 & a_1s_1 \\ 0 & 1 & 0 & d_1 \\ 0 & 0 & 0 & 1 \end{bmatrix} \quad \boldsymbol{A}_2=\begin{bmatrix} c_2 & -s_2 & 0 & a_2c_2 \\ s_2 & c_2 & 0 & a_2s_2 \\ 0 & 0 & 1 & 0 \\ 0 & 0 & 0 & 1 \end{bmatrix} \quad \boldsymbol{A}_3=\begin{bmatrix} c_3 & 0 & s_3 & a_3c_3 \\ s_3 & 0 & -c_3 & a_3s_3 \\ 0 & 1 & 0 & 0 \\ 0 & 0 & 0 & 1 \end{bmatrix}$$

$$\boldsymbol{A}_4=\begin{bmatrix} c_4 & 0 & -s_4 & 0 \\ s_4 & 0 & c_4 & 0 \\ 0 & -1 & 0 & d_4 \\ 0 & 0 & 0 & 1 \end{bmatrix} \quad \boldsymbol{A}_5=\begin{bmatrix} c_5 & 0 & s_5 & 0 \\ s_5 & 0 & -c_5 & 0 \\ 0 & 1 & 0 & 0 \\ 0 & 0 & 0 & 1 \end{bmatrix} \quad \boldsymbol{A}_6=\begin{bmatrix} c_6 & -s_6 & 0 & 0 \\ s_6 & c_6 & 0 & 0 \\ 0 & 0 & 1 & d_6 \\ 0 & 0 & 0 & 1 \end{bmatrix}$$

其中，$s_i=\sin\theta_i$，$c_i=\cos\theta_i$，$i=1,2,\cdots,6$。

由式(2-17)、式(2-18)可知,只要给定关节变量 $q_i(\theta_i)$,即可求出手臂变换矩阵 ${}_n^0\boldsymbol{T}$,从而得到末端执行器的位置和姿态。反之,已知末端执行器的位置和姿态,同样可以得出各关节变量值。

$$
{}_6^0\boldsymbol{T}=\begin{bmatrix} n_x & o_x & a_x & p_x \\ n_y & o_y & a_y & p_y \\ n_z & o_z & a_z & p_z \\ 0 & 0 & 0 & 1 \end{bmatrix}=\boldsymbol{A}_1(\theta_1)\boldsymbol{A}_2(\theta_2)\boldsymbol{A}_3(\theta_3)\boldsymbol{A}_4(\theta_4)\boldsymbol{A}_5(\theta_5)\boldsymbol{A}_6(\theta_6) \tag{2-21}
$$

2. 机械手逆运动学方程

番茄采摘机器人系统中,视觉采集及处理系统已获得了机器人机械手末端执行器的采摘工作空间位姿($\boldsymbol{T}$ 矩阵),但是如何获得 6 个关节的关节量,这就是采摘机器人的逆运动学求解问题。运动学正解可看作从机器人关节空间(C-空间)至工作空间的非线性映射,相应地,运动学逆解则可看作从工作空间到关节空间的非线性映射。从本质上讲,运动学正解和逆解都是机器人关节空间与工作空间之间的非线性映射关系,二者可以相互转换。机器人运动学运动逆解在机器人学中占有非常重要的地位,它直接关系到运动分析、离线编程、路径规划、轨迹规划等,是将工作空间内机器人末端件的位置、姿势转化成关节量的方法。

本文逆运动学求解的目的是根据采摘机器人机械手的实际要求,如机械手的初始状态和目标状态,为最终实现番茄采摘机械手路径规划系统提供输入信息。

由式(2-21)可得

$$
\boldsymbol{A}_2\boldsymbol{A}_3\boldsymbol{A}_4=\boldsymbol{A}_1^{-1}\boldsymbol{T}\boldsymbol{A}_6^{-1}\boldsymbol{A}_5^{-1} \tag{2-22}
$$

令 $\boldsymbol{M}=\boldsymbol{A}_2\boldsymbol{A}_3\boldsymbol{A}_4=\begin{bmatrix} c_{23}c_4 & -s_{23} & -c_{23}s_4 & s_{23}d_4+c_{23}a_3+a_2c_3 \\ s_{23}c_4 & c_{23} & -s_{23}s_4 & -c_{23}d_4+s_{23}a_3+a_2s_2 \\ s_4 & 0 & c_4 & 0 \\ 0 & 0 & 0 & 1 \end{bmatrix}$ (2-23)

式中,$s_{23}=\sin(\theta_2+\theta_3)$,$c_{23}=\cos(\theta_2+\theta_3)$,$s_4=\sin\theta_4$,$c_4=\cos\theta_4$

令 $\boldsymbol{N}=\boldsymbol{A}_1^{-1}\boldsymbol{T}\boldsymbol{A}_6^{-1}\boldsymbol{A}_5^{-1}=$

$$
\begin{bmatrix} \varepsilon_1c_5+\varepsilon_2s_5 & \varepsilon_1s_5-\varepsilon_2c_5 & \varepsilon_3 & -\varepsilon_2d_6+c_1P_x+s_1P_y-a_1 \\ \nu_1c_5+a_zs_5 & \nu_1s_5-a_zc_5 & n_zs_6+o_zc_6 & -a_zd_6+P_z-d_1 \\ \eta_1c_5\eta_2c_5 & \eta_1s_5-\eta_2c_5 & \eta_3 & -\eta_2d_6+s_1P_x-c_1P_y \\ 0 & 0 & 0 & 1 \end{bmatrix} \tag{2-24}
$$

式中,$\varepsilon_1=(c_1n_x+s_1n_y)c_6-(c_1o_x+s_1o_y)s_6$;$\varepsilon_2=c_1a_x+s_1a_y$;

$\varepsilon_3=(c_1n_x+s_1n_y)s_6+(c_1o_x+s_1o_y)c_6$;$\eta_1=(s_1n_x-c_1n_y)c_6+(s_1o_x-c_1o_y)s_6$;

$\eta_2=s_1a_x-c_1a_y$;$\eta_3=(s_1n_x-c_1n_y)s_6+(s_1o_x-c_1o_y)c_6$;$\nu_1=n_zc_6-o_zs_6$

求 θ_1:

取 $\boldsymbol{M}(3,4)=\boldsymbol{N}(3,4)$可得

$$
-\eta_2d_6+s_1P_x-c_1P_y=0 \tag{2-25}
$$

由式(2-25)解得

$$
\theta_1=\arctan[(P_y-a_yd_6)/(P_x-a_xd_6)] \tag{2-26}
$$

求 θ_2,θ_3:

取 $M(1,4)=N(1,4),M(2,4)=N(2,4)$，则：

$$\begin{cases} s_{23}d_4+c_{23}a_3+a_2c_2=-\varepsilon_2d_6+c_1P_x+s_1P_y-a_1 \\ -c_{23}d_4+s_{23}a_3+a_2s_2=-a_zd_6+P_z-d_1 \end{cases} \quad (2\text{-}27)$$

由式(2-27)可得

$$\theta_2=\pm\arcsin\left[\dfrac{d_4^2+a_3^2-\gamma^2-\lambda^2-a_2^2}{-2a_2(\gamma^2+\lambda^2)^{1/2}}\right]-\arctan\left(\dfrac{\gamma}{\lambda}\right) \quad (2\text{-}28)$$

$$\theta_3=\pm\arcsin\left[\dfrac{\gamma-a_2c_2}{(d_4^2+a_3^2)^{1/2}}\right]-\arctan\left(\dfrac{a_3}{d_4}\right)-\theta_2 \quad (2\text{-}29)$$

求 θ_4,θ_6：

由 $M(1,3)=N(1,3),M(2,3)=N(2,3)$，则：

$$\begin{cases} -c_{23}s_4=(c_1n_x+s_1n_y)s_6+(c_1o_x+s_1o_y)c_6 \\ -s_{23}s_4=n_zs_6+o_zc_6 \end{cases} \quad (2\text{-}30)$$

由式(2-30)可得

$$\theta_6=\arctan\left[\dfrac{\tan_{23}(c_1o_x+s_1o_y)-o_z}{n_z-\tan_{23}(c_1n_x+s_1n_y)}\right] \quad (2\text{-}31)$$

$$\theta_4=\pm\arccos\left[(s_1n_x-c_1n_y)s_6+(s_1o_x-c_1o_y)c_6\right] \quad (2\text{-}32)$$

其中　$\tan_{23}=\tan(\theta_2+\theta_3)$。

求 θ_5：

取 $A(3,2)=B(3,2)$，可得

$$\varepsilon_1s_5-\eta_2s_5=0 \quad (2\text{-}33)$$

由式(2-33)可得

$$\theta_5=\arctan\left[\dfrac{s_1a_x-c_1a_y}{(s_1n_x-c_1n_y)c_6-(s_1o_x-c_1o_y)s_6}\right] \quad (2\text{-}34)$$

3. 数学模型的验证

为了验证连杆坐标系和 D-H 参数的正确性，可计算 MOTOMAN SV3X 在初始位置时末端执行器相对于基坐标系的空间位置，由图 2-12 可知，末端执行器参考点在基坐标系中的初始位置坐标为 $(150+260+90,0,300+260+60)$，即 $(500,0,620)$。

另一方面把机械手初始位置时的关节变量 $\theta_1=0°,\theta_2=90°,\theta_3=0°,\theta_4=0°,\theta_5=0°$，$\theta_6=0°$ 代入连杆变换矩阵及式(2-21)中得

$$^0_6T=A_1A_2A_3A_4A_5A_6=\begin{bmatrix} 0 & 0 & 1 & 500 \\ 0 & -1 & 0 & 0 \\ 1 & 0 & 0 & 620 \\ 0 & 0 & 0 & 1 \end{bmatrix} \quad (2\text{-}35)$$

因此末端执行器在初始状态时的位置为 $(p_x,p_y,p_z)=(500,0,620)$，与图 2-8 所示的情况完全一致。

2.4　基于 MATLAB 的 MOTOMAN SV3X 逆运动学仿真

由于人脑具有处理视觉信息所需要的能力，而图像又是沟通信息最自然的手段，因此仿真信息的可视化处理成为仿真技术的重要内容。机器人图形仿真是将机器人仿真的结

果以图形的形式显示出来,从而直观地显示出机器人的运行情况,得到从数据曲线或数据本身难以分析出来的许多重要信息,同时能直观地显示机器人在运动过程中能否顺利地避开障碍物。以往由于机器人图形和动画仿真的计算量很大,在微机上处理效果不佳或根本无法处理,因此大多数的仿真都依赖图形工作站,由于造价昂贵,从而限制了这项技术的发展。随着计算机硬件以及 CAD,CAM 技术的飞速发展,加上性能卓越的开放式三维图形标准接口 MATLAB 的出现,使得在 PC 机上实现高品质的机器人三维图形仿真成为现实。

MATLAB 不仅提供了诸如坐标变换、投影变换等基本功能,而且还实现了繁琐的图形消隐。更为有利的是,图形库中不仅提供了点、线、面的绘制函数,还提供了高效的绘制复杂三维物体以及曲线和曲面的函数。借助双缓存技术增强了机器人三维物体动画实时显示的连续性和动感性。特别是与机器人控制箱的结合,利用工具箱库作为 MATLAB 与 Windows 的接口,开发出具有立体感的三维效果图形软件。随着 MATLAB 7.0 的出现和性能的提高,MATLAB 在 Windows 平台上的广泛应用,促进了人们快速开发高效、低成本的数学计算和工程仿真软件。所以在机器人控制运动仿真中,利用如此强大的图形界面进行开发,实现了模拟机器人的仿真运动。

2.4.1 仿真模型的建立

本文的采摘机器人机械手本体采用的 MOTOMAN SV3X 型机械手,如图 2-11 可知,它是一个 6 自由度系统,由底座、底盘、大臂、小臂、手腕、末端关节 6 个部分组成。从几何造型来看,底座、底盘和末端关节是圆柱体,其余部分是多面体。把多面体用圆柱体进行包络,易于避障分析理论模型的建立。因此,机械手的造型过程按照结构化立体造型法的方式来进行,每个部件按照与前一关节的相对位置进行描述。机械手的具体几何模型是自底向上的过程,如图 2-13 所示。

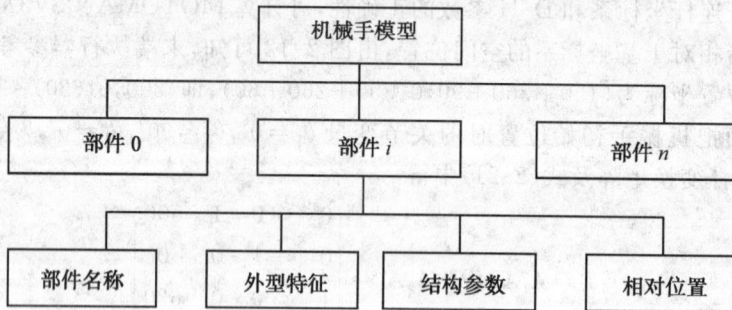

图 2-13 机械手几何模型构造示意图

1. 基本参数

仿真是在 MATLAB 7.0\Robotics Toolbox 平台上进行的,根据图 2-13,MOTO-MAN SV3X 机器人各关节的属性、仿真模型的参数选取如表 2-3 所示。

表 2-3　MOTOMAN SV3X 机器人仿真基本参数

	关节 1	关节 2	关节 3	关节 4	关节 5	关节 6
α	90	0	90	−90	90	0
a	150	260	60	0	0	0
θ	0	90	0	0	0	0
d	300	0	0	260		140

2. 结构参数

表 2-4 中 σ 为机械手关节的外形，0 为圆柱型，非 0 为棱型。根据上述参数，建立 MOTOMAN SV3X的仿真模型如图 2-14 所示。

表 2-4　MOTOMAN SV3X 机器人仿真结构参数

	关节 1	关节 2	关节 3	关节 4	关节 5	关节 6
σ	0	0	0	0	0	0

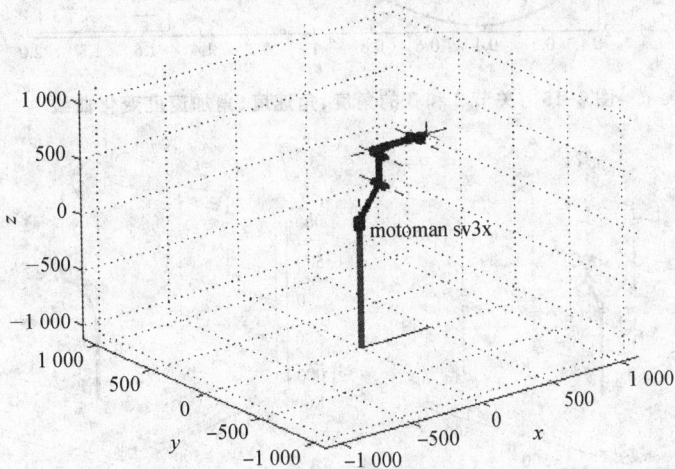

图 2-14　MOTOMAN SV3X 机械手仿真模型图

2.4.2　运动学仿真说明

（1）仿真环境：Microsoft Windows XP（Professional，Service Pack 2）操作系统、CPU 为 1.70 GHz（Inter Pentium4）、512 MB 内存，运行平台为 MATLAB 7.0。

（2）为了和后文的避障仿真相结合，在这里选择关节 2 和关节 3 进行仿真和跟踪。

（3）运行时间选定为 2 s，采样间隔时间为 0.056 s。

（4）末端执行器初始位置（550,0,620），目标番茄位置（737,0,306），由此根据式（2-26）、（2-28）、（2-29）、（2-31）、（2-32）和（2-34）可计算出机械手各关节的初始值 θ_{0i} 和终止值 $\theta_{di}(i=1,2,\cdots,6)$ 分别为：

$$[\theta_{01} \quad \theta_{02} \quad \theta_{03} \quad \theta_{04} \quad \theta_{05} \quad \theta_{06}]=[0.0,90,0.0,0.0,0.0,0.0]$$

$$[\theta_{d1} \quad \theta_{d2} \quad \theta_{d3} \quad \theta_{d4} \quad \theta_{d5} \quad \theta_{d6}]=[0.0,21.28,40.08,0.0,32.89,0.0]$$

2.4.3 仿真结果

关节 2 和关节 3 角度、角速度、角加速度变化曲线见图 2-15。

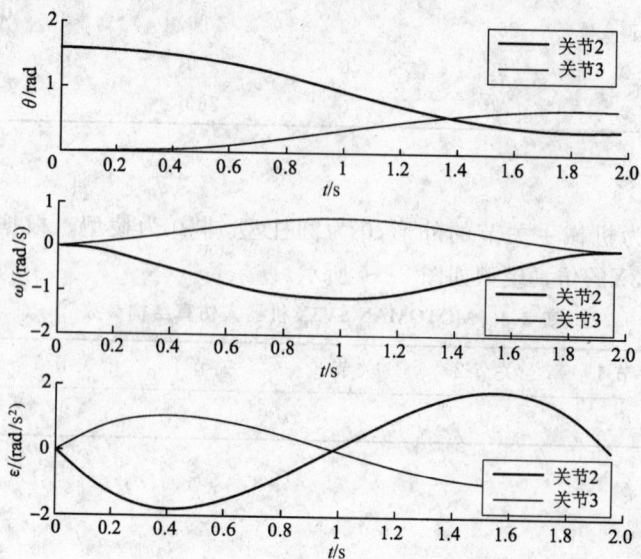

图 2-15　关节 2 和 3 的角度、角速度、角加速度变化曲线

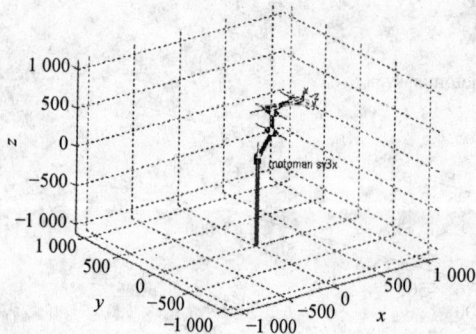

图 2-16　MOTOMAN SV3X 的初始状态图

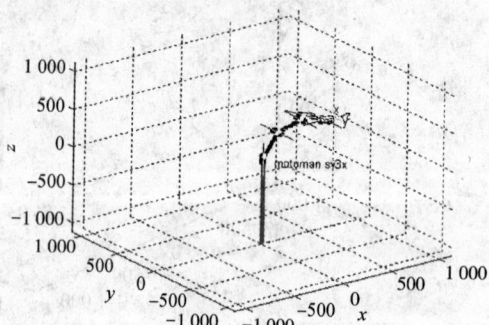

图 2-17　MOTOMAN SV3X 运行的中间状态图

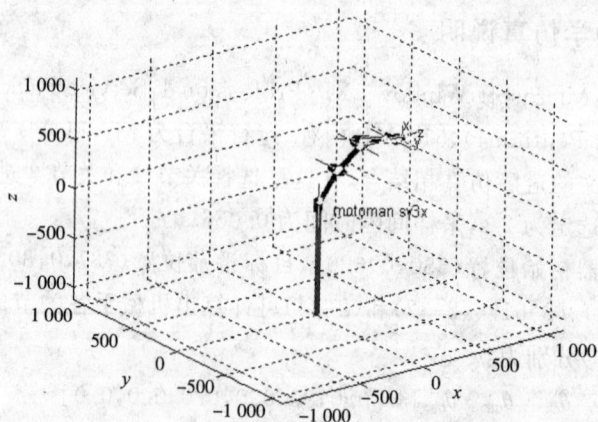

图 2-18　MOTOMAN SV3X 运行终止状态图

2.5　番茄采摘机械手避障路径规划算法设计

2.5.1　避障路径规划研究概述

避障路径规划是指给定环境的障碍条件,以及起始和目标的位置姿态,要求选择一条从起始点到目标点的路径,使运动物体(机器人或机械手各关节连杆)能安全、无碰撞地通过所有的障碍而到达目标位置。

避障路径规划研究,从研究对象上可分为关节式机械臂和移动式机器人。一般来讲,前者具有更多的自由度,而后者的作业范围要更大一些,应该说,这两类对象具有不同的特点,因而在研究方法上略有不同。由于番茄采摘机器人机械臂本体采用的是 MOTO-MAN SV3X 6 关节式机械手,因此研究的重点是关节式机械臂的避障路径规划。操作臂的路径规划比移动机器人、智能车等的路径规划更复杂,不仅必须考虑末端执行器要避开障碍物移动到目的地,而且还必须考虑手臂各关节是否也能顺利避开障碍物。

从空间描述方式来看,一般只有两类:基于构型空间(Configuration Space,或称 C-空间)的避障路径规划和基于工作空间(Work Space 或称 W-空间)的人工势场法。前者一般称为全局方法,后者一般称为局部方法。

从机器人获知环境信息的程度可分为:① 环境信息完全已知,包括障碍物的位置及其几何性质;② 环境信息完全未知或部分未知,通过传感器对机器人的工作环境进行探测,以获取障碍物的位置和几何性质等信息。这种路径规划对于环境数据的搜集和该环境模型的动态更新能够随时进行校正;③ 环境信息中包含以某种可知或可预知的方式进行移动的障碍物,这个问题要比静态问题复杂很多。

在避障研究之初,主要采用基于工作空间的假设和检验方法。它是由 Pieper 于 1968 年提出的,也是最早的机器人避障方法。此方法由 3 个步骤组成:① 计算机器人工作空间及障碍域;② 离散化机器工作空间及障碍域;③ 利用智能算法在工作空间内寻找避障路径。

在近期的路径规划问题研究中,学者们试图避开求解整个 C-空间,或者不采用自由空间法,以及研究在动态和未知环境下的路径规划,于是就产生一些新的思想和方法。

Macijewski 等提出基于 C-空间拓扑的路径规划方法,主要是考虑障碍的一些特殊点和线在 C-空间中的映射,这些点和线能代表障碍与机械臂的干涉关系,检查这些点和线的 C-空间障碍,将自由空间分为子空间集,并建立这些子空间的连接关系。避障路径规划问题转化为在连通图上寻找连接初始位置子空间和目标位置子空间的连接通道。

Kondo 提出双向启发式搜索方法,其特点是直接在 C-空间中分别从初始点和目标点采用图搜索技术和双向搜索自由连通路径,因此,不事先求解整个 C-空间。但在结点扩展时,要对所有被扩展的结点检查该扩展单元的属性。从计算复杂性看,虽然避免了求解整个 C-空间,但每扩展一个单元就要检查其属性,而且,在搜索过程中缺乏全局信息引导。这种方法也难以用于动态环境的避障问题。

Gupta 等提出顺序求解法,特点是在避障规划中,将 n 维连杆的避障问题转化为一个一维和 $n-1$ 个二维连杆的避障问题,但这种方法不具有完备解。其思想是这样的:首先,离散化关节角 1,并求取连杆 1 从当前关节角到目标关节角无碰的运动区域;离散化关节角 2,当连杆 2 的参考点(取连杆 2 上关节 2 转轴与连杆 1 的交点为参考点)在其自由区域运动(在关节 1 的无碰运动区域)时,确定连杆 2 从当前关节角运动到目标关节角的无碰轨迹,并修改连杆 1 的无碰轨迹;离散化关节角 3,当连杆 3 的参考点(取连杆 3 上关节 3 转轴与连杆 2 的交点为参考点)在其自由区域运动(在关节 2 的无碰运动区域)时,确定连杆 3 从当前关节角运动到目标关节角的无碰轨迹,并修改连杆 1 和连杆 2 的无碰轨迹……如此顺序求解各个连杆的无碰轨迹,并对当前连杆以前的关节角无碰轨迹进行修改,最后得到连接初始点与目标点各个连杆关节角的无碰区域,从中选取最佳的路径。

这 3 种方法都不需要建立整个 C 空间,因而从理论上讲,不会因关节数的增多,计算量呈指数上升,但这些方法不保证具有完备解,或概率完备解,或精度完备解,较适合于静态环境。

2.5.2 采摘番茄作业环境的模型化

避障路径规划首先要获取环境信息,在假定采摘机器人图像处理系统已经区分了目标番茄和障碍物,以及给定了目标番茄和障碍物属性、位置等信息的情况下,规划机械手将末端执行器从初始位置到达目标位置,在这过程中,必须保证机械手各关节连杆和末端执行器均不与采摘工作空间中的障碍物相碰撞。

不同于工业机器人作业环境中障碍物分布的结构化和外形的规则化,农业机器人由于番茄分布的非结构性和生长环境的复杂性,给农业机器人机械手的避障路径规划的研究带来很大的困难,因此有必要从现有的栽培和生长方式出发,遵循由简单到复杂、由一般到具体的思想,充分考虑番茄生长和障碍物属性、分布的实际特点,结合机械手的尺寸,对番茄作业环境进行一些模型化假设或抽象。

1. 番茄作业环境的特点

番茄生物学特性、栽培方式、管理方法、季节等因素是采摘作业的研究基础,决定着机器人的结构形式和工作方式。如图 2-19 和图 2-20 所示,在结构化的温室环境中,普通大番茄是在垂直面内生长的,每个花束有 3～5 个果实,每个果实的花梗上有一关节,有限生长型番茄株高一般为 500～1 300 mm。一般情况下,在番茄采摘过程中,障碍物可能包括挡在目标番茄前的未成熟的番茄、茎杆、撑杆、叶子等,在这里由于叶子质量较小和柔度较大,对机械手避障路径规划的影响可以忽略不计,因此,只考虑了 3 种类别的障碍物:不规则圆形番茄、不规则直线形茎杆和撑杆。

图 2-19 垂直茎杆　　　　　　　　　　图 2-20 垂直撑杆

2. 番茄采摘机械手的特点

MOTOMAN SV3X 机械手由手臂、手腕和末端执行器等 3 部分组成。通过手臂部各关节的运动,手臂前端(手腕中心)能够到达该作业空间的任意位置,手腕部装在手臂前端,手腕部各关节运动使末端执行器实现各种姿势。末端执行器是采摘番茄的部件,为简单起见,在路径规划时不考虑末端执行器的自由度,也可认为末端执行器实现目标姿势路径规划可在手腕中心的目标位置附近进行。因此,番茄采摘机械手的路径规划可分为在整个作业领域内手腕(或末端执行器中心)到达目标位置的路径规划和在该目标位置附近,末端执行器实现其目标姿势的路径规划两部分。由于 MOTOMAN SV3X 机器人前 3 个关节的作用是调整末端执行器的空间位置,后 3 个关节的作用是调整末端执行器的空间姿态,因此只需要考虑前 3 个关节的角度变化情况,而视后 3 个关节角度恒为定值。前 3 个关节中,若由图 2-12 所示,建立采摘空间的直角坐标,则关节 1 是用于调整末端执行器在 y 坐标方向上的分量,关节 2 和关节 3 则用于调整末端执行器在由 x 坐标与 z 坐标组成的平面内的位置。

3. 作业环境与机械手采摘方式抽象化模型

番茄采摘机器人上的传感器获取的环境模型范围为图 2-21 所示的采摘空间部分,由于三维空间的避障路径规划十分复杂,计算量很大,很难满足采摘机器人的实时性要求,因此有必要将空间中的避障路径规划转换为平面内的避障路径规划。

为此,结合作业环境与机械手的特点,设机械手基坐标系如图 2-21 所示,采摘空间内的某垂直于导轨(图 2-21 中的 y 轴)的采摘平面上存在目标番茄,通过导航小车使机械手与采摘平面处于同一平面,这样采摘平面内的障碍物(如果障碍物不在平面内,与采摘平面相交。若夹角小于 45°,则近似于为障碍物在平面内;若夹角大于 45° 则近似于与采摘平面垂直,并取其在采摘平面内的投影为其在采摘平面内的障碍物),则和目标番茄在机械手的基坐标系的 y 方向上均为零,由于机械手关节 1 的作用是调整末端执行器在 y 方向上的位置,因此关节 1 的角度恒为零值。最终只需考虑关节 2 和 3 的角度取值,即在关节 1 和关节 4,5 恒定的情况下,通过对 MOTOMAN 机械手关节 2 和 3 选取一组合适的角度值,使机械手能将末端执行器从初始位置移动到目标位置,而不与某采摘平面内的障碍物相碰。

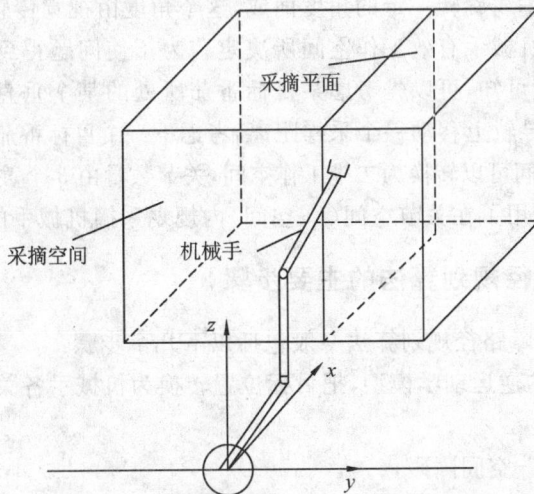

图 2-21　作业环境与机械手采摘方式示意图

4. 番茄采摘机械手避障算法设计

(1) 番茄采摘机械手避障特点

番茄采摘机械手避障路径规划问题不仅要考虑机械手末端是否与障碍碰撞,还要考虑机械手的各个连杆是否与障碍碰撞。与导航小车、智能小车等避障时可以看做质点型的路径规划不同,仅考虑直角坐标空间中末端执行器与障碍的空间关系是不够的,还必须充分分析障碍物与关节连杆之间的碰撞关系,因此比质点型的路径规划更加复杂。

(2) 规划空间的选取

在 W-空间(工作空间)规划机械手的运动轨迹虽然比较直观,易于在其他机器人上复现等优点,但是其存在的主要问题是:即使给定的路径点在机械手的工作范围内,也不能保证轨迹的所有点均在工作范围以内。在 W-空间中规划出的轨迹有可能接近或通过机械手的奇异点,这时,它要求某些关节的速度趋于无穷大,这是不能实现的。对于大部分工业机器人来说,控制是在关节点进行的,对于工作空间中的规划结果需要通过逆雅克比矩阵从笛卡尔空间向关节空间的转换,这种转换的计算量一般是很大的,很难满足采摘机器人对实时性的要求。

在 C-空间中,机械手的状态与 C-空间形成一一对应的关系。机械臂的每个位姿可表示为一个点,并将所有的障碍都映射到 C-空间,C-空间中的机器人机械臂与障碍物发生碰撞的位姿集合构成 C-空间障碍。通过将障碍用 C-空间来描述,并求出 C-空间障碍后,路径规划问题就转化为求从初始位置点到目标位置点的不与 C-空间障碍发生碰撞的路径规划问题。

这种方法的优点是,通过求解整个 C-空间,使得自由空间、障碍空间一目了然,然后通过这些几何描述定义一些搜索方法。如果在已知的自由空间中存在避障路径,那么这些搜索方法可以保证找到这样的路径,而且是最短路径。所以可以按其性能指标来搜索和优化路径。另外,该法比较灵活,初始点和目标点的改变不会造成连通图的重构。因而,可以按任何性能指标搜索路径,且具有完备解。

由于番茄是在垂直面内生长的,采摘的三维工作空间可以看作是一个垂直地面的平面绕着机械手基座的垂线旋转一定的角度而成,这个角度由视觉传感器,或者是安装在导航小车上的摄像机及机械手有效工作空间所决定。为了使问题得到简化,而又不失一般性,通过 2.5.2 节分析可知,可以先考虑某目标番茄所处的某个垂直平面内的避障问题,然后通过移动小车在导轨上移动一个采样距离,考虑下一个目标番茄所处垂直平面的避障问题,这样三维工作空间可以转换为二维工作空间,关节数量由 3 个关节转化为两个关节。

基于上述原因,采用了在关节空间(C-空间)内规划采摘机械手的无碰撞路径。

2.5.3　避障路径规划算法的主要步骤

基于 C-空间的避障路径规划算法一般包括以下几个步骤:

(1) 建立机械手的逆运动学模型,把目标位置转换为机械手各关节的目标姿态,即为 C-空间中的目标点;

(2) 建立并计算 C-空间障碍;

(3) 选择合适的数据结构,进行机器人、障碍物几何描述;

(4) 选择合适的搜索方式,在 C-空间内进行无碰撞路径搜索。

基于 C-空间的采摘机械手避障算法流程见图 2-22。

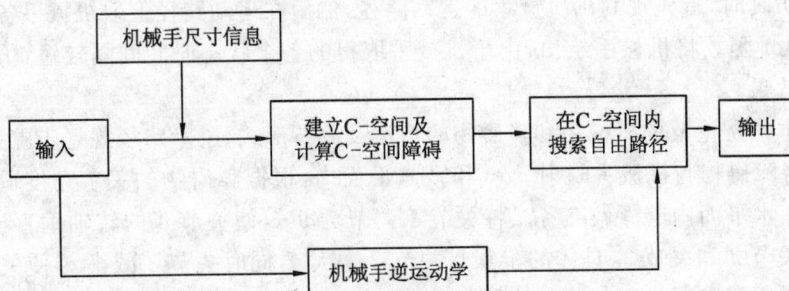

图 2-22　基于 C-空间的采摘机械手避障算法流程图

其中,流程图中输入指的是图像处理系统已经处理过的工作空间的环境信息,包括目标番茄的位置信息和障碍物的形状、大小、位置信息。输出所指的是机械手末端执行器从初始位置到目标位置过程中各关节角度变化的信息。建立机械手逆运动学模型的目的是把目标番茄在空间中的位置信息转化为 C-空间中的目标点。逆运动学模型的建立在上文中已有详细阐述,在此不再重复。

2.5.4　避障路径规划及仿真

1. 确立机械手各个连杆参数

确立机械手各个连杆参数并建立机械手,如图 2-23 所示。

L1＝link([pi/2 150 0 300]);

L2＝link([0 260 pi/2 0]);

L3＝link([pi/2 60 0 0]);

L4＝link([−pi/2 0 0 260]);

L5＝link([pi/2 0 0 0]);

L6＝link([0 0 0 340]);

r＝robot({L1 L2 L3 L4 L5 L6});

r. name＝'motoman sv3x'.

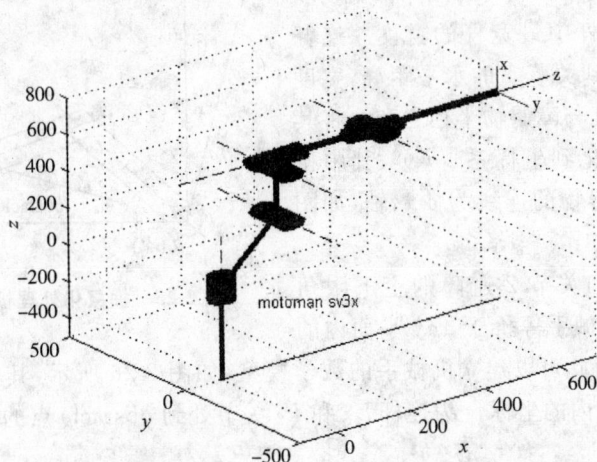

图 2-23　MATLAB 环境下建立 MOTOMAN SV3X 机械手

2. 机械手避障仿真过程

避障仿真时,首先规划出机械手的运动路径,然后在运动路径上取机械手各个瞬时状态,再用 plot 函数将机械手绘出,由于机械手取得的各个状态时间间隔较短,仿真时便可产生动画效果。

根据本书所论及的机械手和障碍物的特点及分布形式,避障路径规划步骤如下:

(1) 将障碍物与机械手映射 xoy 和 zox 平面内,根据障碍物的关节角度调节 θ_4,θ_2,θ_3,为 θ_1,θ_5 水平面内避障做准备。将关节 4 调节为 90°,使关节 4 的转轴垂直于水平面,然后调整关节 2 和关节 3,具体的步骤是关节 2 增大 α,同时关节 3 减小 α,使关节 4 到关节 1 的距离小于障碍物到关节 1 的距离。机械手调整后最终姿态映射到 xoy 和 zox 平面的图形中,如图 2-24 所示。

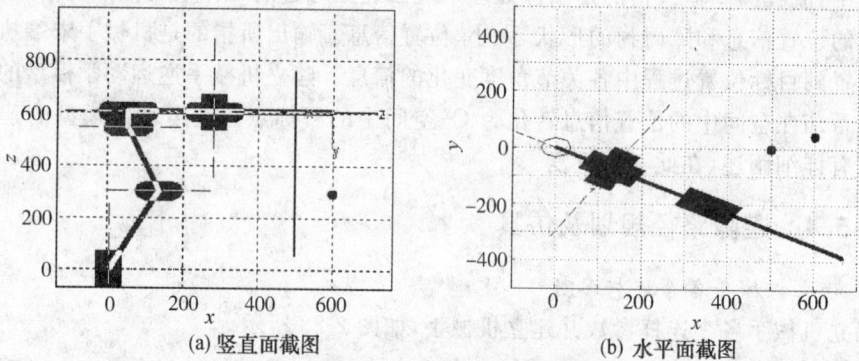

(a) 竖直面截图　　　　　(b) 水平面截图

图 2-24　调节 θ_4,θ_2,θ_3 后机械手仿真截图

(2) 将机械手映射到水平面内,用 A* 算法在 θ_1,θ_5 的 C-空间内寻求一条最优路径,使 θ_1,θ_5 的角度为 θ_{1F},0°,此时机械手在竖直面 M 内。搜寻过程有如下几步:

① 计算机械手在避开障碍物时的临界碰撞角,建立机械手角度的 C-空间障碍二维图。

先将机械手映射到水平面内,由于接下来是在水平面内协调关节 1 和关节 5 运动而进行的避障路径规划,所以此时可以将机械手抽象成两关节的机械手,且机械手连杆 L_1 长度为关节 5 到关节 1 的水平距离,宽度取机械手 1,2,3 连杆中最宽杆的宽度。连杆 L_2 长度为关节 6 到关节 5 的水平距离,宽度为末端执行器宽度与障碍物半径之和。将其从坐标系 xoy 转化到坐标系 $x'o'y'$,其中机械手的基座和障碍物的连线为 $o'x'$ 轴,如图 2-25 所示。

计算关节 1 和关节 2 避障的上下限角度,此时可以将机械手等价于 xoy 平面内的两关节机械手。由此可以建立机械手的数学模型,如图 2-26 所示,其中 obstacle 为障碍物在 $x'o'y'$ 坐标系内的坐标,s 为连杆 L_1 和 L_2 关节处到 obstacle 点的距离。

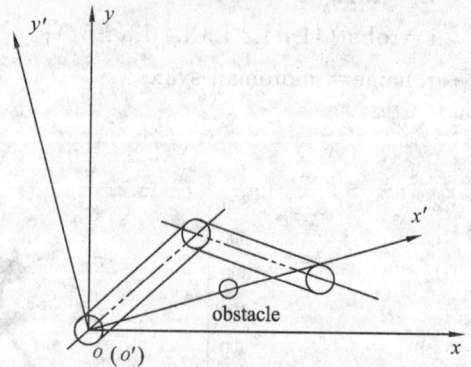

图 2-25　抽象化处理机械手和障碍物

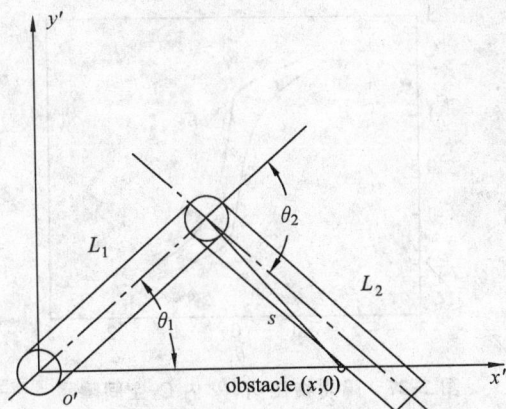

图 2-26　机械手在 $x'o'y'$ 坐标系内的数学模型

根据图 2-26 和余弦函数，可建立上、下临界碰撞关节角计算公式。

$$x = \sqrt{x_o^2 + y_o^2}$$

$$\theta_1' = \arccos\left(\frac{L_1^2 + x^2 - s^2}{2L_1 x}\right) = f_1'(x, s)$$

$$\theta_{2\mathrm{UC}}' = \left[\arccos\left(\frac{L_1^2 + s^2 - x^2}{2L_1 s}\right) + \arcsin\left(\frac{w_2}{2s}\right) - \pi\right] = f_{2\mathrm{UC}}'(x, s)$$

$$\theta_{2\mathrm{UL}}' = \left[\arccos\left(\frac{L_1^2 + s^2 - x^2}{2L_1 s}\right) - \arcsin\left(\frac{w_2}{2s}\right) - \pi\right] = f_{2\mathrm{UL}}'(x, s)$$

式中，$\theta_{2\mathrm{UC}}'$ 为连杆 2 上临界碰撞关节角；

$\theta_{2\mathrm{UL}}'$ 为连杆 2 下临界碰撞关节角；

w_2 为连杆 2 宽度。

将算出的 θ_1, θ_2 转化到 xoy 坐标系中，则：

$$\theta_1 = \arccos\left(\frac{L_1^2 + x^2 - s^2}{2L_1 x}\right) + \arctan\left(\frac{y_o}{x_o}\right) = f_1'(x, s) + \arctan\left(\frac{y_o}{x_o}\right)$$

$$\theta_{2\mathrm{UC}} = \left[\arccos\left(\frac{L_1^2 + s^2 - x^2}{2L_1 s}\right) + \arcsin\left(\frac{w_2}{2s}\right) - \pi\right] = f_{2\mathrm{UC}}'(x, s)$$

$$\theta_{2\mathrm{UL}} = \left[\arccos\left(\frac{L_1^2 + s^2 - x^2}{2L_1 s}\right) - \arcsin\left(\frac{w_2}{2s}\right) - \pi\right] = f_{2\mathrm{UL}}'(x, s)$$

确定关节 1，2 的上下限角度后，建立 s 的循环，步长为 20，计算出 s 在 $\left[\dfrac{w}{2}, \sqrt{\dfrac{w^2}{4} + L^2}\right]$ 内的空间障碍，如图 2-27 所示。

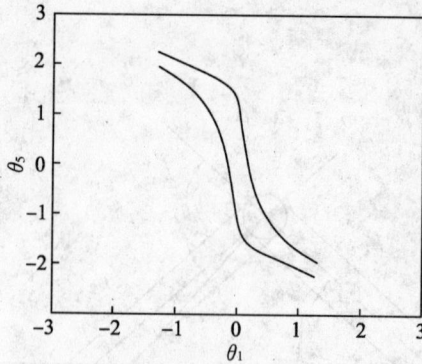

图 2-27 障碍物在 θ_1, θ_5 内 C-空间障碍

障碍域建立代码如下:

```
L1=d_Joint5;
L2=d_Joint6;
W1=55;
W2=70+60;
x_ob=sqrt(x_obstacle^2+y_obstacle^2);%障碍物 x 坐标
y_ob=0;%障碍物 y 坐标
s=(x_ob-L1):round(min((sqrt(L2^2+W2^2/4)),(L1+x_ob)));
theta1=acos((L1^2+x_ob^2-s.^2)/(2*L1*x_ob))+atan(y_obstacle/x_obstacle);
theta2u=(pi-acos((L1^2+s.^2-x_ob^2)./(2*L1.*s))+asin(W2./(2.*s)));
theta2l=(pi-acos((L1^2+s.^2-x_ob^2)./(2*L1.*s))-asin(W2./(2.*s)));
theta1_1=-acos((L1^2+x_ob^2-s.^2)/(2*L1*x_ob))+atan(y_obstacle/x_obstacle);
theta2l_1=-(pi-acos((L1^2+s.^2-x_ob^2)./(2*L1.*s))+asin(W2./(2.*s)));
theta2u_1=-(pi-acos((L1^2+s.^2-x_ob^2)./(2*L1.*s))-asin(W2./(2.*s)));
A=zeros(120,120);%将 C 空间栅格化 120×120
num_point=round(min((sqrt(L2^2+W2^2/4)),(L1+x_ob)))-(x_ob-L1));
for i=1:num_point
    theta1_sample=real(round((theta1(i)+pi)*180/(3*pi)));
    theta2l_sample=real(round((theta2l(i)+pi)*180/(3*pi)));
    theta2u_sample=real(round((theta2u(i)+pi)*180/(3*pi)));
    A(theta2l_sample:theta2u_sample,theta1_sample)=1;
End
%设定障碍域
for i=1:num_point
    theta1_sample=real(round((theta1_1(i)+pi)*180/(3*pi)));
    theta2l_sample=real(round((theta2l_1(i)+pi)*180/(3*pi)));
    theta2u_sample=real(round((theta2u_1(i)+pi)*180/(3*pi)));
```

A(theta2l_sample:theta2u_sample,theta1_sample)=1;

End

② 栅格化二维图,利用 A* 算法搜寻最优路径。

A* 算法是一种最好优先搜索算法的图搜索算法,它可以在一定的约束条件下搜索到最优解。本书将利用此算法在 C 障碍空间内,搜索一条从 start 点到 end 点的最短路径。

以 6° 为步长,将空间障碍二维图栅格化。并利用 A* 算法搜寻最优路径,图中 start 点为上一步骤关节 1 和关节 4 的终点角度,end 点处关节 1 为 θ_{1F},关节 4 为 0°,搜索出的路径如图 2-28 所示,A* 算法的程序流程图如图 2-29 所示。

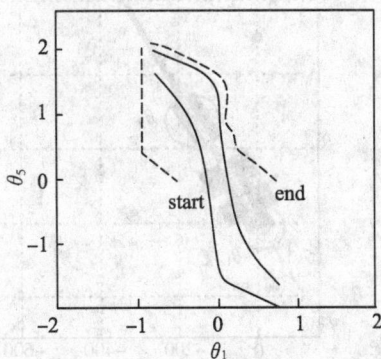

图 2-28　利用 A* 算法在 θ_1, θ_5 障碍空间内搜索路径

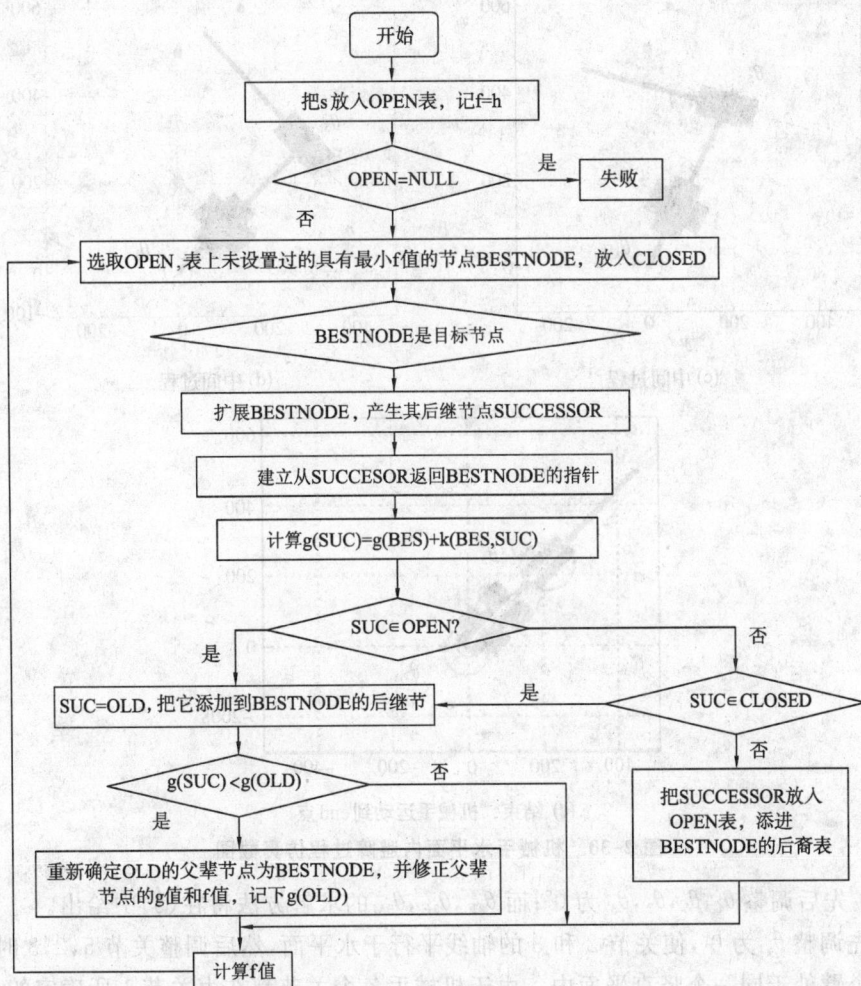

图 2-29　A* 算法流程图

(3) 机械手关节 1 和关节 4 沿着 A* 算法规划出的路径从 start 点运动到 end 点,到达 end 点后机械手姿态如图 2-30 所示。

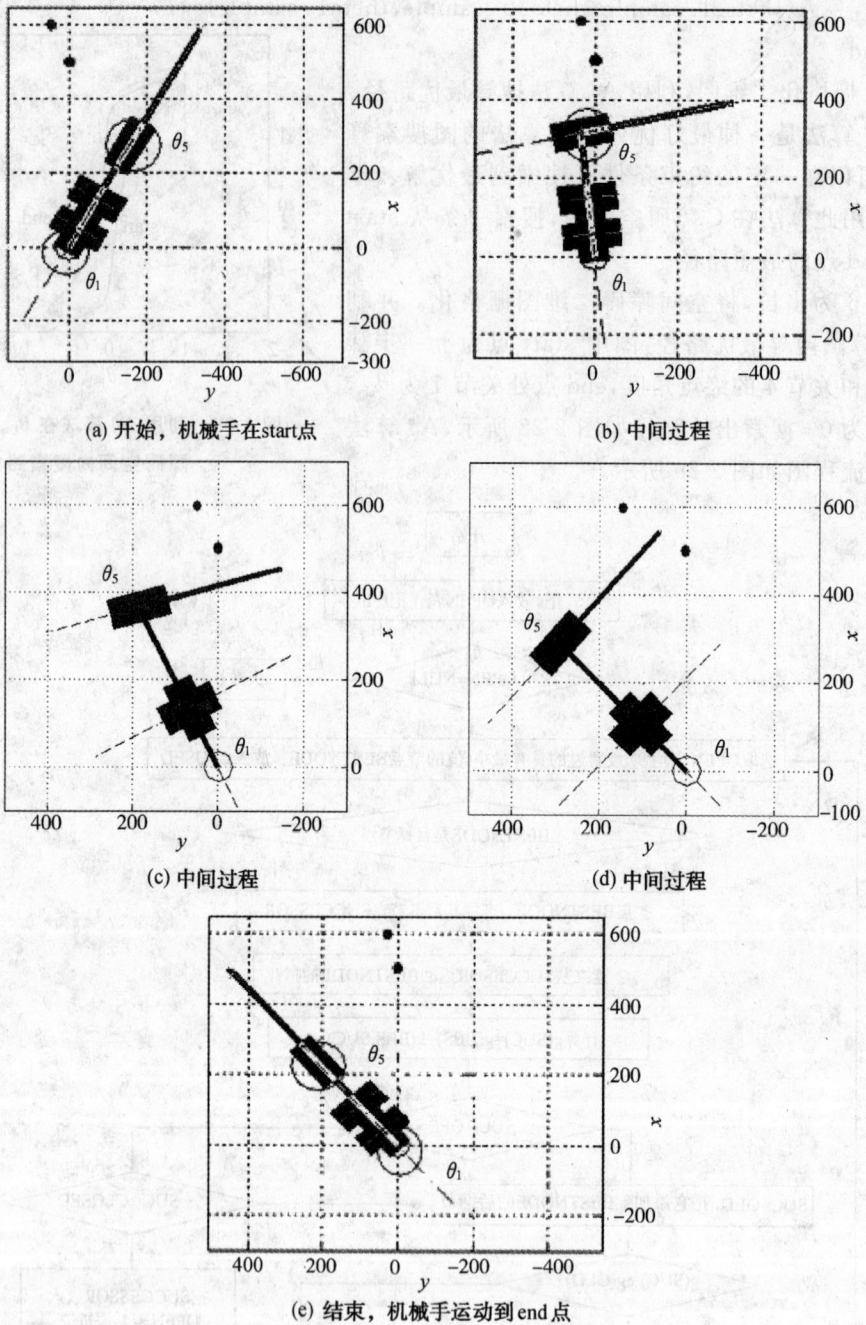

(a) 开始，机械手在start点

(b) 中间过程

(c) 中间过程

(d) 中间过程

(e) 结束，机械手运动到end点

图 2-30 机械手水平面内避障过程仿真截图

（4）先后调整 θ_4，θ_5，θ_2，θ_3 为 0°；而 θ_{2F}，θ_{3F}，θ_{5M} 的求解方法将在（5）中给出。

首先调整 θ_4 为 0°，使关节 2 和 3 的轴线平行于水平面，然后调整关节 5，2，3 时，机械手的各个臂处于同一个竖直平面内。由于机械手各个关节都在由关节 1 所确定的一个无障碍竖直平面 M 内，因此，其在调节关节 2，3 时不会与障碍物发生干涉。调整结果如图 2-31 所示。

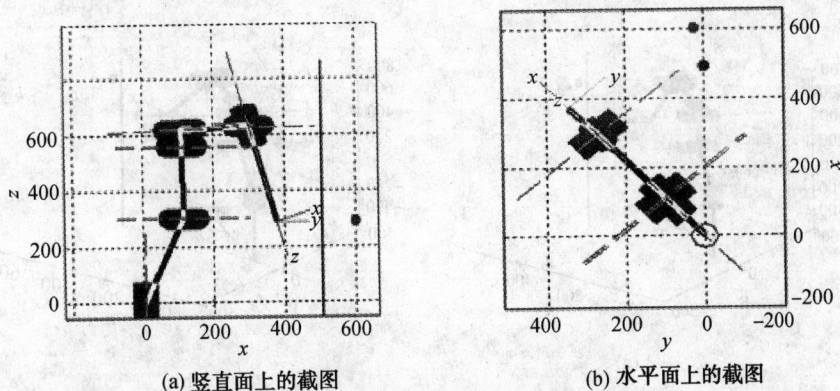

(a) 竖直面上的截图　　　　(b) 水平面上的截图

图 2-31　调整 $\theta_4,\theta_5,\theta_2,\theta_3$ 后机械手状态图

（5）调整 θ_5 到 θ_{5F}，θ_4 到 θ_{4F}，及 θ_6 到 θ_{6F}。在调整的过程中，协调 θ_4 和 θ_5，使机械臂连杆 6 始终所在的竖直平面为机械臂到达终点时连杆 6 所在的无障碍竖直平面 S，当 θ_5 运动到 θ_{5F}，θ_4 运动到 θ_{4F} 时，机械手到达最终位置。

要保证 θ_4 和 θ_5 运动时连杆 6 始终在 S 平面内，可采取的算法如图 2-32 所示，在计算后记录下 θ_4 和 θ_5 的各个值，并使机械手关节 4，5 从开始角度 θ_{4S} 和 θ_{5S} 沿着记录的值运动到 θ_{4F} 和 θ_{5F}，θ_{4S} 为步骤 3 中机械手调节后的角度，θ_{5S} 为步骤 4 中机械手调节后的角度 θ_{5M}，其调节过程如图 2-29 所示。

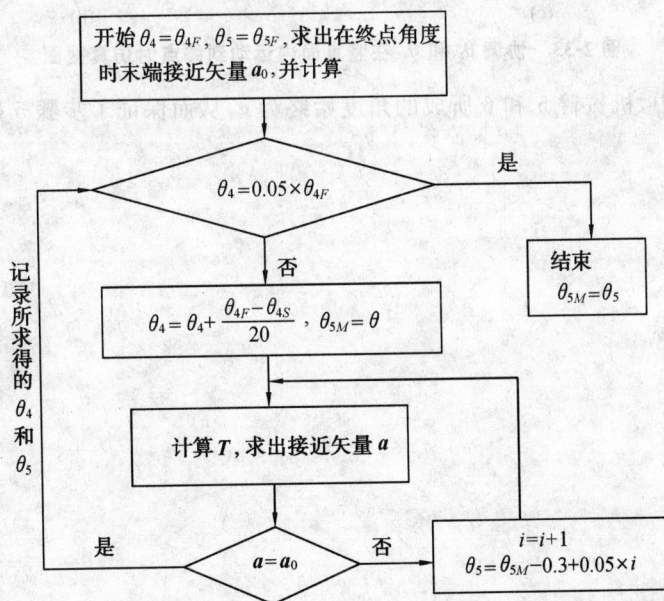

图 2-32　协调 θ_4 和 θ_5 在竖直面内运动流程图

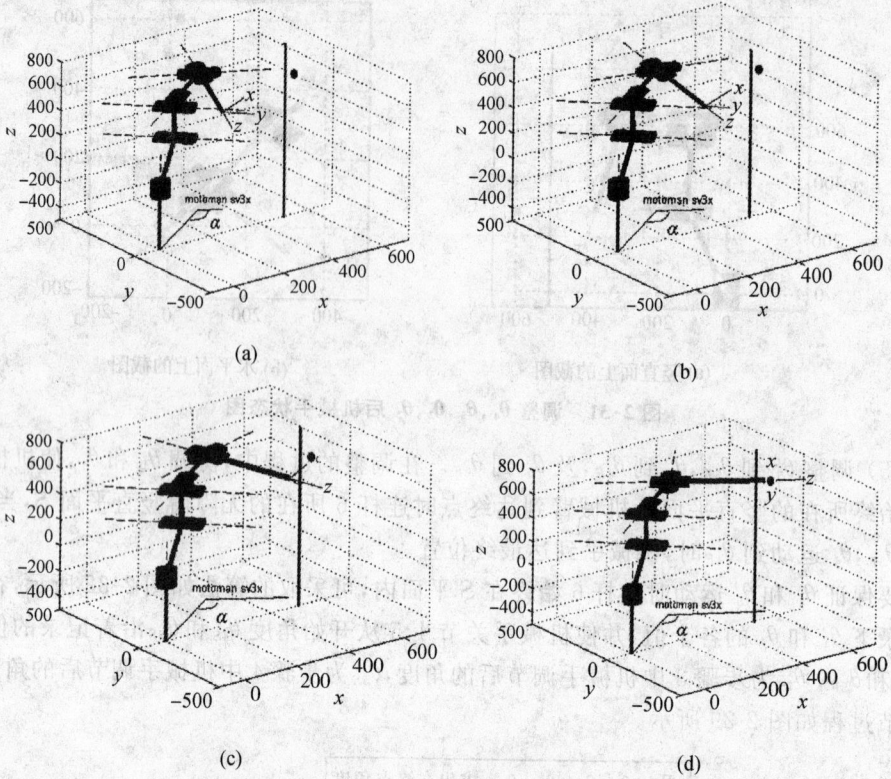

(a)

(b)

(c)

(d)

图 2-33　协调 θ_4 和 θ_5 在竖直面内运动到终点时仿真截图

在图 2-33 中,机械臂 5 和 6 所成的角度始终为 α,从而保证了步骤 5 始终在无障碍物平面内运动。

第三章 有限元分析及其在农业工程中的应用

有限单元法是当前工程技术领域中最常用最有效的数值计算方法,已成为现代工程设计技术不可或缺的部分。ANSYS 软件是融结构、流体、电场、磁场、声场设计于一体的大型通用有限元软件。它与多数 CAD 软件接口,实现数据的共享和交换,如 Pro/E,UG,I—DEAS,AutoCAD 等,是现代产品设计中的高级 CAE 工具之一。软件主要包括 3 个部分:前处理模块、分析计算模块和后处理模块。前处理模块提供了一个强大的实体建模及网格划分工具,用户可以方便地构造有限元模型;分析计算模块包括结构分析(可进行线性分析、非线性分析和高度非线性分析)、流体动力学分析、电磁场分析、声场分析、压电分析以及多物理场的耦合分析,可模拟多种物理介质的相互作用,具有灵敏度分析及优化分析能力;后处理模块可将计算结果以彩色等值线显示、梯度显示、矢量显示、粒子流轨迹显示、立体切片显示、透明及半透明显示(可看到结构内部)等图形方式显示出来,也可将计算结果以图表、曲线形式显示或输出。软件提供了 200 种以上的单元类型,用来模拟工程中的各种结构和材料。其最新版本是 ANSYS 12.0,本书例子都是在 ANSYS 10.0 中实现。

3.1 有限元单元法基础

有限元方法的基本思想是将物体(即连续的求解域)离散成有限个且按照一定方式相互联结在一起的单元组合,来模拟或逼近原来的物体,从而将一个连续的无限自由度问题简化为离散的有限自由度问题求解的一种数值分析方法。物体被离散后通过对其中各个单元进行单元分析,最终得到整个物体的分析。

3.1.1 有限元基本理论

1. 结构静力学有限元方法

线弹性有限元的分析步骤大致可分:

(1)结构的离散化

在有限元分析中,首先要将连续体剖分成有限个结点上相联的单元(如图 3-1 所示),单元之间的力依靠结点传递,铰接结点只能传递力,刚接结点可以传递力和力矩。根据结构的形状和计算要求,可以选择各种单元类型。

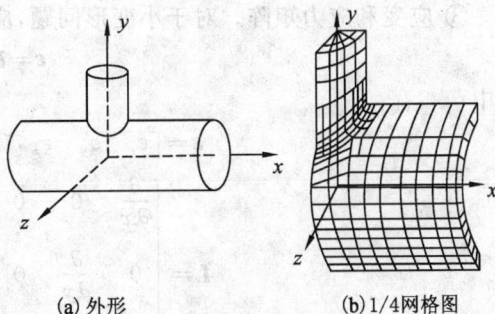

(a) 外形　　　　(b) 1/4 网格图

图 3-1 结构离散化

在结构力学分析中,以结点的位移 δ 为基本未知量。设结构离散后,总的自由度数为 n,则整体的结点位移向量为

$$\boldsymbol{\delta}=\begin{bmatrix}\delta_1 & \delta_2 & \cdots & \delta_n\end{bmatrix}^{\mathrm{T}} \tag{3-1}$$

单元的结点位移向量为

$$\boldsymbol{\delta}^{\mathrm{e}}=\begin{bmatrix}u_1 & v_1 & w_1 & u_2 & v_2 & w_2 & \cdots & u_d & v_d & w_d\end{bmatrix}^{\mathrm{T}} \tag{3-2}$$

式中,d 是单元的结点数。

连续体离散后,还需要对位移边界进行约束处理,将连续的位移边界条件离散为结点的位移边界条件。

(2)单元分析

根据所选择的单元类型,确定单元的位移模式,将外荷载转化为等效结点荷载矩阵,导出单元的应变、应力矩阵及刚度矩阵。

① 单元位移模式。采用广义坐标法或 Seredipity 方法导出位移插值函数 N_i 的表达式,就可以建立单元内任一点的位移 $\boldsymbol{f}=\begin{bmatrix}u & v & w\end{bmatrix}^{\mathrm{T}}$ 与单元结点位移 $\boldsymbol{\delta}^{\mathrm{e}}$ 之间的关系:

$$\boldsymbol{f}=\boldsymbol{N}\boldsymbol{\delta}^{\mathrm{e}} \tag{3-3}$$

N_i 反映了单元内位移的分布形状,所以又称形函数。对于 d 个结点的三维单元,

$$\boldsymbol{N}=\begin{bmatrix}N_1 & 0 & 0 & N_2 & 0 & 0 & & N_d & 0 & 0 \\ 0 & N_1 & 0 & 0 & N_2 & 0 & \cdots & 0 & N_d & 0 \\ 0 & 0 & N_1 & 0 & 0 & N_2 & & 0 & 0 & N_d\end{bmatrix} \tag{3-4}$$

N_i 是将局部坐标 $(\xi\,\eta\,\zeta)$ 转化为整体坐标 (x,y,z) 的函数,坐标变换可表示为

$$\boldsymbol{x}=\boldsymbol{N}\boldsymbol{x}^{\mathrm{e}} \tag{3-5}$$

式中

$$\boldsymbol{x}=\begin{bmatrix}x & y & z\end{bmatrix}^{\mathrm{T}} \tag{3-6}$$

为单元内任意点的整体坐标。

$$\boldsymbol{x}^{\mathrm{e}}=\begin{bmatrix}x_1 & y_1 & z_1 & x_2 & y_2 & z_2 & \cdots & x_d & y_d & z_d\end{bmatrix}^{\mathrm{T}} \tag{3-7}$$

为单元各结点的整体坐标。

② 单元的结点荷载 $\boldsymbol{R}^{\mathrm{e}}$。作用在单元上的集中力 $\boldsymbol{P}=\begin{bmatrix}P_x & P_y & P_z\end{bmatrix}^{\mathrm{T}}$,体力 $\boldsymbol{p}=\begin{bmatrix}X & Y & Z\end{bmatrix}^{\mathrm{T}}$ 及面力 $\bar{\boldsymbol{p}}=\begin{bmatrix}\bar{X} & \bar{Y} & \bar{Z}\end{bmatrix}^{\mathrm{T}}$ 必须转换成等效的单元结点荷载列阵:

$$\boldsymbol{R}^{\mathrm{e}}=\begin{bmatrix}X_1 & Y_1 & Z_1 & X_2 & Y_2 & Z_2 & \cdots & X_d & Y_d & Z_d\end{bmatrix}^{\mathrm{T}} \tag{3-8}$$

根据虚功原理可导出

$$\boldsymbol{R}^{\mathrm{e}}=\boldsymbol{N}^{\mathrm{T}}\boldsymbol{P}+\iiint\boldsymbol{N}^{\mathrm{T}}\boldsymbol{p}\,\mathrm{d}v+\iint\boldsymbol{N}^{\mathrm{T}}\bar{\boldsymbol{p}}\,\mathrm{d}s \tag{3-9}$$

③ 应变和应力矩阵。对于小变形问题,应变和位移之间满足以下的几何方程:

$$\boldsymbol{\varepsilon}=\boldsymbol{L}\boldsymbol{f} \tag{3-10}$$

式中

$$\boldsymbol{\varepsilon}=\begin{bmatrix}\varepsilon_x & \varepsilon_y & \varepsilon_z & \gamma_{xy} & \gamma_{yz} & \gamma_{zx}\end{bmatrix}^{\mathrm{T}} \tag{3-11}$$

$$\boldsymbol{L}=\begin{bmatrix}\dfrac{\partial}{\partial x} & 0 & 0 & \dfrac{\partial}{\partial y} & 0 & \dfrac{\partial}{\partial z} \\ 0 & \dfrac{\partial}{\partial y} & 0 & \dfrac{\partial}{\partial x} & \dfrac{\partial}{\partial z} & 0 \\ 0 & 0 & \dfrac{\partial}{\partial z} & 0 & \dfrac{\partial}{\partial y} & \dfrac{\partial}{\partial x}\end{bmatrix} \tag{3-12}$$

为微分算子矩阵。将式(3-3)代入式(3-10)可得

$$\boldsymbol{\varepsilon} = \boldsymbol{B}\boldsymbol{\delta}^{e} \qquad (3\text{-}13)$$

其中

$$\boldsymbol{B} = \boldsymbol{L}\boldsymbol{N} \qquad (3\text{-}14)$$

为单元的应变矩阵。

对于线弹性体,应力和应变遵循以下的物理方程:

$$\boldsymbol{\sigma} = \boldsymbol{D}\boldsymbol{\varepsilon} \qquad (3\text{-}15)$$

式中 $\boldsymbol{D}$ 为弹性矩阵,可表示为

$$\boldsymbol{D} = \begin{bmatrix} \lambda+2G & & & & & \\ \lambda & \lambda+2G & & & Sym & \\ \lambda & \lambda & \lambda+2G & & & \\ 0 & 0 & 0 & G & & \\ 0 & 0 & 0 & 0 & G & \\ 0 & 0 & 0 & 0 & 0 & G \end{bmatrix} \qquad (3\text{-}16)$$

λ 和 G 为拉密系数。将式(3-13)代入式(3-15)可得

$$\boldsymbol{\sigma} = \boldsymbol{S}\boldsymbol{\delta}^{e} \qquad (3\text{-}17)$$

其中

$$\boldsymbol{S} = \boldsymbol{D}\boldsymbol{B} \qquad (3\text{-}18)$$

称单元的应力矩阵。

④ 单元刚度矩阵。在有限元方法中,各单元之间的相互作用力表现为结点力,设单元的结点力为

$$\boldsymbol{F}^{e} = \begin{bmatrix} U_1 & V_1 & W_1 & U_2 & V_2 & W_2 & \cdots & U_d & V_d & W_d \end{bmatrix}^{T} \qquad (3\text{-}19)$$

则虚功方程可表示为

$$(\boldsymbol{\delta}^{*e})^{T}\boldsymbol{F}^{e} = \int_{V} (\boldsymbol{\varepsilon}^{*})^{T}\boldsymbol{\sigma}\,\mathrm{d}v \qquad (3\text{-}20)$$

式中,$\boldsymbol{\delta}^{*e}$ 是单元的结点虚位移,$\boldsymbol{\varepsilon}^{*}$ 是虚应变。将式(3-13)和(3-15)代入式(3-20),可得出单元结点力与结点位移的关系:

$$\boldsymbol{F}^{e} = \boldsymbol{k}\boldsymbol{\delta}^{e} \qquad (3\text{-}21)$$

式中

$$\boldsymbol{k} = \int_{V} \boldsymbol{B}^{T}\boldsymbol{D}\boldsymbol{B}\,\mathrm{d}v \qquad (3\text{-}22)$$

为单元刚度矩阵。

(3) 整体分析

弹性力学问题在按位移求解时,与基本微分方程对应的泛函是弹性体的势能 π_p,它是位移的函数。与微分方程等价的变分方程就是最小势能原理,即

$$\boldsymbol{\delta}\pi_p = 0 \qquad (3\text{-}23)$$

在有限元方法中,弹性体的总势能为各单元势能的集合,单元势能 π_p^{e} 由单元的形变势能 $\boldsymbol{U}^{e}$ 和外力势能 $\boldsymbol{V}^{e}$ 组成

$$\pi_p^{e} = \boldsymbol{U}^{e} + \boldsymbol{V}^{e} \qquad (3\text{-}24)$$

式中

$$U^e = \int_v \frac{1}{2} \boldsymbol{\varepsilon}^T \boldsymbol{\sigma} dV \qquad (3-25)$$

$$V^e = -\boldsymbol{f}^T \boldsymbol{P} - \int_v \boldsymbol{f}^T \boldsymbol{p} dV - \int_{S_\sigma} \boldsymbol{f}^T \overline{\boldsymbol{p}} ds \qquad (3-26)$$

将式(3-13)和(3-15)代入式(3-25),式(3-3)代入式(3-26),并注意式(3-22)和(3-9),可得

$$\boldsymbol{\pi}_p^e = \frac{1}{2} (\boldsymbol{\delta}^e)^T \boldsymbol{k} \boldsymbol{\delta}^e - (\boldsymbol{\delta}^e)^T \boldsymbol{R}^e \qquad (3-27)$$

引入单元选择矩阵 $\boldsymbol{C}^e$,使

$$\boldsymbol{\delta}^e = \boldsymbol{C}^e \boldsymbol{\delta}$$

则

$$\boldsymbol{\pi}_p = \frac{1}{2} \boldsymbol{\delta}^T \boldsymbol{K} \boldsymbol{\delta} - \boldsymbol{\delta}^T \boldsymbol{R} \qquad (3-28)$$

根据式(3-23),有

$$\frac{\partial \boldsymbol{\pi}_p}{\partial \boldsymbol{\delta}} = 0$$

由式(3-28)导出位移有限元的支配方程:

$$\boldsymbol{K} \boldsymbol{\delta} = \boldsymbol{R} \qquad (3-29)$$

其中

$$\boldsymbol{K} = \sum_e (\boldsymbol{C}^e)^T \boldsymbol{k} \boldsymbol{C}^e \qquad (3-30)$$

为整体刚度矩阵。

$$\boldsymbol{R} = \sum_e (\boldsymbol{C}^e)^T \boldsymbol{R}^e \qquad (3-31)$$

是整体结点荷载列阵。整体分析的目的就是将 $\boldsymbol{k}$ 集合成 $\boldsymbol{K}$,$\boldsymbol{R}^e$ 集合成 $\boldsymbol{R}$。

(4) 解方程,求位移和应力

求解支配方程(3-29),得到结点位移 $\boldsymbol{\delta}$,然后根据式(3-13)和(3-15)求出单元的应变和应力。

2. 结构动力学问题有限元方法

常用的结构动力学问题有两类研究对象:一类是在运动状态下工作机械或结构,如高速旋转的电机、飞行器、车辆等,承受本身惯性以及周围介质或结构相互作用的动力载荷。如何保证它们运行的平稳性和安全性是极为重要的研究课题。另一类是承受动载荷的工程结构,如建于地面的高层建筑、海洋石油平台等。

(1) 运动方程

结构离散化后,在运动状态中各节点的动力平衡方程:

$$\boldsymbol{F}_i + \boldsymbol{F}_d + \boldsymbol{P}(t) = \boldsymbol{F}_e \qquad (3-32)$$

式中,$\boldsymbol{F}_i$,$\boldsymbol{F}_d$,$\boldsymbol{P}(t)$ 分别为惯性力、阻尼力、动力载荷,均为矢量;$\boldsymbol{F}_e$ 为弹性力。

弹性力矢量可用节点位移 $\boldsymbol{\delta}$ 和刚度矩阵 $\boldsymbol{K}$ 表示如下:

$$\boldsymbol{F}^e = \boldsymbol{K} \boldsymbol{\delta}^e \qquad (3-33)$$

根据达朗贝尔原理,可利用质量矩阵 $\boldsymbol{M}$ 和节点加速度表示惯性力:

$$\boldsymbol{F}_i = -\boldsymbol{M} \frac{\partial^2 \boldsymbol{\delta}}{\partial t^2} \qquad (3-34)$$

式中,质量矩阵 M 的元素 M_{ij} 为节点 j 的单位加速度在节点 i 上引起的惯性力。

结构具有的粘滞阻尼,可由阻尼矩阵 C 和节点速度 $\frac{\partial \boldsymbol{\delta}}{\partial t}$ 表示阻尼力:

$$F_d = -C \frac{\partial \boldsymbol{\delta}}{\partial t} \tag{3-35}$$

式中,阻尼矩阵 C 的元素 C_{ij} 为节点 j 的单位加速度在节点 i 上引起的阻尼力。

将各力代入式(3-32),得到运动方程:

$$M \frac{\partial^2 \boldsymbol{\delta}}{\partial t^2} + C \frac{\partial \boldsymbol{\delta}}{\partial t} + K\boldsymbol{\delta} = P(t) \tag{3-36}$$

记

$$\dot{\boldsymbol{\delta}} = \frac{\partial \boldsymbol{\delta}}{\partial t}, \quad \ddot{\boldsymbol{\delta}} = \frac{\partial^2 \boldsymbol{\delta}}{\partial t^2}$$

则运动方程可写为

$$M \ddot{\boldsymbol{\delta}} + C \dot{\boldsymbol{\delta}} + K\boldsymbol{\delta} = P(t) \tag{3-37}$$

下面简单介绍质量矩阵和阻尼矩阵

(2) 质量矩阵

单元质量矩阵有两种表达形式:一致质量矩阵和集中(堆积)质量矩阵。

① 一致质量矩阵。用公式 $M^e = \int_v \rho N^T N \mathrm{d}V$ 计算的单元质量矩阵,称为一致质量矩阵,是因其中 N 就是位移模式形函数 N 而得名。或者说,推导质量矩阵采用的形函数与采用推导单元刚度矩阵时采用的形函数是一致的。

② 集中质量矩阵。将单元质量假想地集中到节点上去,也就是说只在节点上有质量。这样,一个节点的加速度就不会影响其他节点的惯性力(相互之间不受影响),具体处理方法是将质量平均分到所有节点上去。例如三角形 3 个节点单元,每个节点分到 1/3。

资料表明,集中质量矩阵计算出来的频率与一致质量矩阵的计算结果相差无几。在单元相同的情况下,集中质量矩阵计算的结果低于一致质量矩阵的计算频率,而振型则是一致质量矩阵的计算结果精确。由于集中质量矩阵是对角线矩阵,所以计算中常采用。

③ 附加质量。当有附加的质量在节点上时,要在计算整体质量矩阵时,加上这些附加质量 M_c 即

$$M = \sum M^e + M_c \tag{3-38}$$

(3) 阻尼矩阵

根据阻尼的成因可以分为粘滞阻尼和结构阻尼。

① 粘滞阻尼(比例阻尼)。

将阻尼看作是正比于节点的运动速度,称为粘滞阻尼,它消耗振动的动能。阻尼矩阵为

$$C^e = \int_v CN^T N \mathrm{d}V \tag{3-39}$$

由 $M^e = \int_v \rho N^T N \mathrm{d}V$ 可知,这个阻尼矩阵与质量矩阵成正比。

$$C^e = \alpha_c M^e, \quad \alpha_c = c/\rho \tag{3-40}$$

所以 $\boldsymbol{C}^e = \int_v \boldsymbol{C}\boldsymbol{N}^T\boldsymbol{T}\mathrm{d}V$ 称为比例阻尼（相对于质量矩阵而言）。

② 结构阻尼。结构阻尼是由材料内部的摩擦引起的,比例于结构的变形速度 $\dot{\boldsymbol{\varepsilon}}$这时的阻尼力可以简化为 $\boldsymbol{R}_\varepsilon = \mu D\dot{\boldsymbol{\varepsilon}}$,这样可得到单元的结构阻尼矩阵使其具有 $\boldsymbol{C}^e_\varepsilon = \int_v \boldsymbol{C}_k\boldsymbol{B}^T\boldsymbol{D}\boldsymbol{B}\mathrm{d}y$ 的形式,所以结构阻尼正比于刚度矩阵:

$$\boldsymbol{C}^e = \alpha_k\boldsymbol{k}^e \tag{3-41}$$

③ Rayleigh 阻尼。在实际分析中,精确决定阻尼矩阵是相当困难的,通常允许将整个阻尼矩阵简化为质量矩阵 $\boldsymbol{M}$ 和刚度矩阵 $\boldsymbol{K}$ 的线性组合,这样可用来解耦有阻尼的振动方程。此种阻尼称为 Rayleigh 阻尼。

$$\boldsymbol{C} = \alpha\boldsymbol{M} + \beta\boldsymbol{K} \tag{3-42}$$

式中 α, β 为不依赖于频率的常数。

（4）结构自振频率与振型。在式(3-32)中令 $\boldsymbol{P}(t) = 0$,得到自由振动的方程。在实际工程中,阻尼对结构的自振频率影响不大,因此可进一步忽略阻尼力,得到无阻尼自由振动的运动方程

$$\boldsymbol{M}\ddot{\boldsymbol{\delta}} + \boldsymbol{K}\boldsymbol{\delta} = 0 \tag{3-43}$$

设结构作下述简谐运动

$$\boldsymbol{\delta} = \boldsymbol{\varphi}\cos\omega t \tag{3-44}$$

将式(3-44)代入式(3-43),可得到齐次方程

$$(\boldsymbol{K} - \omega^2\boldsymbol{M})\boldsymbol{\varphi} = 0 \tag{3-45}$$

在自由振动时,结构中各节点的振幅 $\boldsymbol{\varphi}$ 不全为零,所以结构自振频率方程为

$$|\boldsymbol{K} - \omega^2\boldsymbol{M}| = 0 \tag{3-46}$$

结构的刚度矩阵 $\boldsymbol{K}$ 和质量矩阵 $\boldsymbol{M}$ 都是 n 阶方阵,其中 n 是节点自由度的数目,所以式(3-46)是关于 ω^2 的 n 次代数方程,由此可求出结构的自振频率

$$\omega_1 \leqslant \omega_2 \leqslant \omega_3 \leqslant \cdots \leqslant \omega_n$$

对于每个自振频率,由式(3-46)可确定一组节点的振幅值 $\boldsymbol{\varphi}_i = [\varphi_{i1}, \varphi_{i2}, \cdots, \varphi_{in}]^T$,它们之间应保持固定的比值,但绝对值可任意变化。它们构成一个矢量,称为特征矢量,在工程上通常称为结构的振型。

因为在每个振型中,各节点的振幅是相对的,其绝对值可取任意数值。在实际工作中常用以下两种方法之一来确定振型的具体数值:

① 归准化振型。取 $\boldsymbol{\varphi}_i$ 的某一项,例如取第 n 项为 1,即 $\varphi_{in} = 1$,于是

$$\boldsymbol{\varphi}_i = [\varphi_{i1}, \varphi_{i2}, \cdots, 1]^T$$

这样的振型称为归准化振型。

② 正则化振型。选取 φ_{ij} 的数值,使

$$\boldsymbol{\varphi}_i^T\boldsymbol{M}\boldsymbol{\varphi}_i = 1$$

这样的振型称为正则化振型。

（5）振型叠加法求结构的受迫振动

常用的求解结构受迫振动的方法有两种,即振型叠加法与直接积分法。

用振型 $\boldsymbol{\varphi}_i$ 的线性叠加来表示处于运动状态中的结构位移矢量:

$$\boldsymbol{\delta} = \boldsymbol{\varphi}_1 \eta_1(t) + \boldsymbol{\varphi}_2 \eta_2(t) + \cdots + \boldsymbol{\varphi}_n \eta_n(t) \tag{3-47}$$

用 $\boldsymbol{\varphi}_j^{\mathrm{T}} \boldsymbol{M}$ 前乘上式的两边,由于振型正交性,等式右边的 n 项中只剩下 $i=j$ 这一项,即

$$\boldsymbol{\varphi}_j^{\mathrm{T}} \boldsymbol{M} \boldsymbol{\delta} = \eta_j(t) \boldsymbol{\varphi}_j^{\mathrm{T}} \boldsymbol{M} \boldsymbol{\varphi}_j = m_{pj} \eta_j(t) \tag{3-48}$$

由此得到

$$\eta_i(t) = \frac{\boldsymbol{\varphi}_i^{\mathrm{T}} \boldsymbol{M} \boldsymbol{\delta}}{m_{pi}} \tag{3-49}$$

η_i 和 $\dot{\eta}_i$ 的初始值可表示为

$$\eta_i(0) = \frac{\boldsymbol{\varphi}_i^{\mathrm{T}} \boldsymbol{M} \boldsymbol{\delta}(0)}{m_{pi}} \tag{3-50}$$

$$\dot{\eta}_i(0) = \frac{\boldsymbol{\varphi}_i^{\mathrm{T}} \boldsymbol{M} \dot{\boldsymbol{\delta}}(0)}{m_{pi}} \tag{3-51}$$

将式(3-50)、(3-51)代入式(3-38)得到

$$\boldsymbol{M} \sum_{i=1}^{n} \boldsymbol{\varphi}_i \ddot{\eta}_i + \boldsymbol{C} \sum_{i=1}^{n} \boldsymbol{\varphi}_i \dot{\eta}_i + \boldsymbol{K} \sum_{i=1}^{n} \boldsymbol{\varphi}_i \eta_i = \boldsymbol{P}(t) \tag{3-52}$$

对式(3-52)两边前乘以 $\boldsymbol{\varphi}_j^{\mathrm{T}}$,并令 $\boldsymbol{C} = \alpha \boldsymbol{M} + \beta \boldsymbol{K}$,得到

$$\sum_{i=1}^{n} \boldsymbol{\varphi}_j^{\mathrm{T}} \boldsymbol{M} \boldsymbol{\varphi}_i \ddot{\eta}_i + \sum_{i=1}^{n} \boldsymbol{\varphi}_j^{\mathrm{T}} (\alpha \boldsymbol{M} + \beta \boldsymbol{K}) \boldsymbol{\varphi}_i \dot{\eta}_i + \sum_{i=1}^{n} \boldsymbol{\varphi}_j^{\mathrm{T}} \boldsymbol{K} \boldsymbol{\varphi}_i \eta_i = \boldsymbol{\varphi}_j^{\mathrm{T}} \boldsymbol{P}(t) \tag{3-53}$$

由于正交性,得到

$$m_{pi} \ddot{\eta}_i + (\alpha + \beta \omega_i^2) m_{pi} \dot{\eta} + \omega^2 m_{pi} \eta_i = \boldsymbol{\varphi}_j^{\mathrm{T}} \boldsymbol{P}(t) \tag{3-54}$$

由于 $\alpha + \beta \omega_i^2 = 2 \xi_i \omega_i$,式(3-54)成为

$$\ddot{\eta}_i + 2 \xi_i \omega_i \dot{\eta} + \omega^2 \eta_i = \frac{1}{m_{pi}} \boldsymbol{\varphi}_j^{\mathrm{T}} \boldsymbol{P}(t) \quad (i = 1, 2, 3, \cdots, n) \tag{3-55}$$

这样的方程共有 n 个,它们是互相独立的。可以用数值积分方法计算

$$\eta_i(t) = \frac{1}{\omega_{di} m_{pi}} \int_0^t \boldsymbol{P}^*(\tau) \mathrm{e}^{-\xi_i \omega_i (t-\tau)} \sin \omega_{di}(t-\tau) \mathrm{d}\tau + \mathrm{e}^{-\xi_i \omega_i t} \left(\eta_i(0) \cos \omega_{di} t + \right.$$
$$\left. \frac{\dot{\eta}_i(0) + \xi_i \omega_i \eta_i(0)}{\omega_{di}} \sin \omega_{di} t \right) \tag{3-56}$$

式中,$\omega_d = \omega_i \sqrt{1 - \xi_i^2}$,$\boldsymbol{P}^*(t) = \boldsymbol{\varphi}_i^{\mathrm{T}} \boldsymbol{P}(t)$。将 $\eta_i(t)$ 代入式(3-47)即可得到所需解答。

在用有限元方法进行结构动力学分析时,自由度数目 n 为几百甚至几千,但由于高阶振型对结构动力响应影响一般都很小,因此通常只要计算一部分低阶振型就够了。

3. 有限单元法常用术语

(1) 单元

有限元模型中每一个小的块体称为一个单元。根据其形状的不同,可以将单元化分为以下几种类型:线单元、面单元和体单元等。由于单元是构成有限元模型的基础,因此单元类型对于有限元分析过程至关重要。一个有限元程序提供的单元种类越多,该程序功能就越强大。ANSYS 程序提供了 200 余种单元种类,可以模拟和分析绝大多数的工程问题。

(2) 节点

用于确定单元形状、表述单元特征及连接相邻单元的点称为节点。节点是有限元模

型中的最小构成元素。多个单元可以共用 1 个节点,节点起连接单元和实现数据传递的作用。

（3）载荷

工程结构所受到的外在施加的力或力矩称为载荷,它包括集中力、力矩及分布力等。在不同的学科中,载荷的含义有所差别。在通常结构分析中,载荷为力、位移等,在温度场分析过程中,载荷是指温度等;而在电磁场分析过程中,载荷是指结构所受的电场和磁场作用。

（4）边界条件

边界条件是指结构在边界上所受到的外加约束。在有限元分析过程中,施加正确的边界条件是获得正确的分析结果和较高的分析精度的关键。

（5）初始条件

初始条件是结构响应前所施加的初始速度、初始温度及预应力等。

图 3-2 是由真实系统得到的有限元模型。

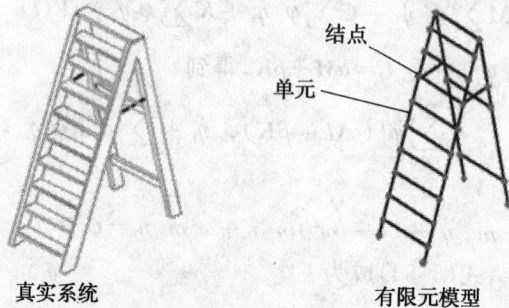

结点

单元

真实系统　　　　　　有限元模型

图 3-2　由真实系统到有限元模型

3.1.2　ANSYS 软件的主要功能

ANSYS 是可以对结构、热、流体等各种物理场量进行分析的大型通用有限元分析软件,图 3-3 是几个简单的物理系统。

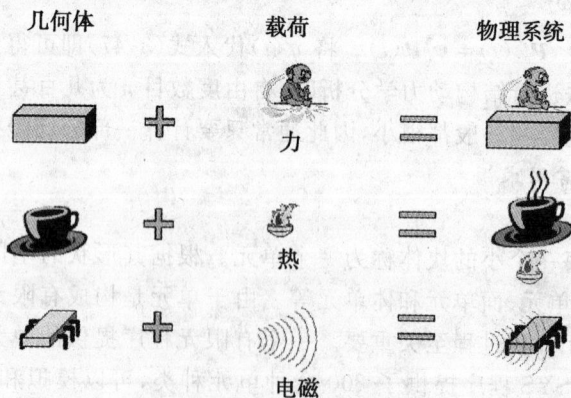

几何体　　　　　载荷　　　　　物理系统

力

热

电磁

图 3-3　简单物理系统举例

ANSYS 的主要功能包括：

1. 结构分析

结构分析是有限元分析方法最常用的一个应用领域。结构分析中得到的基本未知量是节点的位移，其他一些未知量如应力、应变、支座反力等都可以通过节点位移计算得到。ANSYS 能够完成的结构分析有：

结构静力学分析，用来计算在固定不变的外载作用下结构的位移、应力、应变等响应。一般不考虑阻尼和系统惯性。

结构动力学分析，用来求解在随时间变化的载荷作用下结构的动态响应，包括模态分析、谐响应分析、瞬态动力学分析、谱分析。

结构非线性分析，结构非线性包括几何非线性（大变形、大应变、应力强化等）、材料非线性（弹塑性、粘弹性、超弹性等）、单元非线性（接触分析等）。ANSYS 能够分析静态和瞬态非线性问题。

隐式、显式（ANSYS/LS-DYNA）及显式－隐式－显式耦合求解。

2. 流体动力学分析

ANSYS 程序的 FLOTRAN CFD 分析功能能够进行二维及三维的流体瞬态和稳态动力学分析。

3. 热分析

热分析用于计算一个系统的温度等物理量的分布及变化情况。基于热平衡方程，ANSYS 程序能够计算各点的温度，并导出其他的物理量。

4. 电磁场分析

ANSYS 程序能够分析电感、电容、涡流、电场分布、磁力线分布及能量损失等电磁场问题，也可以用于螺线管、发电机、变换器、电解槽等装置的设计与分析。

5. 多耦合场分析

多耦合场分析就是考虑两个或多个物理场之间的相互作用。ANSYS 统一数据库及多物理场分析并存的特点保证了可方便地进行耦合场分析。

6. 优化设计

ANSYS 程序提供了多种优化方法，包括零阶方法和一阶方法等。对此，ANSYS 程序提供了一系列的分析—评估—修正的循环过程。此外，ANSYS 程序还提供一系列的优化工具以提高优化过程的效率。

7. 其他功能

ANSYS 程序支持的其他一些高级功能，包括拓扑优化设计、自适应网格划分、子模型、子结构、单元"生"和"死"等。

图 3-4、图 3-5 和图 3-6 是用 ANSYS 进行结构结果分析的实例。

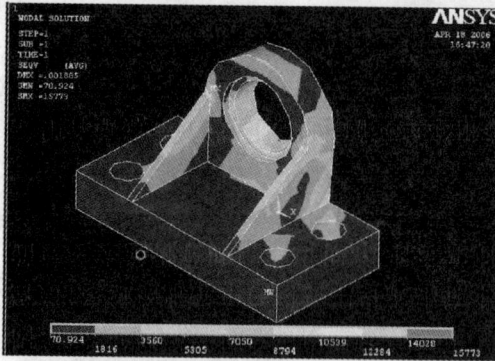

图 3-4　轴承座应力分析

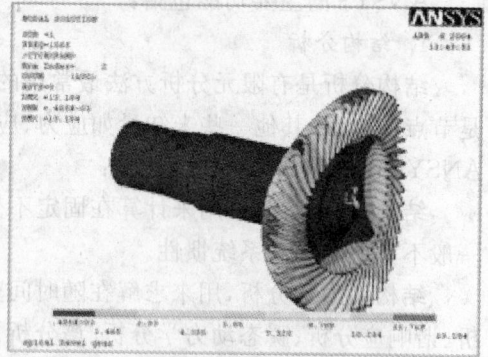

图 3-5　斜齿轮模态分析

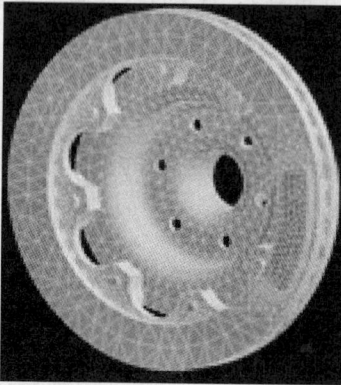

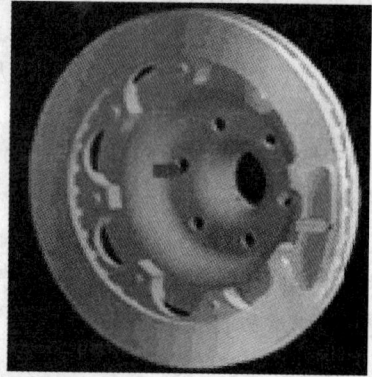

图 3-6　制动垫非线性静态分析

3.1.3　ANSYS 10.0 系统

1. 启动 ANSYS 10.0

在正确安装完毕后就可以启动并运行 ANSYS 10.0 了。有两种常用的方法可以启动。

（1）交互式启动：单击"开始"菜单，选择"程序"中 ANSYS 10.0＞ANSYS Products Launcher，启动 ANSYS 10.0，如图 3-7 所示。进入 ANSYS 启动交互界面，进行相关设置，选择交互式启动 ANSYS 10.0，将会弹出 laucher 对话框，如图 3-8 示。

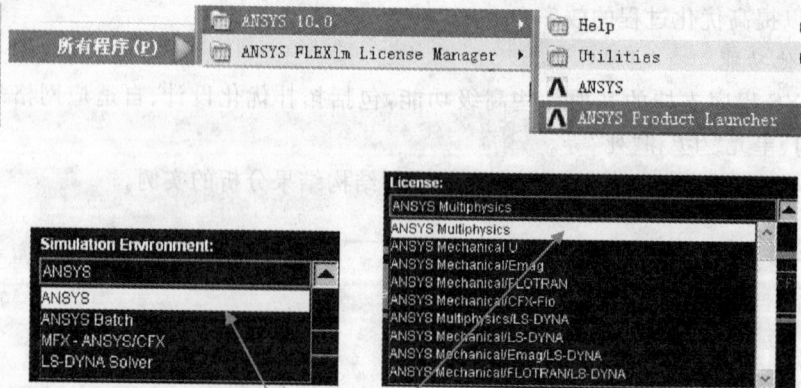

图 3-7　ANSYS 交互式启动

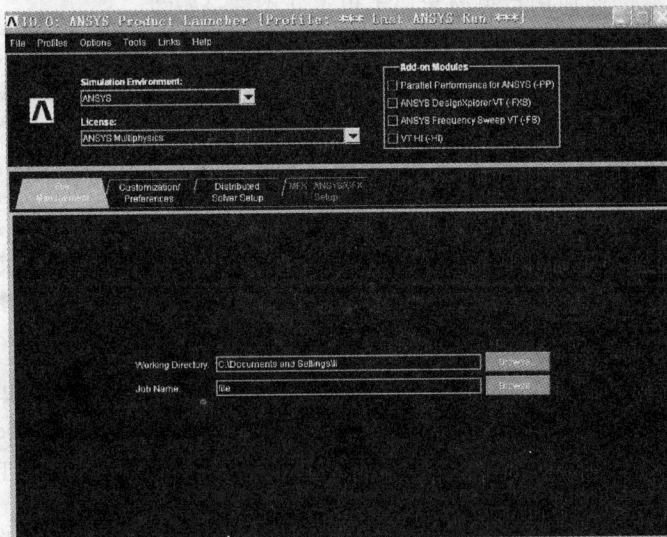

图 3-8 ANSYS 10.0 Launcher 对话框

Launch(启动)选项卡：用户可以在此选择 ANSYS 仿真环境和功能模块。

File Management(文件管理)选项卡：用户可以在此设置 ANSYS 工作目录，ANSYS 所有运行生成的文件都会存储到该目录下。重新运行 ANSYS 的默认目录为上一次运行定义的目录。

Customization/Preferences(用户管理/偏好设置)选项卡：在 Memory 选项卡中用户可以设置数据库大小，对内存进行管理；在 Language Selection 选项中选择语言；同时在 Graphics Device Name 选项中选择显示模式，有 Win32，Win32c 和 3D 三种图形设备驱动。

Distributed Solver Setup(计算器设置)选项卡：从 ANSYS 9.0 开始，在 Launcher 中增加了计算设置选项卡，但用户必须加载相应模块该选项卡才生效。

(2)快速启动：单击"开始"菜单，选择"程序"中的 ANSYS，快速启动 ANSYS 10.0。

2. ANSYS 10.0 操作界面

启动 ANSYS 后进入 ANSYS 10.0 的 GUI 图形用户界面，如图 3-9 所示。

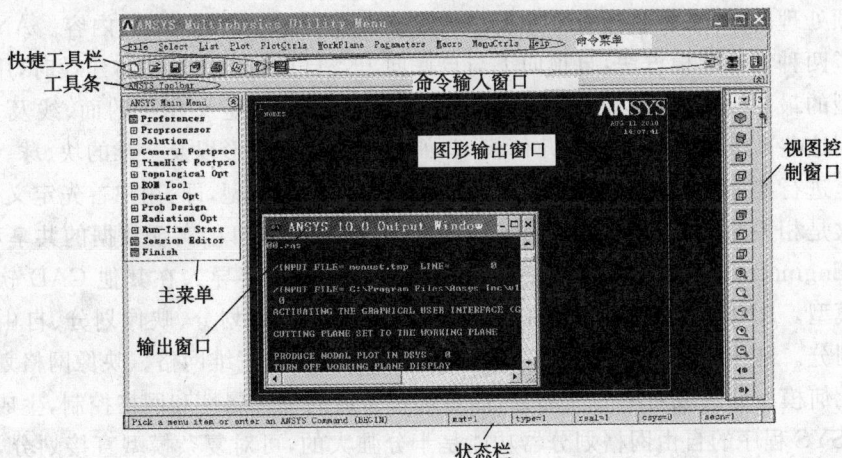

图 3-9 ANSYS 10.0 操作界面

ANSYS 10.0 的图形用户界面主要由以下几个部分组成：

（1）命令菜单：该菜单为下拉式菜单，由 10 个下拉菜单组成，包括 File（文件操作）、Select（选择）、List（数据列表）、Plot（图形显示）、PlotCtrls（显示控制）、WorkPlane（工作平面）、Parameters（参数）、Macro（宏命令）、MenuCtrls（菜单控制）和 Help（帮助）。

（2）快捷工具栏：提供了新建、打开、保存数据等常用的快捷按钮，可以单击相应按钮实现操作。

（3）工具条：包括一些常用的 ANSYS 命令和函数，是执行命令的快捷方式。

（4）命令输入窗口：除了常用的 GUI 方式外，ANSYS 还可以采用命令输入，该窗口可以输入 ANSYS 各种命令。

（5）主菜单：主菜单基本涵盖了 ANSYS 分析过程中所有菜单命令，包括 Preferences（偏好设置）用户可以设定要分析问题的类型，Preprocessor（预处理）、Solution（求解），General Postproc（通用后处理）、TimeHist Postpro（时间历程后处理）、Topological Opt（拓扑分析）等等。"+"表示包含下一级子菜单选项。

（6）图形输出窗口：模型建立、网格划分、计算结果、云图等图形信息以及求解过程中的收敛信息都在该窗口显示。

（7）视图控制窗口：该窗口的按钮用来调整视图角度、视图大小等。

（8）状态栏：显示 ANSYS 的当前信息，如当前求解器、材料、单元类型、实常数等。

除此之外，ANSYS 还有一个输出窗口，这是一个类似 DOS 界面的窗口。该窗口显示 ANSYS 软件已输入命令或已使用的响应信息，通常在主窗口的后面，需要的时候可以提到前面便于查看分析过程的各种信息。若对该窗口进行关闭，将会强制退出 ANSYS 软件，所以，一般操作过程中不要关闭该窗口。

3.2 ANSYS 有限元分析典型步骤

ANSYS 典型的分析过程分 3 步：预处理阶段、解决阶段以及后处理阶段。

3.2.1 预处理阶段

在预处理阶段，主要包括有限元模型的建立，模型网格划分两部分内容。ANSYS 程序提供了两种实体建模方法：自顶向下与自底向上。自顶向下进行实体建模时，用户定义一个模型的最高级图元，如球、棱柱，称为基元，程序则自动定义相关的面、线及关键点。用户利用这些高级图元直接构造几何模型，如二维的圆和矩形以及三维的块、球、锥和柱。自底向上进行实体建模时，用户从最低级的图元向上构造模型，即：用户首先定义关键点，然后依次是相关的线、面、体。同时它能与多数 CAD 软件接口，实现数据的共享和交换，如 Pro/Engineer，NASTRAN，IDEAS，AutoCAD 等，可直接导入在其他 CAD 软件中建立好的模型。ANSYS 程序提供了 4 种网格划分方法：延伸划分、映像划分、自由划分和自适应划分。延伸网格划分可将一个二维网格延伸成一个三维网格。映像网格划分允许用户将几何模型分解成简单的几部分，然后选择合适的单元属性和网格控制，生成映像网格。ANSYS 程序的自由网格划分器功能是十分强大的，可对复杂模型直接划分，避免了用户对各个部分分别划分后进行组装时各部分网格不匹配带来的麻烦。自适应网格划分是在生成了具有边界条件的实体模型以后,用户指示程序自动地生成有限元网格,分析、估计网格的离散误差,然后重新定义网格大小,再次分析计算、估计网格的离散误差,直至误差低于用户定义的值或到用户定义的求解次数。

3.2.2 求解阶段

在该阶段,用户可以定义分析类型、分析选项、载荷数据和载荷步选项,然后开始有限元求解。加载为用边界条件数据描述结构的实际情况,即分析结构和外界之间的相互作用。载荷的含义有:自由度约束位移、节点力、表面载荷压力、惯性载荷(重力加速度,角加速度)。

3.2.3 后处理阶段

后处理阶段是对前面的分析结果能以图形形式显示和输出。例如,计算结果(如应力)在模型上的变化情况可用等值线图表示,不同的等值线颜色,代表了不同的值(如应力值)。云图则用不同的颜色代表不同的数值区(如应力范围),清晰地反映了计算结果的区域分布情况。另外,还可以检查在一个时间段或子步历程中的结果,如节点位移、应力或支反力,这些结果能通过绘制曲线或列表查看。绘制一个或多个变量随频率或其他量变化的曲线,有助于形象化地表示分析结果。

3.2.4 ANSYS 典型分析实例

1. 问题描述

如图 3-10 所示为用来支撑书架的钢支架,弹性模量为 2×10^{11} Pa,泊松比为 0.3。支架的尺寸如图所示(单位:mm),支架上表面承受均匀分布的载荷,并且左端是固定的。利用 ANSYS 分析支架的变形和应力情况。

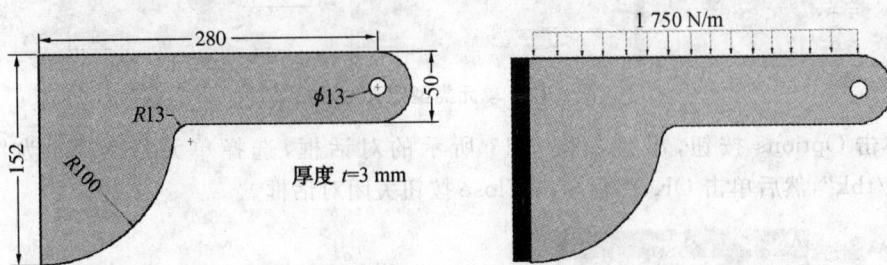

图 3-10 书架结构和载荷

2. 分析问题

由于该书架的厚度方向尺寸远远小于其他两个方向尺寸,而且力作用在平面内,因此该问题属于结构平面静力学分析,所以在单元选择上采用平面单元,材料参数如前所述。载荷和约束问题也已知。

3. 预处理

(1)定义分析类型:执行 Main Menu>Preferences 命令,指定分析类型为 Strutural,如图 3-11 所示。

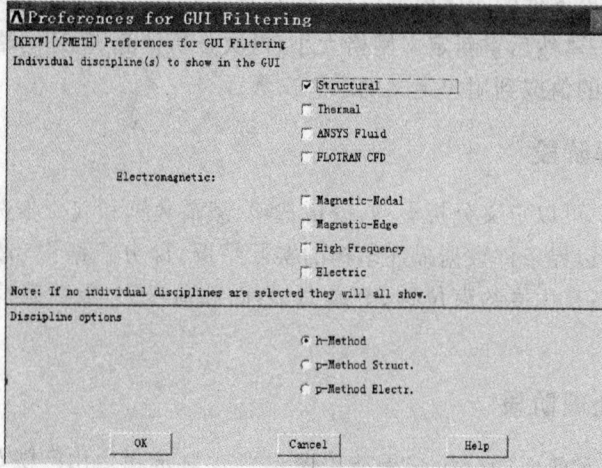

图 3-11   分析类型设置对话框

（2）定义单元类型：执行 Main Menu＞Preprocessor＞Element Type＞Add/Edit/Delete 命令。弹出如图 3-12 所示的对话框，从中选择 Add，在新的对话框中选择 Solid/8 node 82 平面单元，然后单击 OK，再单击 Close 按钮关闭对话框。

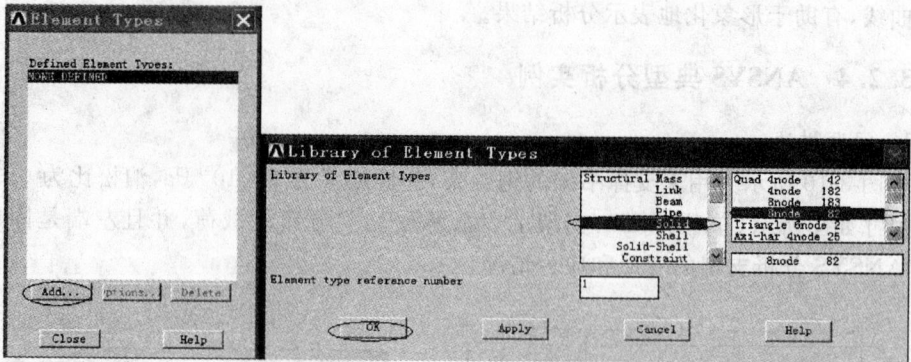

图 3-12   单元类型定义对话框

单击 Options 按钮，出现如图 3-13 所示的对话框，选择单元行为 K3 为"Plane strs w/thk"，然后单击 OK，然后单击 Close 按钮关闭对话框。

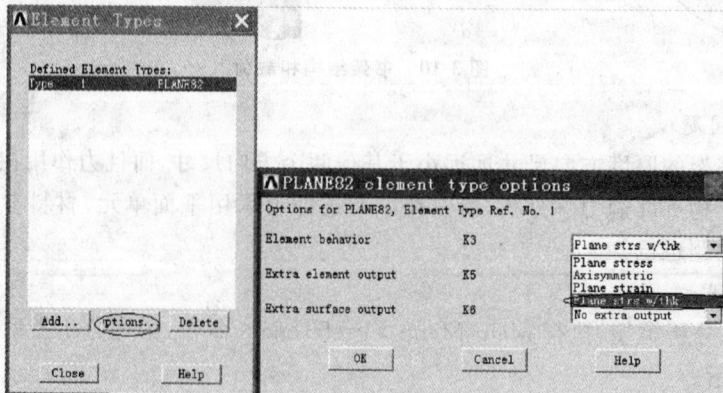

图 3-13   单元选项对话框

（3）定义实常数：执行 Main Menu＞Preprocessor＞RealConstants＞Add/Edit/
Deleteml。在弹出如图 3-14 所示的对话框中选择 Add，在新的对话框中设定厚度为
0.003，单击 OK 按钮完成，再单击 Close 按钮关闭对话框。

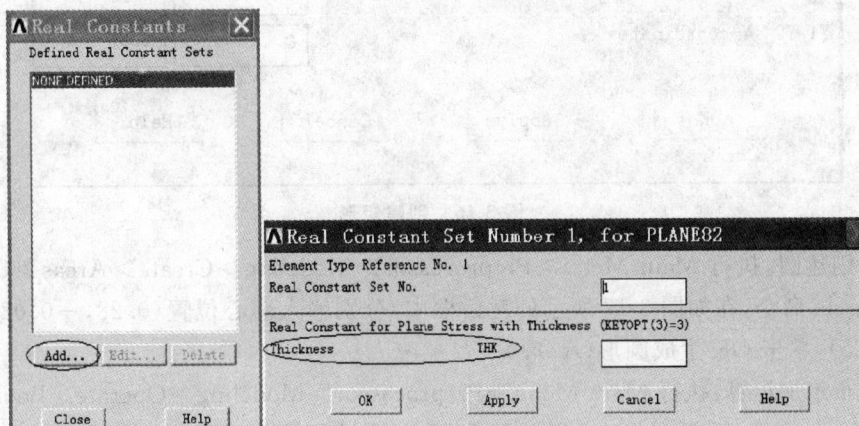

图 3-14 实常数对话框

（4）定义材料属性：执行 Main Menu＞Preprocessor＞Material Props＞Material Models
命令。再执行 Material Models Available＞Structural＞Linear＞Elastic＞Isotropioc 命令，弹出
如图 3-15 所示的对话框，在 EX 一栏中填入 2e11，PRXY 一栏中输入 0.3。

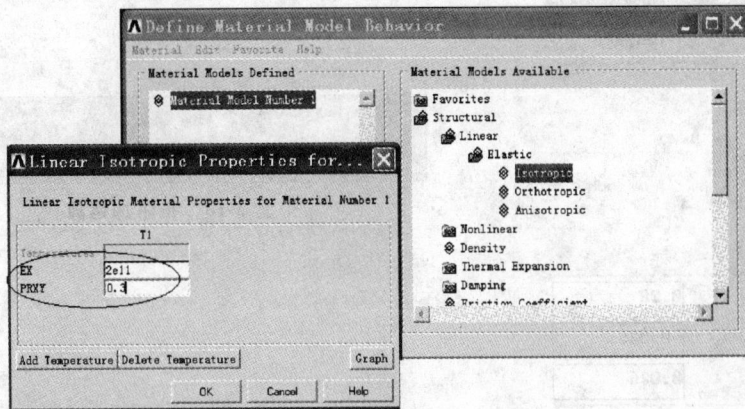

图 3-15 定义材料属性对话框

（5）建立几何模型

① 创建矩形：执行 Main Menu＞Preprocessor＞Modeling＞Create＞Areas＞By
Dimensions 命令，在如图 3-16 所示的对话框中，在 X1，X2 X-coordinates 中输入（0，
0.28），在 Y1，Y2 Y-coordinates 中输入（0，-0.05），单击 OK 生成矩形（A1）。

Create Rectangle by Dimensions

[RECTNG] Create Rectangle by Dimensions

| X1,X2 X-coordinates | 0 | 0.28 |
| Y1,Y2 Y-coordinates | 0 | -0.05 |

| OK | Apply | Cancel | Help |

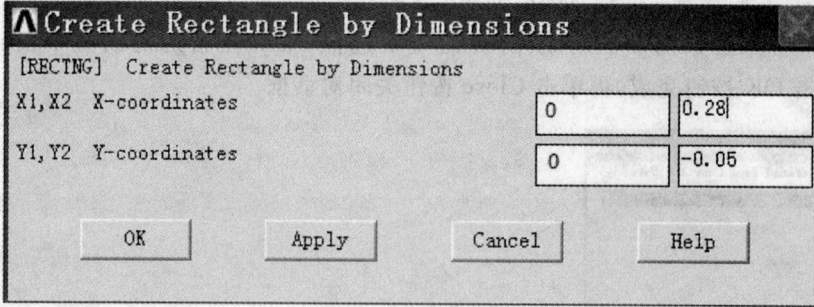

图 3-16 创建矩形

② 创建圆:执行 Main Menu＞Preprocessor＞Modeling＞Create＞Areas＞Circle＞Solid Circle 命令,在如图 3-17 所示的对话框中,分别输入圆心位置(0.28,－0.025)和半径(0.025),单击 OK 生成圆形(A2);

③ 布尔加运算:执行 Main Menu＞Preprocessor＞Modeling＞Operate＞Booleans＞Add＞Areas 命令,选择刚才建立的矩形和圆,执行该操作以后两个面成为一个面(A3),如图 3-18 所示。

④ 创建小圆孔:步骤同②,圆心位置为(0.28,－0.25),半径 0.006 5。生成小圆(A1)(见图 3-19)。

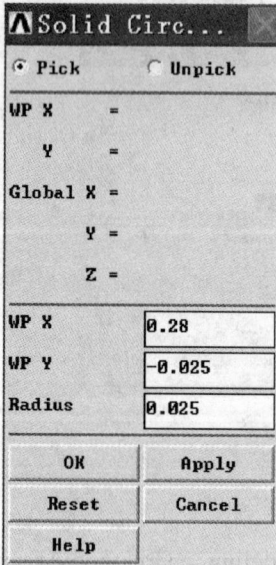

Solid Circ...

⊙ Pick   ○ Unpick

WP X   =

　Y   =

Global X =

　　Y =

　　Z =

WP X	0.28
WP Y	-0.025
Radius	0.025

OK	Apply
Reset	Cancel
Help	

图 3-17 创建圆

图 3-18 布尔加运算

图 3-19 生成小圆

⑤ 布尔减运算:执行 Main Menu＞Preprocessor＞Modeling＞Operate＞Booleans＞Subtract＞Areas 命令,选择 A3 面,单击 OK,然后选择 A1 面,单击 OK,得到 A2 面(如图 3-20 所示)。

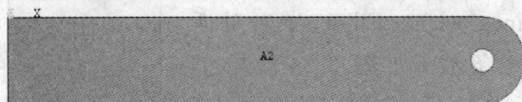

图 3-20　布尔减运算

⑥ 移动工作平面：执行 WorkPlane＞Offset WP to＞KeyPoint＋，将工作平面移到矩形左下角点（如图 3-21 所示）。

图 3-21　移动工作平面

⑦ 创建 1/4 圆：执行 Main Menu＞Preprocessor＞Modeling＞Create＞Areas＞Circle＞By Dimensions，出现如图 3-22 所示的对话框，在 RAD1 中输入"0.1"，在 RAD2 中输入"0"，在 THETA1 中输入"0"，在 THETA2 中输入"－90"，得到如图 3-23 所示的 1/4 圆（A1）。

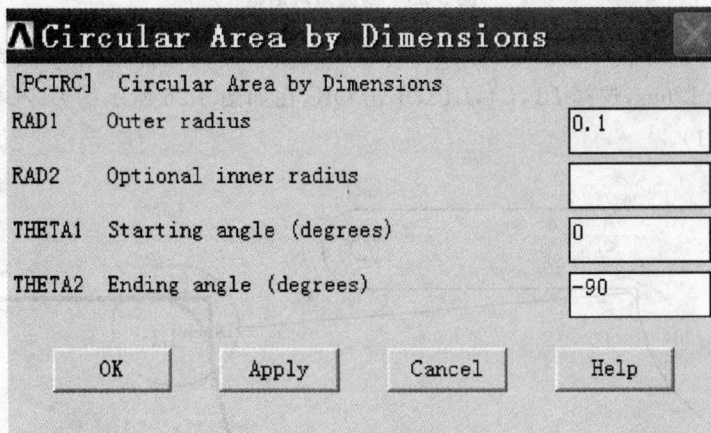

图 3-22　建立 1/4 圆对话框

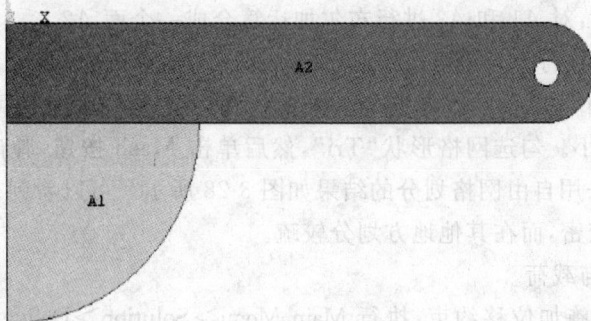

图 3-23　建立 1/4 圆

⑧ 布尔加运算：对面 A1 和面 A2 进行布尔加运算（步骤同③），合成一个面 A3。

⑨ 倒圆角：执行 Main Menu＞Preprocessor＞Modeling＞Create＞Lines＞Line Fillet，弹出对话框，选择 L8 和 L13 两条线（如图 3-24），单击 OK，在新的对话框中输入 RAD 圆角半径"0.013"，如图 3-25 所示，即可倒出 R13 的圆角。

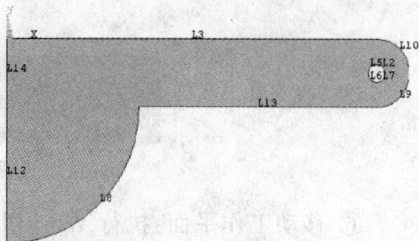

图 3-24　组成面的线

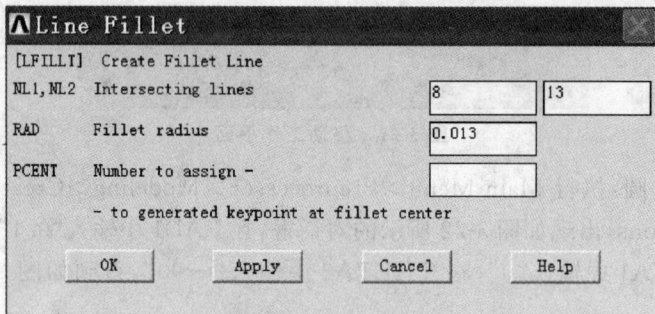

图 3-25　倒圆角对话框

⑩ 建立补丁面积：执行 Main Menu＞Preprocessor＞Modeling＞Create＞Areas＞Arbitrary＞By Lines，选择 L1，L4，L11，单击 OK，在如图 3-26 所示的 L1，L4，L11 之间建立不规则面（A1）。

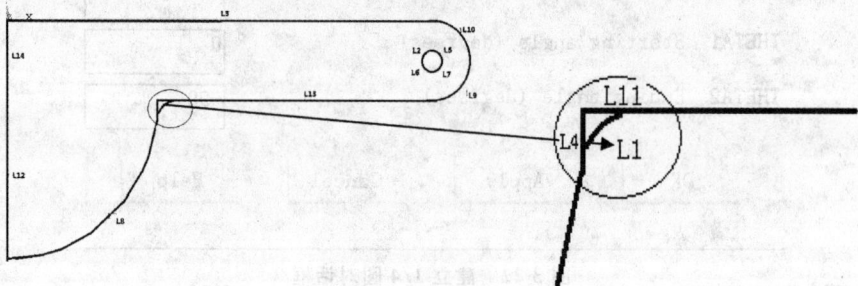

图 3-26　创建补丁面积

⑪ 布尔加运算：对 A1 和 A3 进行布尔加运算合成一个面 A2。

（6）网格划分：执行 Main Menu＞Preprocessor＞Meshing＞Mesh Tool 命令，弹出划分网格工具栏，如图 3-27 所示。勾选 Smart Size，选择合适的网格，也可通过 Size Control 来自己设定网格大小。勾选网格形状"Tri"，然后单击 Mesh 按钮，弹出一个拾取框。单击 Pick All 按钮，采用自由网格划分的结果如图 3-28 所示。可以看到在圆孔周围和圆弧过渡处，网格划分较密，而在其他地方划分较疏。

（7）施加约束与载荷

① 在支架左边施加位移约束：执行 Main Menu＞Solution＞Define＞Loads＞Apply＞Structrual＞Displacement＞On Lines，在拾取对话框中拾取支架左边线（L12，L14），单击 OK 按钮，弹出对话框，在【DOF to be constrained】下拉列表框中选择"All DOF"选项，单击

"OK"按钮。

② 在上表面施加线载荷：执行 Main Menu＞Solution＞Define Loads＞Apply＞Structrual＞Pressure＞On Lines，在拾取对话框中拾取支架上面($L3$)，单击 OK，显示如图 3-29 所示的【Apply PRES on Lines】对话框，在【load PRES value】文本框中输入"1750"，单击"OK"按钮。

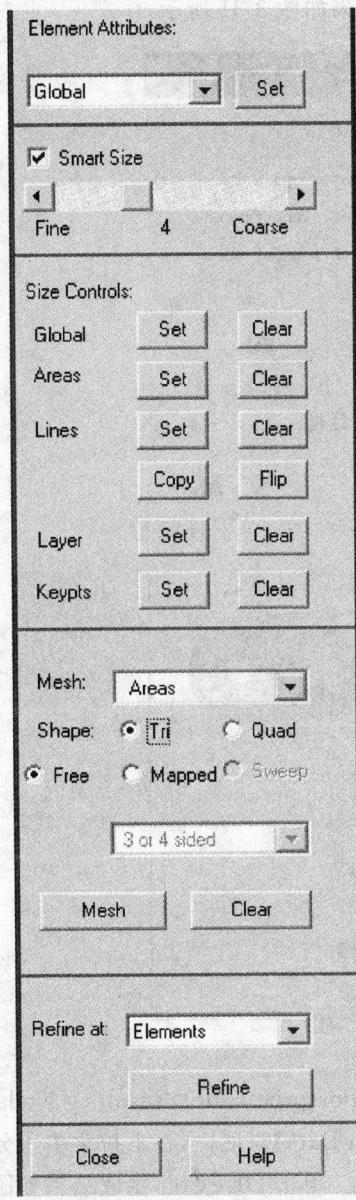

图 3-28　网格划分结果

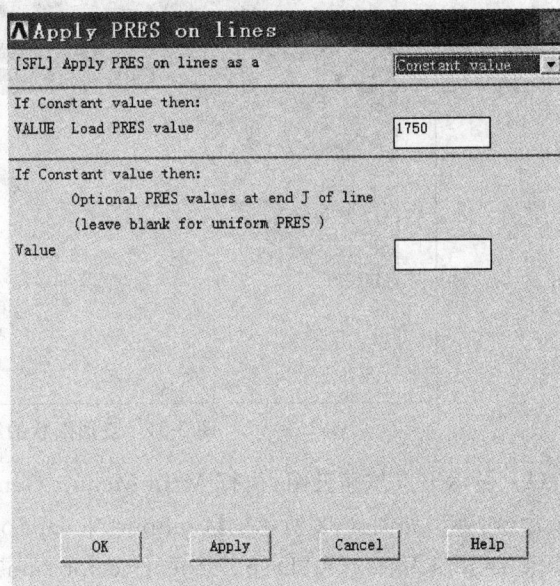

图 3-27　网格划分对话框

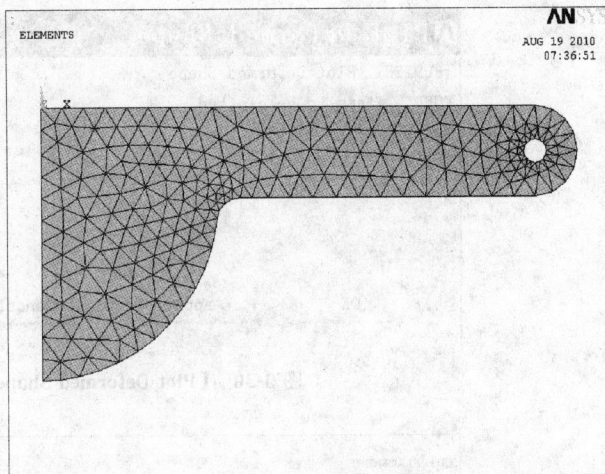

图 3-29　施加线载荷对话框

4．求解

（1）执行 Main Menu＞Solution＞Solve＞Current LS，弹出一个提示对话框，浏览后执行 File＞Close 命令，单击 OK 按钮开始求解运算。当出现"Solution is done"对话框

时,单击"Close"按钮,完成求解运算。

（2）保存分析结果。

5. 浏览分析结果

（1）显示变形形状:执行 Main Menu＞General Postproc＞Deformed Shape 命令,弹出如图 3-30 所示的【Plot Deformed Shape】对话框。在"KUND Items to be plotted"选项组中选择"Def＋undef edge"单选按钮,单击 OK 按钮,结果如图 3-31 所示。

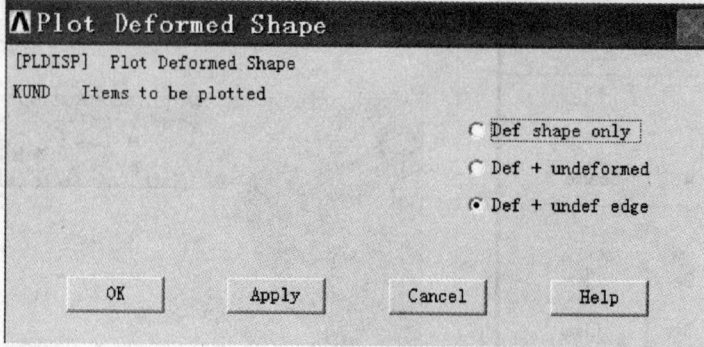

图 3-30　【Plot Deformed Shape】对话框

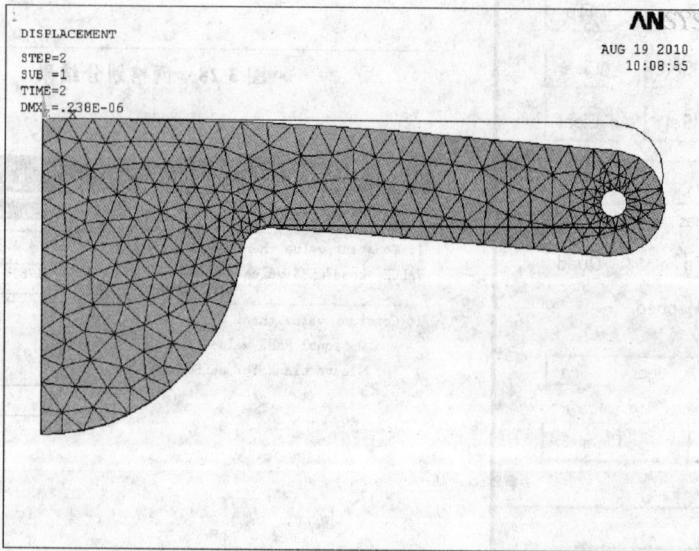

图 3-31　变形形状的结果

（2）显示节点位移云图:执行 Main Menu＞General Postproc＞Plot Results＞Nodal Solu 命令,弹出如图 3-32 所示的【Contour Nodal Solution Data】对话框,在下拉菜单中分别选择"DOF solution"和"Displacement vector sum"选项。单击 OK 按钮,生成结果如图 3-33 所示。

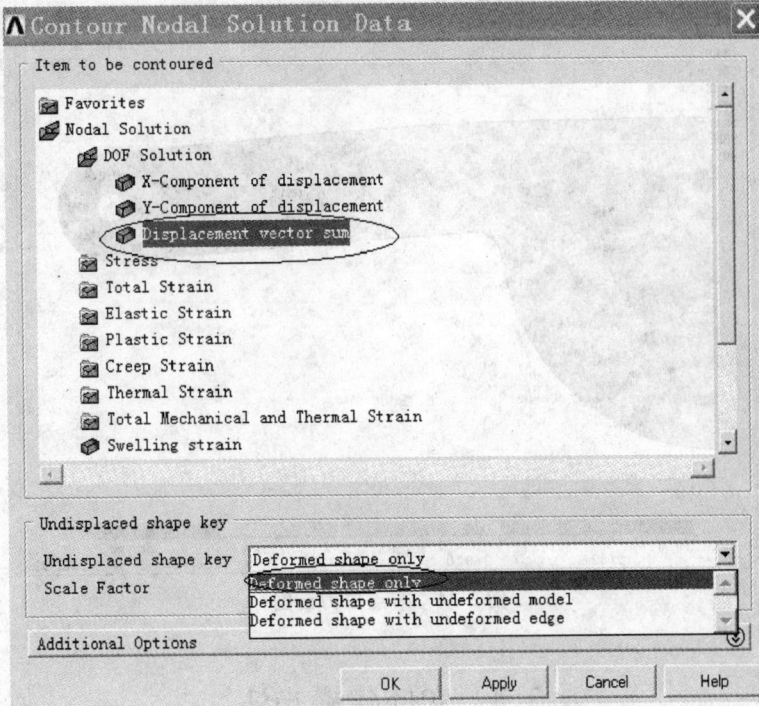

图 3-32　【Contour Nodal Solution Data】对话框

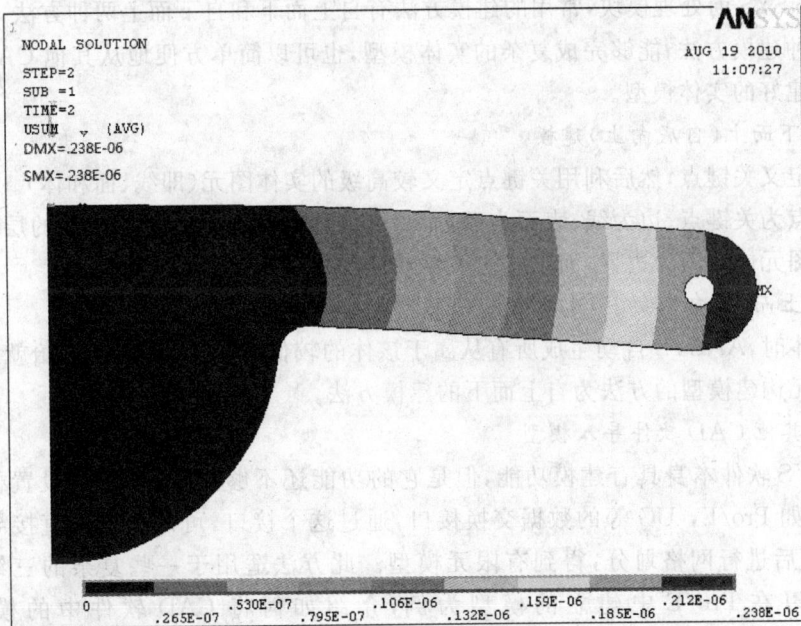

图 3-33　节点位移的结果

（3）显示节点的 Von Mises 应力：执行 Main Menu＞General Postproc＞Plot Results＞Nodal Solu 命令，弹出【Contour Nodal Solution Data】对话框，在下拉菜单中选择"stress"和"Von MisesStress"选项，单击 OK 按钮，生成结果如图 3-34 所示。

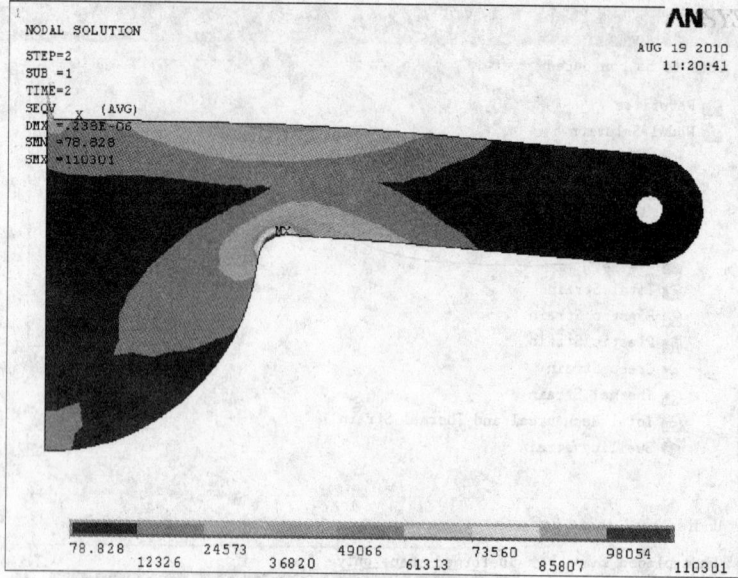

图 3-34 节点应力云图

3.3 实体建模方法

在 ANSYS 前处理模块,常用的建模方法有自上而下和自下而上两种方法,通过灵活使用这两种建模方法,能够完成复杂的实体模型,也可以简单方便地从其他 CAD 软件读入早已创建好的实体模型。

1. 自下而上(自底向上)建模

首先定义关键点,然后利用关键点定义较高级的实体图元(即线、面和体)。点、线、面和体的顶点为关键点、边为线、表面为面,而整个物体内部为体。这些图元的层次关系是最高级的图元体以面为边界,面以线为边界,线以关键点为端点。

2. 自上而下(自顶向下)建模

生成体时,ANSYS 自动生成所有从属于该体的较低级的图元,这种开始就从较高级的实体图元构建模型的方法为自上而下的建模方法。

3. 从其他 CAD 软件导入模型

ANSYS 软件本身具有建模功能,但是它的功能还不够强大。因此,设置了与多种 CAD 软件如 Pro/E, UG 等的数据交换接口,通过这个接口,可以把模型直接导入 AN-SYS 中,然后进行网格划分,得到有限元模型。此方法适用于一些复杂的三维实体模型。下面以在 Pro/E 中建立的模型为例,介绍如何将 CAD 软件中的模型导入 ANSYS 中。

(1) 第一种方法

将在 Pro/E 中建好的模型导出为 IGES(Initial Graphics Exchange Specification,初始图形转换规范)格式。即 File>Export>model,选择 IGES,从 ANSYS 中导入 IGES 格式。打开保存好的 IGES 文件,即把 Pro/E 模型调入了 ANSYS,然后进行网格划分,就得

到了 ANSYS 有限元模型。其他 CAD 软件中建立的模型也可以通过将建好的模型导出为 IGES 格式再导入 ANSYS。

（2）第二种方法

首先要把两种软件连接起来，Pro/E 和 ANSYS 通常的连接操作过程如下：

① 在同机的同一操作系统下安装 Pro/E 和 ANSYS 两种软件。

② 保证上述两种软件的版本兼容，Pro/E 的版本不得高于同期的 ANSYS 版本。执行开始＞程序＞ANSYS 10.0＞Utilities＞ANS_ADMIN，出现如图 3-35 所示的对话框，勾选"Configuration options"，单击 OK，弹出【Configuration options】对话框（如图 3-36 所示，单击 OK，弹出【Coinfigure ANSYS Connection for Pro/E】对话框（如图 3-37），出现"ANSYS Product"和"Graphics device name"，单击 OK，出现【Pro/Engineer installtion infomation】对话框（如图 3-38 所示），在"Pro/Engineer installation Path"中指定 Pro/E 安装路径，单击 OK。

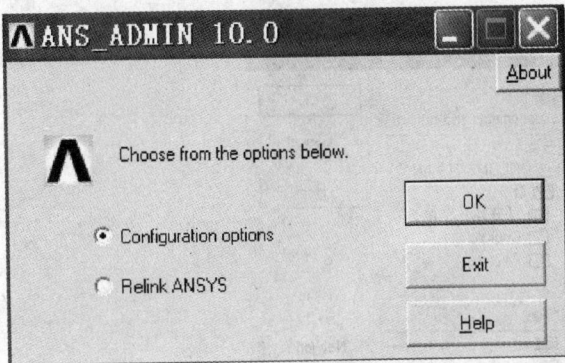

图 3-35 【ANS_ADMIN 10.0】对话框

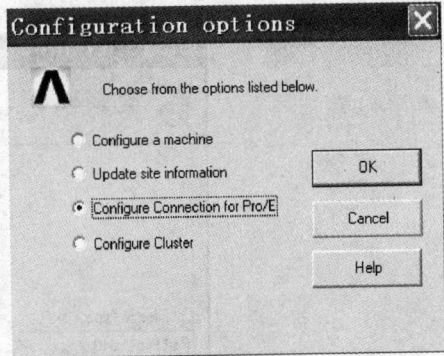

图 3-36 【Configuration options】对话框

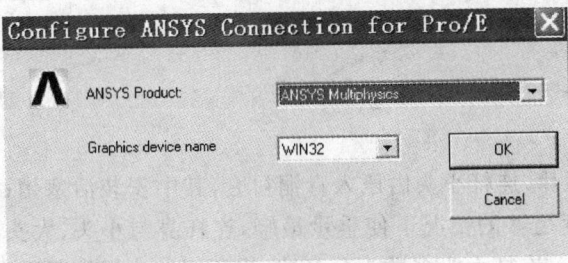

图 3-37 【Coinfigure ANSYS Connection for Pro/E】对话框

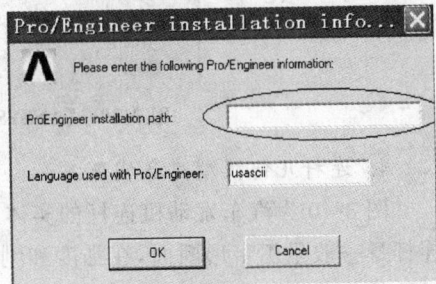

图 3-38 【Pro/Engineer installation information】对话框

③ 运行 Pro/E 并配置 config. pro 的相关选项，如表 3-1 所示。创建新零件，在 PART 菜单下出现"ANSCon Config & ANSYS Geom"菜单，此时点击"ANSYS Geom"菜单，Pro/E 会自动开启 ANSYS 程序（若没有自动打开可以手动执行）。

表 3-1　config. Pro 相关选项

名称	值
fem_ansys_annotations	Yes
fem_ansys_grouping	Yes
fem_default_solver	Ansys
fem_which_ansys_solver	Frontal
femansys_annotations	Yes
pro_ansys_path	路径名

④ 在 ANSYS【File】下拉菜单中,选择"Import"选项,在下一级菜单中选择"Pro/E..."，在出现的对话框中(见图 3-39),指定 Pro/E 文件位置,单击 OK 即可把该 . prt 文件调入。

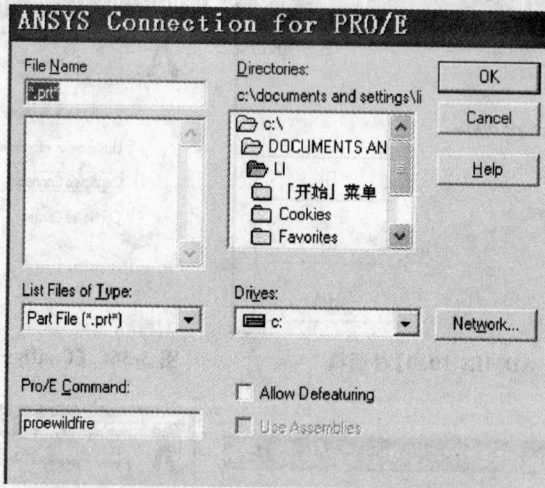

图 3-39　【ANSYS Connection for PRO/E】对话框

4. 连杆几何模型建立实例

图 3-40 为汽车发动机连杆的实体图片,连杆小头内压入青铜衬套,其中安装活塞销;连杆身一般呈工字形断面,在强度和刚度足够的情况下使重量最轻,连杆身与小头、大头过渡处应采用较大的圆弧减小应力集中。连杆大头多数为分开式,采用螺钉或螺栓紧固。

在建立有限元模型时,根据分析问题的情况,对连杆进行合理的简化,实际连杆大头大多数为分开式,但是为了建模方便,在建立几何模型时,建成一体模型。在 Pro/E 中建立几何模型,并导出为 IGES 格式。

(1) 将模型导入到 ANSYS 中,如图 3-41 所示。为后面加载方便,在此处需要对模型进行布尔运算,将小孔的内表面每 90°划分一个面。

(2) 移动工作平面:在命令菜单 WorkPlane 下拉菜单中选择"Offset WorkPlane by Increaments.."，弹出如图 3-42 所示的对话框,将工作平面沿 X 正方向进行平移,移到小孔中心处。

(3) 旋转工作平面:在如图 3-42 所示的对话框中,选择"X 旋转"将工作平面沿 X 轴逆时针旋转 90°。

（4）分割面：执行 Main Menu＞Preprocessor＞Modeling＞Operate＞Booleans＞Divide＞Area byWorkplane 命令，在弹出的拾取框中拾取连杆小头内表面的两个面（ANSYS中圆孔面由两个半圆面组成），单击"OK"，将一个面分割成两个面，此时圆孔内表面由 4 个面组成。

图 3-40　发动机连杆实体图片

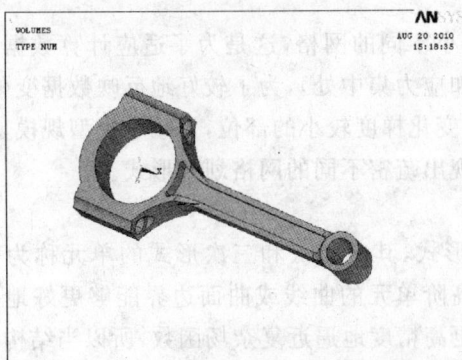

图 3-41　导入 ANSYS 的连杆几何模型

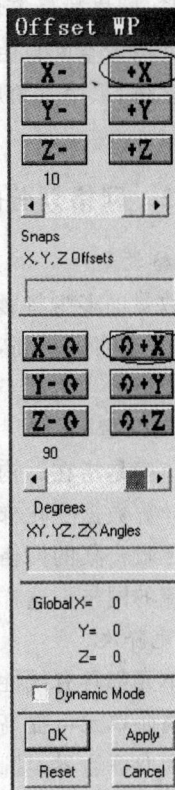

图 3-42　【Offset WP】对话框

3.4　网格划分与创建有限元模型

3.4.1　网格划分的基本思想

ANSYS 网格划分的指导思想是首先进行总体模型规划，包括物理模型的构造、单元类型的选择、网格密度的确定等多方面的内容。在网格划分和初步求解时，做到先简单后复杂，先粗后精，2D 单元和 3D 单元合理搭配使用。为提高求解的效率要充分利用重复与对称等特征。由于工程结构一般具有重复对称或轴对称、镜像对称等特点，采用子结构或对称模型可以提高求解的效率和精度。利用轴对称或子结构时要注意场合，如在进行模态分析、屈曲分析整体求解时，则应采用整体模型，同时选择合理的起点并设置合理的坐标系，可以提高求解的精度和效率。例如，轴对称场合多采用柱坐标系。有限元分析的精度和效率与单元的密度和几何形状有着密切的关系，按照相应的误差准则和网格疏密程度,避免网格的畸形。在网格重划分过程中常采用曲率控制、单元尺寸与数量控制、穿透控制等准则。在选用单元时要注意剪力自锁、沙漏和网格扭曲、不可压缩材料的体积自锁等问题。

ANSYS软件平台提供了网格映射划分和自由适应划分的策略。映射划分用于曲线、曲面、实体的网格划分方法,可使用三角形、四边形、四面体、五面体和六面体,通过给定单元边长、网格数量等参数对网格进行严格控制。映射划分只用于规则的几何图素,对于裁剪曲面或者空间自由曲面等复杂几何体则难以控制。自由网格划分用于空间自由曲面和复杂实体,采用三角形、四边形、四面体进行划分,采用网格数量、边长及曲率来控制网格的质量。

3.4.2 网格划分的基本原则

1. 网格数量

网格数量的多少将影响计算结果的精度和计算规模的大小。一般来讲,网格数量增加,计算精度会有所提高,但同时计算规模也会增加,所以在确定网格数量时应权衡两个因素综合考虑。

2. 网格疏密

网格疏密是指在结构不同部位采用大小不同的网格,这是为了适应计算数据的分布特点。在计算数据变化梯度较大的部位(如应力集中处),为了较好地反映数据变化规律,需要采用比较密集的网格。而在计算数据变化梯度较小的部位,为减小模型规模,则应划分相对稀疏的网格。这样,整个结构便表现出疏密不同的网格划分形式。

3. 单元阶次

许多单元都具有线性、二次和三次等形式,其中二次和三次形式的单元称为高阶单元。选用高阶单元可提高计算精度,因为高阶单元的曲线或曲面边界能够更好地逼近结构的曲线和曲面边界,且高次插值函数可更高精度地逼近复杂场函数,所以当结构形状不规则、应力分布或变形很复杂时可以选用高阶单元。但高阶单元的节点数较多,在网格数量相同的情况下由高阶单元组成的模型规模要大得多,因此在使用时应权衡考虑计算精度和时间。

4. 网格质量

网格质量是指网格几何形状的合理性。质量好坏将影响计算精度,质量太差的网格甚至会中止计算。直观上看,网格各边或各个内角相差不大、网格面不过分扭曲、边节点位于边界等份点附近的网格质量较好。网格质量可用细长比、锥度比、内角、翘曲量、拉伸值、边节点位置等指标度量。划分网格时一般要求网格质量能达到某些指标要求。在重点研究的结构关键部位,应保证划分高质量网格,即使是个别质量很差的网格也会引起很大的局部误差。而在结构次要部位,网格质量可适当降低。当模型中存在质量很差的网格(称为畸形网格)时,计算过程将无法进行。网格分界面和分界点:结构中的一些特殊界面和特殊点应分为网格边界或节点以便定义材料特性、物理特性、载荷和位移约束条件。即应使网格形式满足边界条件特点,而不应让边界条件来适应网格。常见的特殊界面和特殊点有材料分界面、几何尺寸突变面、分布载荷分界线(点)、集中载荷作用点和位移约束作用点等。

单元的质量和数量对求解结果和求解过程影响较大,如果结构单元全部由等边三角形、正方形、正四面体、正六面体等单元构成,则求解精度可接近实际值。但这种理想情况在实际工程结构中很少出现,因此根据模型的不同特征,设计不同形状种类的网格,有助于改善网格的质量和求解精度。单元质量评价一般可采用以下几个指标:

(1)单元的边长比、面积比或体积比以正三角形、正四面体、正六面体为参考基准。理想单元的边长比为1,可接受单元的边长比的范围为线性单元长宽比小于3,二次单元小于10。对于同形态的单元,线性单元对边长比的敏感性较高阶单元高,非线性比线性分析更敏感。

(2)扭曲度:单元面内的扭转和面外的翘曲程度。

(3)疏密过渡:网格的疏密主要表现为应力梯度方向和横向过渡情况,应力集中的情况应妥善处理;而对于分析影响较小的局部特征应分析其情况,如外圆角的影响比内圆角的影响小的多。

(4)节点编号排布:节点编号对于求解过程中的总体刚度矩阵的元素分布、分析耗时、内存及空间有一定的影响。合理的节点、单元编号有助于利用刚度矩阵对称、带状分布、稀疏矩阵等方法提高求解效率,同时要注意消除重复的节点和单元。

(5)位移协调性:是指单元上的力和力矩能够通过节点传递到相邻单元。为保证位移协调,一个单元的节点必须同时也是相邻单元的节点,而不应是内点或边界点。相邻单元的共有节点具有相同的自由度性质。否则,单元之间须用多点约束等式或约束单元进行约束处理。

5. 网格划分

(1)划分网格工具栏。执行下列命令打开划分网格工具栏:

GUI:Main Menu＞Preprocessor＞Meshing＞MeshTool.

设置单元属性:在 Element Attributes 下拉列表框中可以选择 Global,Volumes,Areas,Lines 或 Keypoint 选项进行属性设置。选择 Global 选项,单击 Set 按钮,将弹出如图3-43 所示的 Element Attributes 对话框,可在该对话框中设置对应的单元类型、材料属性、实常数、坐标系及单元截面(如果定义了 BEAM 单元或 SHELL 单元,才会有单元截面项)。

Smart Size 网格划分控制:只有当选中 Smart Size 复选框时,Smart Size 选项才打开。用户可以通过拖动下方的滑块来设置 Smart Size.

网格划分水平值的大小:Smart Size 值越小,网格划分效果越好。

单元尺寸控制:在 Size Controls 选项组里,提供了对 Global,Volumes,Areas,Lines 和 Keypoint 进行单元尺寸设置和网格清除的功能。

单元形状控制:在 Mesh 下拉列表框中可以选择网格划分的对象类型,如 Volumes,Areas,Lines 或 Keypoints。当选择 Areas 选项时,Shape 选项组的内容将变为 Tri(三角形)和 Quad(四边形),可以控制用三角形还是四边形单元对面进行划分;当选择 Volumes 选项时,Shape 选项组的内容将变为 Hex(六面体)和 Tet(四面体),可以控制用六面体还是四面体单元对体进行划分。

网格划分器选择:可以选中 Free(自由网格划分)或 Mapped(映射网格划分)单选按钮,以决定使用哪个网格划分器进行网格划分。

网格划分优化：在 MeshTool 对话框的最下方，用户可以在 Refine at 下拉列表框中选择 Nodes，Elements，Keypoints，Lines，Areas 或 All Elems 选项，然后单击 Refine 按钮，开始进行网格细化操作。

（2）单元属性定义。单元属性是指划分网格前需要指定的分析对象特征，主要包括以下 3 个方面：

① 单元类型（Element Type）。ANSYS 单元库有 200 多种单元类型，要根据分析问题的物理性质选择单元，一旦选定，则分析问题的物理环境随之确定。定义单元的命令如下：

GUI：Main Menu＞Preprocessor＞Element Type＞Add/Edit/Delete

命令：ET

② 实常数（Real Constants）。实常数是指某一单元的补充几何特征，如壳单元的厚度等。设置实常数的命令如下：

Main Menu＞Preprocessor＞Real Constants

命令：R

③ 材料属性（Material Attributes）。在所有分析中都要输入材料属性，材料属性根据分析问题的物理环境不同而不同。如在结构分析中必须输入材料的弹性模量和泊松比，在分析中要考虑重力和惯性力的时候则必须输入材料的密度。定义材料属性的命令如下：

Main Menu＞Preprocessor＞Material Props＞Material Models

命令：MP 和 TB

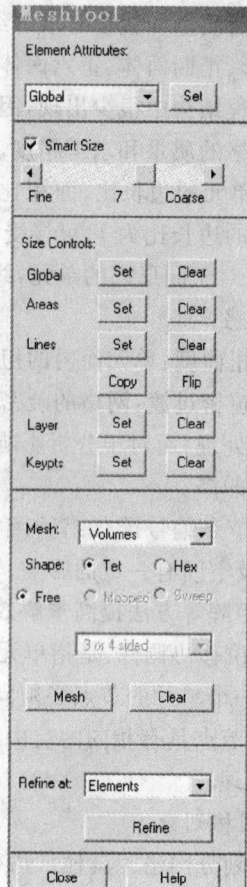

图 3-43 【Meshing Attributes】对话框

为了方便用户输入材料属性，ANSYS 定义了 100 多种材料模型，只要按照模型格式输入相关数据即可。由于除磁场分析外，在输入数据时用户不需要指示 ANSYS 所用的单位，因此要注意单位，确保所有输入值的单位保持统一。单位影响输入的实体模型尺寸、材料属性、实常数及载荷等。

3.4.3 网格划分实例

将 3.3 中建立好的连杆模型进行网格划分，连杆的材料属性为弹性模量 $E = 30 \times 10^6$ Pa，泊松比为 0.3。

1. 设置单元类型

执行 Main Menu＞Preprocessor＞Element Type＞Add/Edit/Delete 命令，弹出如图 3-44 所示的对话框，从中选择 Add，在新的对话框中选择 Solid95 平面单元，然后单击 OK，再单击 Close 按钮关闭对话框。

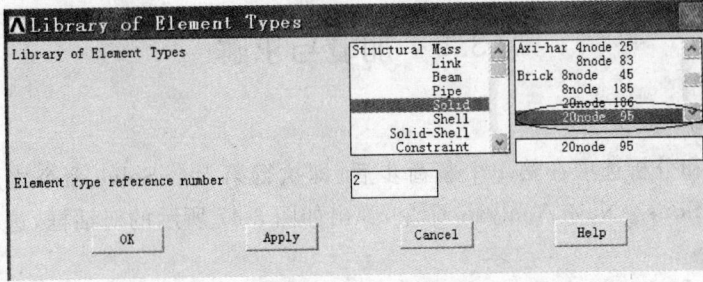

图 3-44　定义单元类型

2. 设置材料属性

执行 Main Menu＞Preprocessor＞Materials Props＞Material Model 命令在弹出的【Define Material Models Behavior】窗口。双击【Material Mode＞Available】列表框中的 Structural\Linear\Elastic\Isotropic 选项，弹出【Linear Isotropic Material Properties For Material Number 1】对话框，输入"EX＝30e6，PRXY＝0.3"单击 OK 按钮。执行 Material＞Exit 命令，完成材料属性的设置。

3. 划分网格

Main Menu＞Preprocessor＞Meshing＞Mesh Tool 命令，弹出划分网格工具栏（如图 3-45 所示），勾选 Smart Size 在 Fine 和 Coarse 之间选择 7，Mesh 对象为"Volumes"，选择单元形状为"Tet"，单击"Mesh"进行网格划分，网格划分的结果如图 3-46 所示。

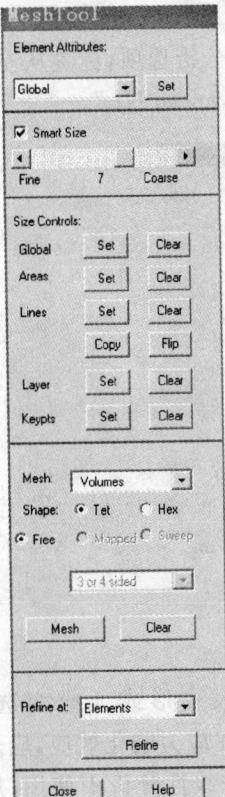

图 3-45　【MeshTool】对话框

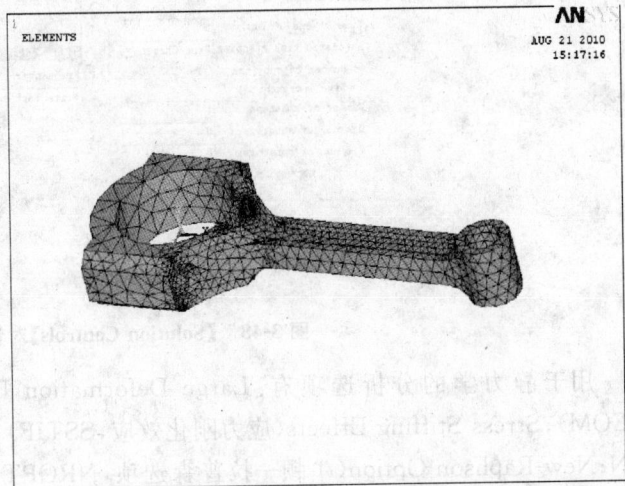

图 3-46　网格划分结果

3.5　加载与求解

1. 定义分析类型

分析类型和分析选项在第 1 个载荷步后（即执行第 1 个 Solve 命令之后）不能改变。执行命令 Solutions＞New Analysis 命令，弹出如图 3-47 所示的对话框，选择相应的分析类型。

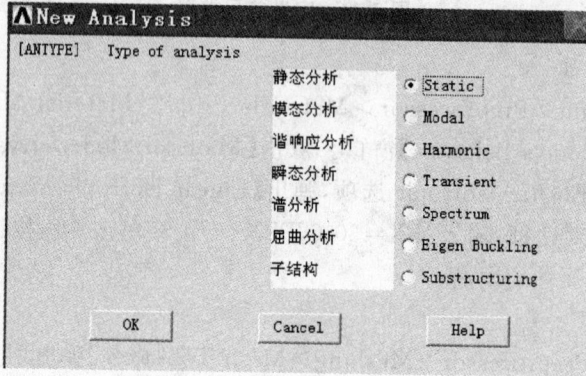

图 3-47　【New Analysis】对话框

2. 分析选项

在进行静态分析和瞬态分析时，可以对分析选项对话框进行设置，分析选项对话框由 5 个分页式标签组成（见图 3-48），每个标签都包含一系列相应的分析选项，标签从左到右分别是"Basic"，"Transient"，"Sol'n Options"，"Nonlinear"，"Advanced NL"。

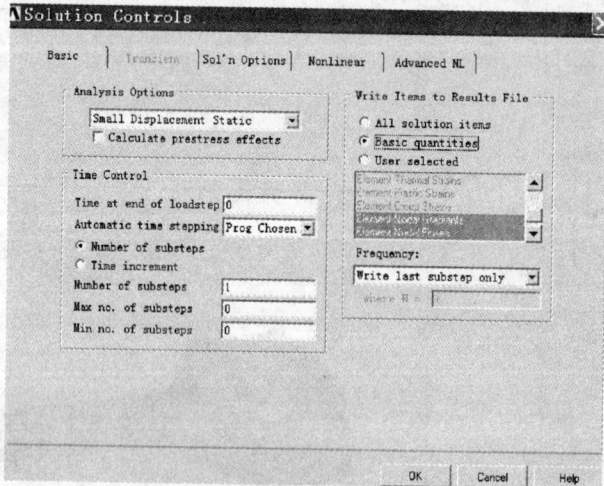

图 3-48　【Solution Controls】对话框

用于静力学的分析选项有：Large Deformation Effects（大变形或大应变选项，GEOM）；Stress Stiffing Effects（应力刚化效应，SSTIF），如果存在应力刚化效应，应选择 ON；New-Raphson Option（牛顿—拉普森选项，NROPT），仅在非线性分析中使用，用于指定求解期间修改一次正切矩阵的间隔时间。

3. 在模型上施加载荷

用户可以将载荷加在几何模型(如关键点、线、面或体)或有限元模型(如节点或单元)上,若施加在集合模型,则 ANSYS 在求解分析时也将载荷转移到有限元模型上。结构分析的载荷类型主要包括位移(UX,UY,UZ,ROTX,ROTY 和 ROTZ)、力或力矩(FX,FY,FZ,MX,MY 和 MZ)、压力(PRES)、温度(TEMP)等等。GUI 路径为:Main Menu＞Solution＞Define Loads＞Apply。在分析过程中可以执行施加、删除、运算、列表载荷等操作。

指定载荷选项主要包括普通和非线性选项,其中普通选项包括载荷步终止时间等;非线性选项包括对时间子步数、时间步长、渐变加载还是阶跃加载、是否采用自动时间步跟踪、平衡迭代的最大数、收敛精度、矫正预测等。

4. 输出控制选项

(1) 打印输出:在输出文件中包括进一步所需要的结果数据

GUI:Main Menu＞Solution＞Unabridged Menu＞ Load Step Opts＞Ouput Ctrls＞Solu Printout

命令:OUTRPR

(2) 结果文件输出:控制结果文件中的数据

GUI:Main Menu＞Solution＞Unabridged Menu＞ Load Step Opts＞Ouput Ctrls＞Solu Printout

命令:OUTRES

(3) 结果外推:如果在单元中存在非线性问题,则默认复制一个单元积分点应力和弹性应变结果到节点而替代外推它们,积分点非线性变化总是被复制到节点。

GUI:Main Menu ＞ Solution ＞ Unabridged Menu ＞ Load Step Opts ＞ Ouput Ctrls＞Integration

命令:ERESX

5. 求解计算

(1) 保存基本数据到文件

GUI:Utility Menu＞File＞Saves

命令:SAVE

(2) 开始求解计算

GUI:Main Menu＞Solution＞Solve＞Current LS

命令:SOLVE

6. 加载和求解实例

对于图 3-46 中划分好网格的连杆有限元模型,在大头处保留大头孔中心线的转动自由度,其他自由度予以约束。在小孔 180°范围内施加 6 000 N 的面载荷如图 3-49 所示。利用有限元分析该连杆的变形和应力情况。

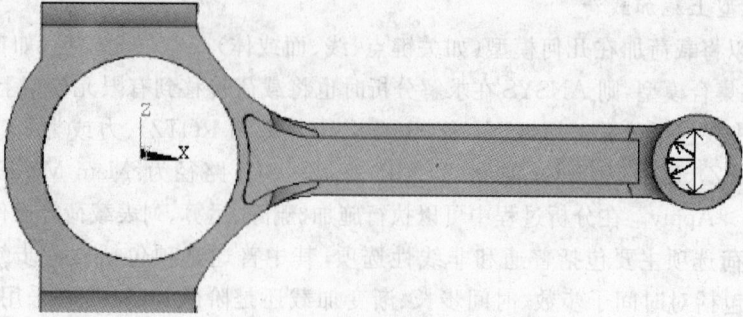

图 3-49　连杆受力状况

（1）指定分析类型为"static"。

（2）添加单元自由度：执行 Preprocessor＞Element Type＞Add 命令，弹出如图 3-50 所示的对话框，在"Add Degrees of Freedom"中选择 ROTX，ROTY，ROTZ，单击"OK"。

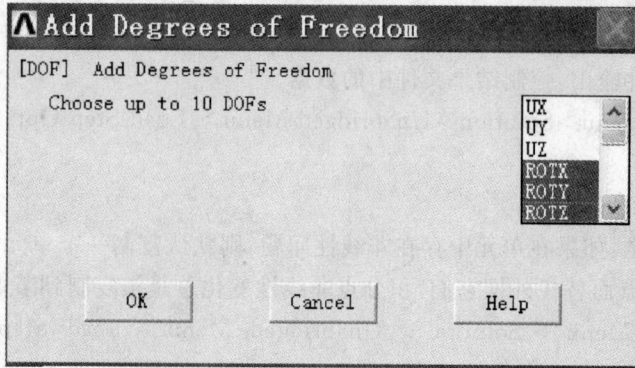

图 3-50　【Add Degrees of Freedom】对话框

（3）在大孔内表面施加约束：执行 Main Menu＞Solution＞Define Loads＞Apply＞Structural＞Displacement＞On Areas，弹出一个拾取框，拾取大孔内表面（面号为 63 和 70），单击 OK。在弹出的对话【DOF to be constrained】下拉列表框中选择"UX"选项，单击"apply"按钮再依次选择"UY，UZ，ROTX，ROTZ"。

（4）在小孔的内表面 180°范围内施加面载荷：执行 MainMenu＞Solution＞Define Loads＞Apply＞Structural＞Pressuret＞On Areas，弹出一个拾取框，拾取小孔内表面 180°范围的两个面，为了拾取方便，在网格划分之前应进行布尔操作（详见 3.2），单击 OK，弹出如图 3-51 所示的【Apply PRES on areas】对话框，在"Load PRES value"文本框中输入"6000"，单击 OK。

（5）选择 PCG 迭代求解器：执行 Main Menu＞Solution＞analysis Type＞Sol'Controls 命令，弹出如图 3-52 所示的【Solution Controls】对话框。在"Solution Options"下面的"Equation Solver"选项组中选择"Pre－condition CG"单选按钮，单击 OK。

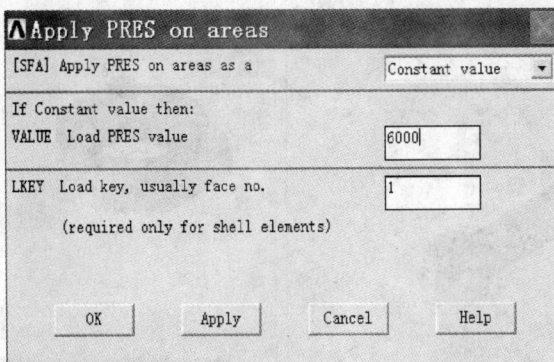

图 3-51　【Apply PRES on areas】对话框

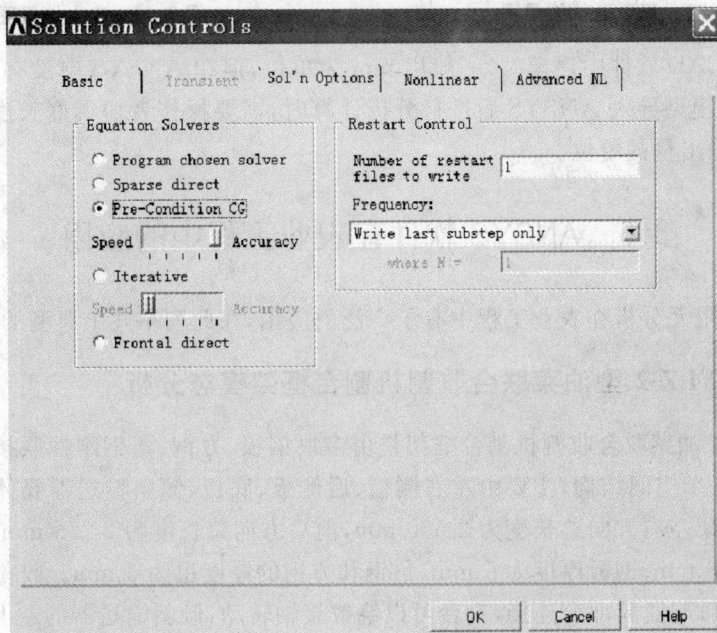

图 3-52　【Solution Controls】对话框

（6）开始求解运算：执行 Main Menu＞Solution＞Solve＞Current LS 命令，弹出一个提示框。浏览后执行 File＞Close 命令，单击"OK"按钮开始求解运算。当出现一个【Solution is Done】对话框时，单击 Colse 按钮，完成求解运算。

（7）浏览分析结果：

① 显示变形形状。执行 Main Menu＞General Postproc＞Plot Results＞Deformed Shape 命令，弹出的【Plot Deformed Shape】对话框中。在"KUND Items to be plotted"选项组中选择"Def＋undeformed"单选按钮，单击 OK，结果如图 3-53 所示。

② 显示节点的 Von Mises 应力。执行 Main Menu＞General Postproc＞Contour plot＞Nodal Solu 命令，弹出【Contour Nodal Solution Data】对话框。分别选择"Stress"和"Von Misses Stress"选项，单击 OK 按钮，生成的结果如图 3-54 所示。

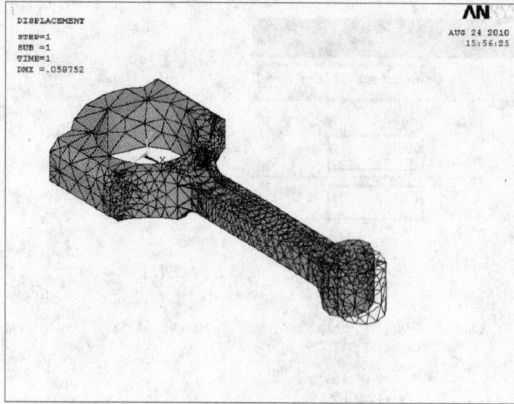

图 3-53 变形形状结果图

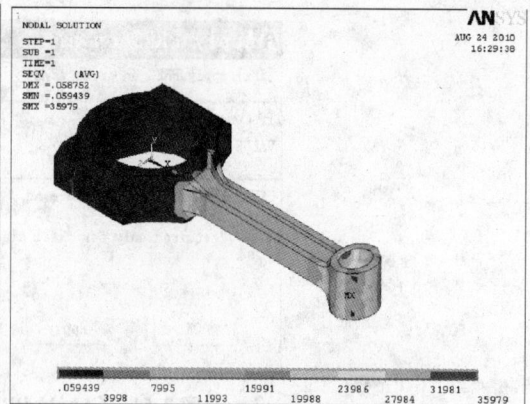

图 3-54 应力结果图

注意:在 CAD 软件中建模时,一般用 mm 为单位,但在 ANSYS 中没有内置的单位,所以,在 CAD 模型导入 ANSYS 后进行分析计算时,需要操作者协调好长度、质量、时间的关系,注意输出量的单位。

3.6 ANSYS 软件在农业工程中的应用

近年来有限元分析在农业工程中有了广泛的应用,在此列举几个典型的例子。

3.6.1 YLZ-2 型油菜联合收割机割台框架模态分析

4YLZ-2 型油菜联合收割机割台框架是由多块钢板、方钢、角钢刚性联接(焊接、螺栓联接)而成的复杂空间结构,主要由左右侧板、后侧板、底板、倾斜输送器壳体以及螺旋推送器组成。框架左右方向总长度为 2 500 mm,前后方向总长度为 2 778 mm,倾斜输送器壳体长为 1 108 mm;钢板厚度为 5 mm,角钢和方钢的厚度也为 5 mm。收割台的倾斜输送器通过铰接轴与脱粒部分连接,割台可以绕铰接轴转动,倾斜输送器的左上端由割台升降油缸支撑来控制割台的升降。

1. 模型建立

由于割台框架的结构不对称,因此,本分析对割台框架进行整体建模。在建模时,做了一些合理的简化:① 忽略了细节,如左右侧板上为了安装拨禾轮支撑油缸而开的孔等对整体计算精度影响很小,因此在建模时加以忽略。② 钢板弯曲部分很小的圆角简化为直角。③ 对于如下几种情况作为一体来处理:a. 当联接螺栓和被联接件材料一样时,作为一体来处理;b. 对于两同向焊接的梁,因其焊接处强度近似于材料内部强度,可将其视为一体来简化;c. 对于两空间叠交的焊接梁,若中心线之间的距离为 0,则两焊接梁也可视为一体来简化。④ 略去传动机构的罩壳;用 Solidworks 按实际尺寸建立其结构模型如图 3-55 所示。将模型导入 ANSYS,选择 Solid45 单元,框架所用材料为 Q 235A 钢,其弹性模量 $E=211$ GPa,泊松比 $\mu=0.35$,密度 $\rho=7\,850$ kg/m^3。网格划分后的有限元模型见图 3-56。

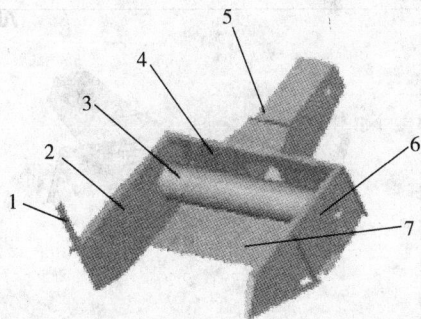

1—竖割刀刀架 2—左侧板 3—螺旋推送器 4—后
侧板 5—输送器外壳 6—右侧板 7—底板

图 3-55 割台框架图

图 3-56 割台框架有限元模型

2. 根据工况施加约束

割台通过铰接轴与脱粒部分相连接,只允许铰接轴绕轴线转动。当取割台框架为力学模型进行有限元计算时,割台框架的边界约束为铰接轴孔与铰接轴不接触部分的单元节点上约束,X,Y,Z 3 个方向的位移和两个转角。Solid45 单元只有 UX,UY,UZ 三个自由度,用添加自由度的方法给单元增加 RXOY,RXOZ,RYOX。在铰接孔与铰接轴不接触部分的单元节点上约束 X,Y,Z 3 个方向的位移和绕 Y,Z 两个方向的转动自由度,允许 X 方向(铰接轴轴向)转动。

3. 求解与结果

实际计算时,将 ANSYS 的分析类型定义为模态分析,采用 Reduced 模态提取法,定义主自由度数目为 500,提取前 10 阶模态。表 3-2 为框架改装前后的前 10 阶频率及其对应的振型特征说明。几阶典型的振型如图 3-57,3-58,3-59,3-60 所示。

表 3-2 框架前 10 阶固有频率及其对应的振型特征说明

固有频率/Hz	振型特征
21.085	整体弯曲振动
31.182	整体弯曲振动
40.299	左右侧板前端的弯曲振动
41.571	整体扭转振动
42.503	整体弯曲振动
52.511	前端部分的扭转振动
72.633	底板前端的弯曲振动
95.022	整体扭转振动
118.735	整体扭转振动
125.812	整体弯曲振动

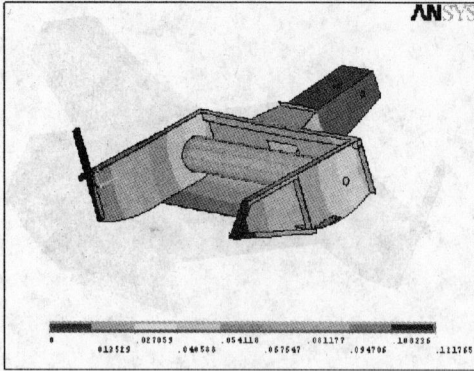

图 3-57　割台框架第 1 阶主振型

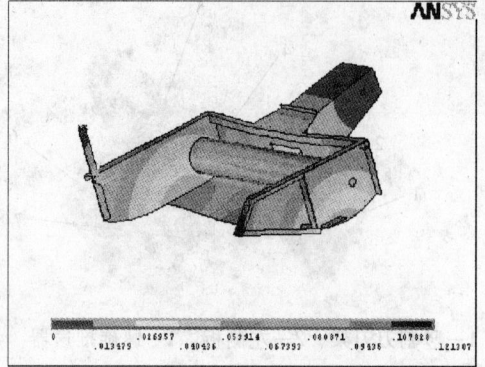

图 3-58　割台框架第 5 阶主振型

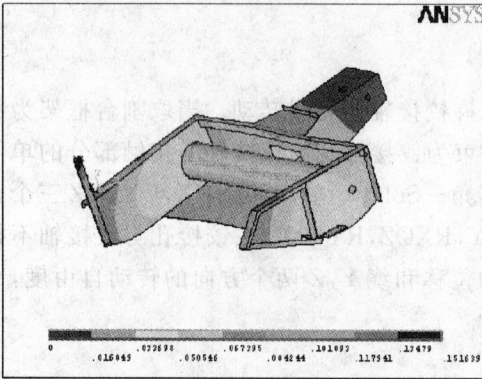

图 3-59　割台框架第 7 阶主振型

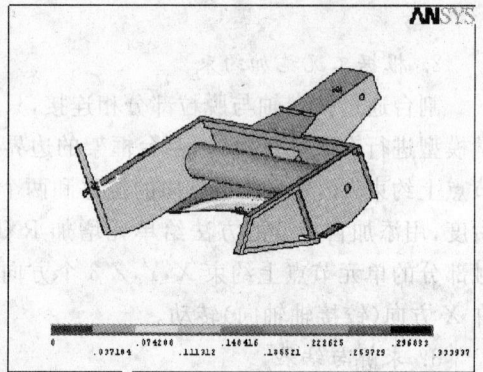

图 3-60　割台框架第 8 阶主振型

4. 结果分析

(1) 固有频率主要分布在 21.085～125.81 Hz。

(2) 割台框架从第 4 阶开始出现扭转振型,而扭转振型对结构强度的影响最大,所以要考虑当激振频率较高时,应提高结构的扭转刚度。

(3) 激励频率和结构的固有频率满足如下关系时,结构不会产生共振。即

$$0.75\omega_i < \omega_j < 1.3\omega_{i+1}$$

式中,ω_j 为激励频率 ω_i,ω_{i+1} 为固有频率。

割台上横切割器摆环机构主动轴的转速为 469 r/min,割台框架的激振频率为 7.82 Hz,而计算所得割台的第一阶固有频率为 21.085 Hz,远大于割台框架所受激振力的频率,因此不会产生共振,这和实际使用中的情况相符。横割刀和竖割刀的运动对割台框架的激振频率都不会使割台产生共振(竖割刀曲柄转速为 509 r/min,割台框架的激振频率为 8.5 Hz),轮式联合收割机的轮胎对振动的高频部分有衰减作用,传到机身的主要是低频 (0～15 Hz)随机振动,满足上式要求。发动机不直接作用在割台框架,由整机承受,割台框架和脱粒部分通过铰接轴相连接,不是刚性连接,加上平衡弹簧对振动的衰减,因此发动机的激励对割台框架部分的影响较小。所以在田间激励和发动机激励的作用下,结构都不会产生共振,说明改装结构设计合理。

(4) 从第 7 阶固有振型(见图 3-59)的动态显示可以看出,在该频率下,割台框架的底板会产生剧烈的弯曲振动,而底板前端装有横割刀,在油菜收获的过程中,由于油菜茎秆

的分布不一致和粗细不一致，割刀受到的是随机载荷。当载荷的频率接近于这阶频率，会引起底板前端的剧烈振动，从而影响割刀的使用寿命。因此在使用中必须注意观察，若有这种情况发生，应对结构进行改进。目前 4LYZ-2 型油菜联合收割机在田间试验中尚未发生这种情况。

（5）从各阶振型可以看出，除了第 7 阶振型外，其余振型都是左右侧板的前端变形较大，而其余地方变形较小（如图 3-60 只给出第 8 阶振型图），说明这部分刚度较小，需适当加强。

3.6.2　HR601 驱动桥变速箱壳体结构分析

HR601 变速器广泛应用于国内的联合收割机上，该产品在使用过程中存在变速箱壳体开裂的现象，可以通过对现有变速箱壳体用 UG 软件建立其模型，并将该模型导入 ANSYS 分析软件，在正常的工作状况下进行结构分析，找出问题的关键所在。

1. 模型建立

根据变速箱壳体的几何尺寸，利用 UG 建立其三维模型（如图 3-61 所示），将变速箱壳体利用四面单元 Solid192 进行网格划分，得到如图 3-62 所示的有限元模型。该模型共有 105 953 个节点和 59 616 个单元。

图 3-61　变速箱壳体三维模型　　　　图 3-62　变速箱壳体有限元模型

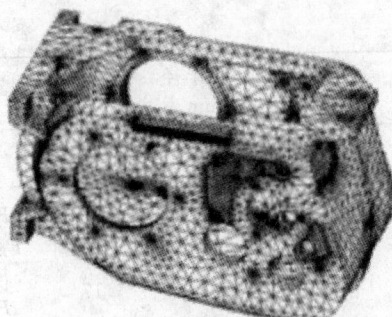

2. 根据工况计算载荷

与该变速箱配套的发动机功率为 73 kW，输入转速为 1 000 r/min，离合器的最大传输扭矩为 250 N·m。变速器结构分析的工况为离合器打滑、变速器挂 I 挡工况。根据变速器的受力情况，在变速箱悬挂螺纹孔处施加位移边界条件。变速箱在工作过程中，壳体受力是通过滚针轴承与壳体相互接触传递的，因此分析壳体的受力情况是先要分析轴承的受力情况。轴承与轴装在一起，通过计算变速箱内各齿轮之间的作用力，可以得到齿轮轴与轴承的反力。变速箱传动为直齿圆柱齿轮传动，在传动过程中施加润滑。啮合轮齿间的摩擦力很小，计算轮齿受力时可不予考虑。直齿齿轮受力情况如图 3-63 所示。

根据各轴传递的扭矩，可以计算啮合齿轮间的切

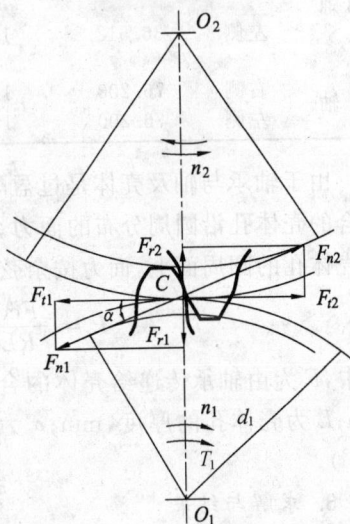

图 3-63　直齿齿轮受力分析图

向作用力 F_t;然后由切向作用力和啮合角计算出齿间法向作用力 F_n,由此得到传动轴受力,并可以计算支撑反力得到轴承对变速箱壳体的作用力。计算公式为

$$F_t = \frac{2T_1}{d_1}, \quad F_n = \frac{F_t}{\cos\alpha}$$

式中,T_1 为齿轮传递的转矩,N·mm;d_1 为齿轮的节圆,mm;α 为啮合角,取 $\alpha = 20°$。

作用在变速箱壳体上的力是通过齿轮轴和轴承传递过来的法向力 F_n。计算得到各壳体孔受力与参数如表 3-3 所示,力的分布如图 3-64 所示。

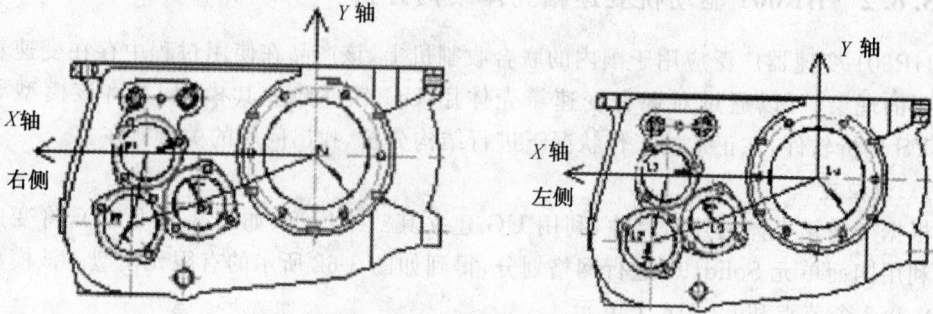

图 3-64 壳体受力分析图

表 3-3 各个壳体孔的受力结果

受力轴	孔位置	壳体孔半径 R/mm	壳体厚度 L/mm	力的大小 /N	力与 x 轴 夹角/(°)	合力 /N	力与 X 轴 夹角/(°)
1 轴	右侧	41.275	19	$F_{R1n} = 7\ 621.95$	172		
	左侧	41.275	17	$F_{L1n} = 1\ 117.39$	172		
2 轴	右侧	31.000	24	$F_{R21n} = 7\ 621.95$	352	17 709.85	298.0
				$F_{R23n} = 14\ 597.45$	273		
	左侧	39.687	17	$F_{L21n} = 1\ 117.39$	352	3 982.87	289.0
				$F_{L23n} = 3\ 615.65$	273		
3 轴	右侧	36.512	24	$F_{R32n} = 14\ 597.45$	92	44 314.82	60.7
				$F_{R3n} = 32\ 384.90$	48		
	左侧	36.512	17	$F_{L32n} = 3\ 615.65$	92	14 400.05	57.7
				$F_{L3jn} = 11\ 510.30$	48		
J 轴	右侧	76.200	13	$F_{Rjn} = 32\ 384.90$	228		
	左侧	76.200	13	$F_{Ljn} = 11\ 510.30$	228		

由于轴承与轴及壳体是过盈配合连接,轴承作用到壳体上的力就可以转换为与轴承配合的壳体孔沿圆周分布的面力。当壳体网格划分好后,把面力以分布函数的形式施加在壳体孔的圆周面上,面力按余弦规律分布(如图 3-65 所示),壳体孔面力的分布函数为

$$P_t = \frac{2F\cos\alpha}{RL\pi}$$

式中,F 为由轴承传递给壳体的合力,N;R 为壳体孔的半径,mm;L 为壳体孔的厚度,mm;α 为面力载荷与最大载荷的夹角(°)。

3. 求解与结果

将位移边界条件与面力分布函数施加到有限元模型进行分析,得到变速箱的应力分布云图(见图 3-66)。

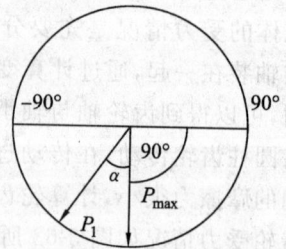

图 3-65 面力分布图

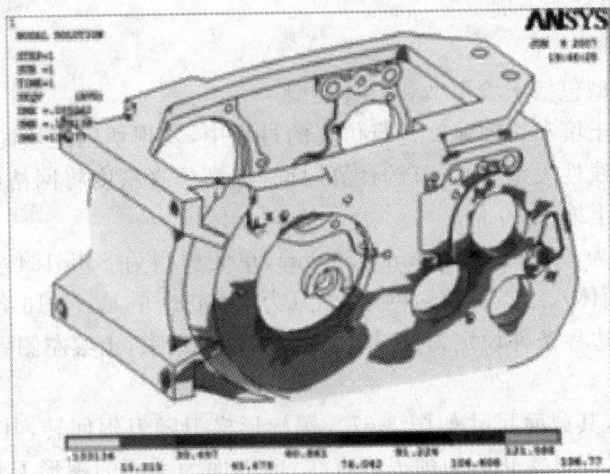

图 3-66　减速器壳体的应力分布

4. 结果分析

当收割机在Ⅰ挡工作时,可以认为该部位是受单向循环应力。该变速箱壳体采用材料 QT450,抗拉强度为 450 MPa,屈服强度为 310 MPa。从应力分布云图看出应力的分布情况。计算结果说明在 1 轴右侧孔和 2 轴右侧孔的交界螺栓孔处出现最大应力,应力的值为 136.77 MPa,由变应力疲劳强度计算方法可以得到该应力值偏大。因此在该部位应加大壁厚或者调整该螺栓孔的位置,减小应力集中。

3.6.3　土壤直角切削仿真

由于有限元法可以用于解决大的弹塑性变形、材料失效和接触等高度非线性问题,所以近年来在预测土壤的应力分布、应力大小等应用较多,进而为耕作部件形状的优化设计提供了较可靠的依据。华中农业大学的研究人员以该校数字化土槽试验室水田试验段土壤为对象,利用有限元分析中的土壤材料对切削过程进行了仿真模拟。

1. 直角切削的模型建立

一般在外载荷作用下土壤的状态与载荷大小呈现较复杂的关系:当外载荷较小时,土壤表现为线弹性;当外载荷继续增加、应力超过弹性极限时,土壤的应力应变关系将不再是理想弹性状态,其某一点或者某些点开始进入塑性状态,判断土壤开始进入塑性状态的条件称为屈服条件;有些土壤开始屈服后可以继续承受加载而出现强化现象,应力应变为非线性关系或在屈服点后呈另一种线性关系,此时应力应变关系遵循的准则称为强化条件;继续加载,土壤将按照破坏条件进入新的极限状态。建立模型之前首先要对土壤进行参数测定。

(1) 土壤样品的制备

试验所用土壤。首先经过数次旋耕,将土壤扰动,使土块细碎均匀,各层土壤性质相同,用刮土铲平整土壤颗粒,然后用镇压滚筒将土壤压实,镇压后喷水至表面积水为止,随后沉降一周,再将土壤切成 2 000 mm×300 mm×100 mm 的土样。

(2) 参数测定

用环形刀取试验图样,经密度测定得土粒密度为 1 650 kg/m³,土粒相对密度指数为

2.58,是一种典型的粘性土壤。

（3）模型建立

直角切削的模型包括土壤模型和刀具模型。

在对相同条件土壤和切削速度进行仿真的过程中,发现切削土壤时刀具切入长度的大小与切削阻力呈线性关系,为了节约计算时间,提高仿真精度将网格细化,从而将土壤和刀具模型在长度上缩小 20 倍。

土壤三维尺寸为 60 mm×30 mm×50 mm,单元类型为 Solid164 实体单元（土壤单元）网格划分为六面体八结点的映射网格,划分为 5 000 个单元,7 416 各节点,采用 ALE 算法。土壤模型的边界条件设定为:土壤底面自由度全约束,土壤左侧界面采用无反射条件约束。

刀具呈螺旋状,其截面尺寸如图 3-67。螺旋形横刀随刀辊回转,其螺旋形刃口依次切入土壤,其切削过程可简化为切削刃为直线、前刀面为平面的楔形刀具,对土壤进行直角切削,即只有 1 条切削刃切削土壤,且切削刃始终与前进方向（切削速度方向）垂直。定义刀具前刀面与前进方向夹角为切削角,其值取 20°,45°和 70°;取刀具长度为 20 mm（实际尺寸为 400 mm）。刀具为各向同性的弹性材料,其材料参数为:密度 $\rho=7.85$ g/cm³,泊松比 $\mu=0.3$,弹性模量 $E=210$ GPa。刀具模型划分为 400 个单元,512 个节点,采用 Lagrangian算法,刀具模型的边界条件为切削速度平行的刀具截面 Y 轴和 Z 轴方向自由度全约束。

土壤和刀具的有限元模型如图 3-68 所示。添加刀具与土壤之间的接触面为面面侵蚀接触,当表面单元失效后,程序自动继续在结构内部定义新的接触面。材料的系统阻尼系数取给定的缺省值。

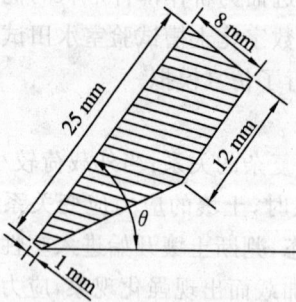

图 3-67　刀具截面图　　　　　图 3-68　刀具直角切削土壤有限元模型

2. 求解结果

刀具以切削角 70°,0.6 m/s 的速度切削土壤时的有限元切削仿真结果显示:0.002 s 时刀具与土壤接触;0.015 s 时刀刃切入土壤,土壤受到剪切而变形失效;土壤位移 0.025 s 时在刀具的剪切和挤压作用下土壤沿前刀面滑动、变形失效。从图 3-69 可以看出切削中途大部分土壤质点运动速度方向与刀面垂直,部分土壤质点沿刀面方向向上运动,且刀具切出土壤时刀具刃口处土壤最先断裂,且刃口土壤质点速度方向为水平。

图 3-70 为刀具切削土壤过程中某一时刻 Von Mises Stress 的分布。由图可知土壤的 Von Mises 等效应力集中在刀具刃口上部,而不是在刃口处,最大的应力达到 1.6×

10^6 Pa。这是由于刀具在切削土壤过程中土壤沿着刀面向上滑动,同时土壤受到前方和上方土壤的压力以及刀具的挤压促使土壤的应力集中在刀具的刃口上部位。

图 3-71 为切割阻力随时间的变化图,结果可以看出切削角为 70°时刀具与土壤接触后 0.018 s,瞬时阻力达到最

图 3-69 刀具切削过程刀具矢量

大值 97 N,随后下降,0.03 s 后阻力到达稳定,平均阻力为 42 N。

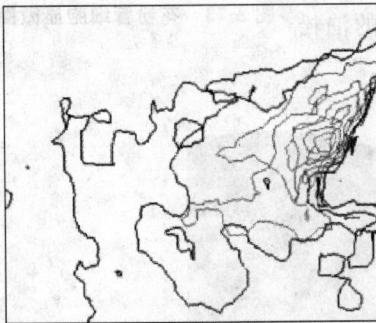

图 3-70 土壤 Von Mises Stress 分布

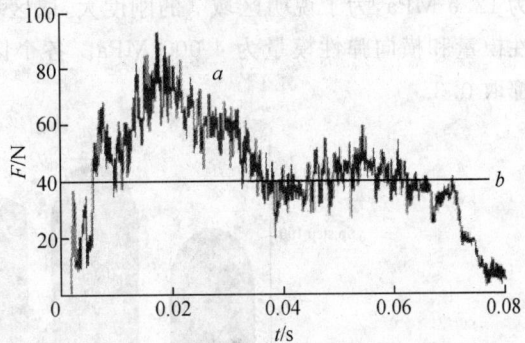

图 3-71 切割阻力随时间的变化图

3.6.4 花粉管细胞极向生长模拟

细胞生长是植物发育的基本过程,它影响细胞形态、细胞功能并最终决定植物的形态。在细胞的扩张性生长过程中,细胞壁被拉伸并变薄。植物又会合成新的物质补充到细胞壁。细胞的生长是细胞内部膨压和细胞壁之间复杂的相互作用过程。细胞变形的基本力学关系如图 3-72 所示。

加拿大的 Pierre Fayant 等人借助 ANSYS 对花粉管细胞的生长过程做了仿真。

1. 模型建立

花粉管是圆柱形细胞,顶端为半椭球形,利用显微图像(见图 3-73),可以确定细胞形状 $r_L = 1.5 \times r_T$,r_T 为花粉管半径,r_L 为椭球的长半径。在模型中取 r_T 为 6 μm,花粉管细胞的结构可以由圆柱半径 r_T、椭球体的长半径 r_L 以及代表细胞壁的薄壳厚度 t 来表达。在模型中,薄壳厚度 t 假设为 50 nm。模型用 4 节点的壳单元进行网格划分。

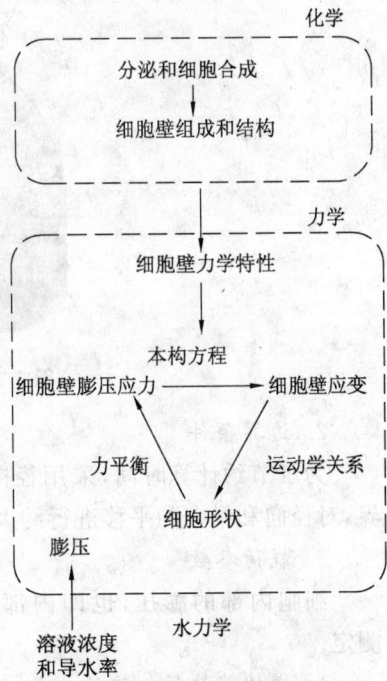

图 3-72 细胞变形的基本力学

在图 3-74 所示的模型中,区域 1 和区域 7 单元的弹性模量直接定义,而区域 2 到区域 6 的弹性模型由系数 m_L 和临近层的弹性模量来确定:

$$E_{Li} = m_L \times E_{L\,i-1}$$

式中，E_{Li}是区域i的纵向弹性模量。弹性模量是弹性材料刚度的度量，值越大表示越不容易变形，模量参数m_L改变材料沿纵向的力学梯度。

区域1横向的弹性模量可以由下式计算：

$$E_{Ti} = m_T \times E_{Li}$$

参数m_T反映壳单元材料的各向异性，也即法向的弹性模量。

花粉管的细胞壁由果胶组成，因此在区域Ⅰ的弹性模量为12.5 MPa，为了说明区域7的刚度大，取区域7的纵向弹性模量和横向弹性模量为4 000 MPa。各个区域的泊松比都取0.3。

图3-73　花粉管细胞显微图像

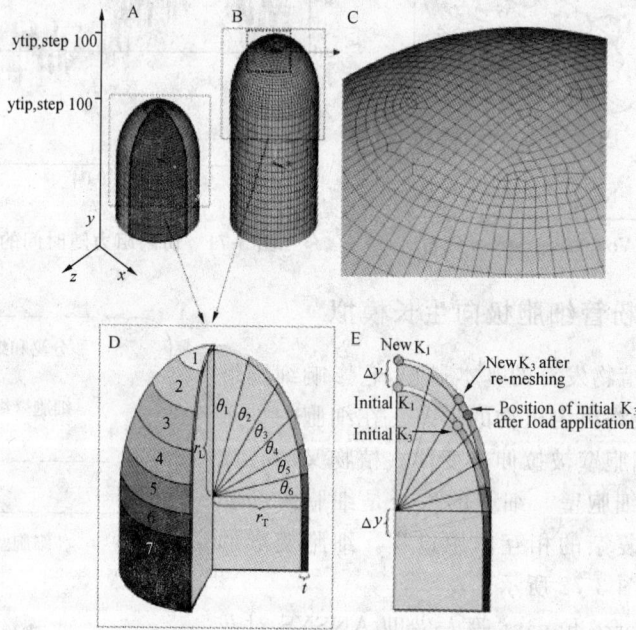

图3-74　顶端生长细胞的有限元模型

2. 边界条件

为了节约计算时间，采用径向对称模型，只建立1/4模型（图3-74A）。在轴对称边界，对径向和纵向的平移进行约束，垂直平移约束通过固定模型的底部来实现。

3. 载荷参数

细胞内部的膨压，也即内部水压为0.2 MPa。该数据由BenKert等人在1997年测定。

4. 模拟花粉管细胞的生长

细胞的生长由载荷循环的迭代序列来实现，施加载荷后的变形结构作为下一个载荷循环的起始形状，为了反映在细胞顶端生长的过程中，植物不断合成新物质并不断补充到细胞壁，因此在每个载荷周期之后都要重新划分网格。

5. 模拟结果

通过以上模型建立和进界条件放置,50 个载荷周期的细胞壁结构变形模拟如图 3-75 所示。

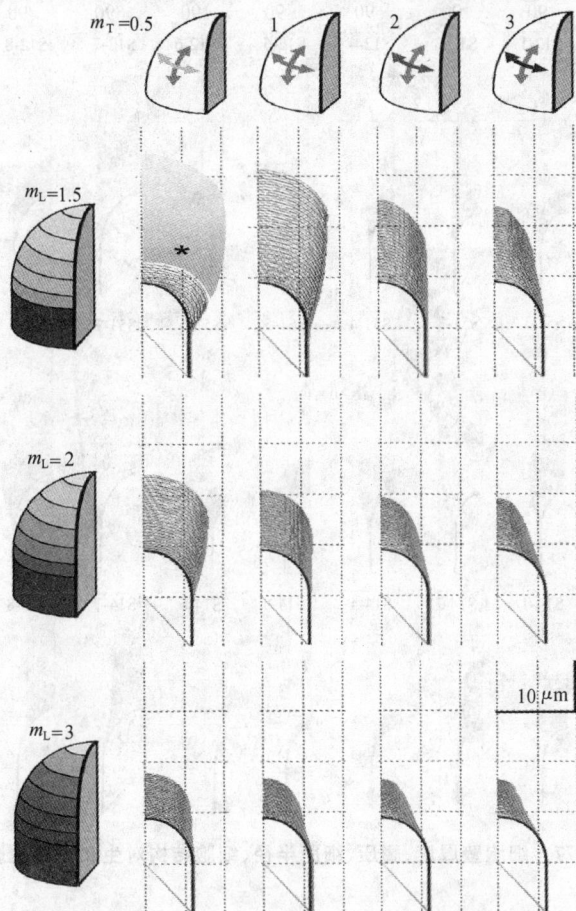

图 3-75 50 个载荷周期的细胞壁结构变形模拟

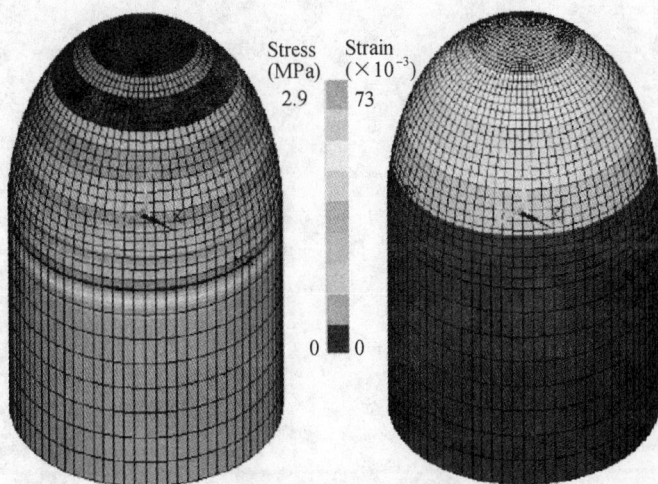

图 3-76 360°细胞表面应力、应变分布图

P/MPa	0.2	0.1	0.4	0.2	0.2	0.2	0.2	0.2	0.2
t/nm	50	50	50	100	150	50	50	150	50
r_T /μm	6	6	6	6	6	3	9	9	6
Structure/(°)	90	90	90	90	90	90	90	90	360

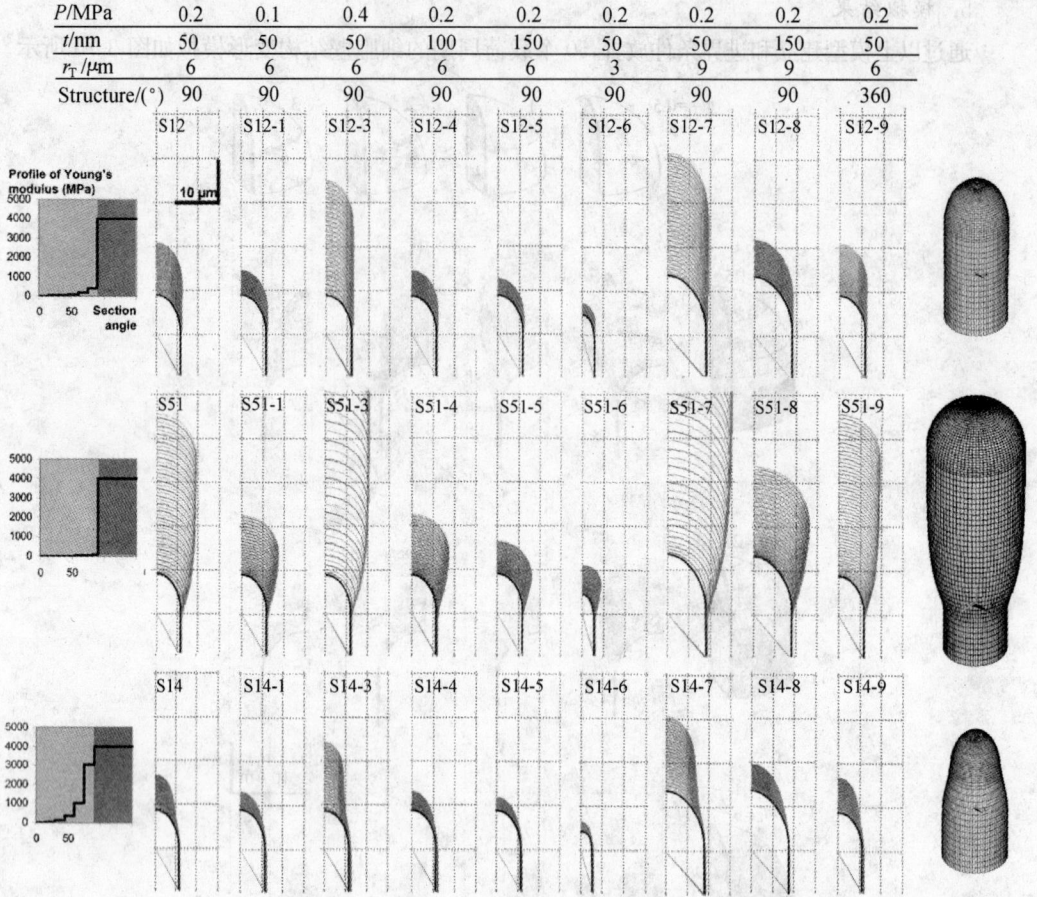

图 3-77 细胞壁厚度、膨压、细胞半径、细胞结构对生长模式的影响

第四章　Fluent 模拟及其在农业工程中的应用

4.1　Fluent 概述

Fluent 是用于计算流体流动和传热问题的商用软件,已成功运用于水利、航运、海洋、环境、食品、流体机械等各种技术科学领域。网络调查发现,Fluent 是目前中国运用最广泛的流体计算软件。

Fluent 的广泛应用基于其自身突出的优点,它提供了非常灵活的网格划分手段,便于处理复杂模型的网格划分和计算流场参数变化剧烈的流动。Fluent 可以通过其前处理软件 Gambit 进行网格划分;也可以先由 Pro/E,SolidWorks 等 CAD 软件造型,再导入 Gambit 中生成网格;还可以由其他网格生成软件生成与 Fluent 兼容的网格。

Fluent 可用于二维和三维流动分析,可对多种坐标系下的流场进行模拟,可完成定常与非定常流动分析、不可压流和可压流计算、层流和湍流模拟、传热和热混合分析、化学组分混合和反映分析、多相流分析、固体与流体耦合传热分析、多孔介质分析、离散相模拟等。

Fluent 使用 C 语言开发完成,在计算机资源的分配使用上拥有很大的灵活性,并可以在"Client/Server"模式下进行网络计算。Fluent 软件界面由 Scheme 语言编写,该类型的语言允许用户通过编制宏和自定义函数改变软件的外观和优化界面。另外,用户还可以使用用户自定义函数功能对 Fluent 进行扩展。

4.2　流体力学基础知识及数值模拟基础

4.2.1　流体与流动的相关概念

在自然界中,不能抵抗剪切力且在剪切力作用下可以无限变形的物质称为流体,这种变形称为流动。

作用在流体上的力可分为表面力和质量力。从流体中任意取一流体块,与其表面面积有关而且分布作用在流体块表面上的力称为表面力。表面力按其作用方向可分为两种:沿表面法线方向的法向应力和沿表面切向作用的切向应力。与流体块质量大小有关且直接作用在其质点上的非接触力称为质量力。

流体在剪切力作用下抵抗变形的能力称为流体的粘性。计算流体的粘性可以通过牛顿粘性公式,也称牛顿内摩擦定律,即:

$$\tau = \mu \frac{\mathrm{d}u}{\mathrm{d}y}$$

式中,τ 为单位面积上的内摩擦力,μ 为流体的粘度,也称为动力粘度。若 μ 为常数,则称这类流体为牛顿流体,否则称为非牛顿流体。工程中常用动力粘度 μ 和流体密度 ρ 的比值来表示粘度,称为运动粘度。

反映流体宏观特性的物理量包括密度、流体的压缩性和膨胀性。

设流体中包含某点的微元体积 ΔV 中的流体质量为 Δm,则 ΔV 向该点收缩时的极限称为该点处流体的密度,即:

$$\rho = \lim_{\Delta V \to 0} \frac{\Delta m}{\Delta V}$$

流体体积随压力变化的属性称为流体的压缩性。在某一温度和压力下,流体单位压力升高所引起的体积相对减少值,称为该温度和压力下流体的体积压缩率 $\kappa(\mathrm{Pa}^{-1})$,即:

$$\kappa = -\frac{1}{V}\frac{\mathrm{d}V}{\mathrm{d}p}$$

式中,$\mathrm{d}p$ 是压力的增值,V 是流体原来的体积,$\mathrm{d}V$ 是流体体积的变化值。在研究流体流动时,若考虑流体的压缩性,则这种流动称为可压流动;若流体的压缩性对所研究的问题影响不大,可以忽略不计时,这种流动称为不可压流动。

流体体积随温度变化的属性称为流体的膨胀性。在某一压力和温度下,流体的温度升高 1K 对所引起的体积相对变化值称为该温度和压力下流体的体积膨胀系数 $\alpha_v(\mathrm{K}^{-1})$,即:

$$\alpha_v = \frac{1}{V}\frac{\mathrm{d}V}{\mathrm{d}T}$$

式中,$\mathrm{d}T$ 是温度的增值,V 为流体升温前的体积,$\mathrm{d}V$ 为温升引起的流体体积变化,α_v 随流体的种类、温度和压力的不同而变化。

流体运动过程中,按流体的各物理参数是否随时间而变化,将流动分为定常流动和非定常流动。

自然界中的流体流动状态有两种形式,即层流和湍流。层流状态下所有流体质点作定向有规则的运动,而湍流状态下所有流体质点作无规则不定向的混杂运动,且湍流是普遍存在的。

4.2.2　流体力学基本方程

流体的运动要遵守 3 个最基本的守恒定律,即质量守恒定律、动量守恒定律及能量守恒定律。

质量守恒定律在流体力学中具体体现为连续性方程,在直角坐标系下可以写为

$$\frac{\partial \rho}{\partial t} + \frac{\partial(\rho v_x)}{\partial x} + \frac{\partial(\rho v_y)}{\partial y} + \frac{\partial(\rho v_z)}{\partial z} = 0$$

式中,ρ 是密度,v_x,v_y 和 v_z 是速度矢量 v 在 x,y 和 z 方向上的分量。若流体是定常流动,则此时连续性方程为

$$\frac{\partial(\rho v_x)}{\partial x} + \frac{\partial(\rho v_y)}{\partial y} + \frac{\partial(\rho v_z)}{\partial z} = 0$$

若流体为不可压缩流体,则此时连续性方程可写为

$$\frac{\partial v_x}{\partial x} + \frac{\partial v_y}{\partial y} + \frac{\partial v_z}{\partial z} = 0$$

　　动量守恒定律也是任何流体运动所必须满足的基本定律,按照这一定律可得出微分形式的动量方程,即:

$$\rho\left(\frac{\partial v_x}{\partial t}+v_x\frac{\partial v_x}{\partial x}+v_y\frac{\partial v_x}{\partial y}+v_z\frac{\partial v_x}{\partial z}\right)=\rho f_x+\frac{\partial p_{xx}}{\partial x}+\frac{\partial p_{yx}}{\partial y}+\frac{\partial p_{zx}}{\partial z}$$

$$\rho\left(\frac{\partial v_y}{\partial t}+v_x\frac{\partial v_y}{\partial x}+v_y\frac{\partial v_y}{\partial y}+v_z\frac{\partial v_y}{\partial z}\right)=\rho f_y+\frac{\partial p_{xy}}{\partial x}+\frac{\partial p_{yy}}{\partial y}+\frac{\partial p_{zy}}{\partial z}$$

$$\rho\left(\frac{\partial v_z}{\partial t}+v_x\frac{\partial v_z}{\partial x}+v_y\frac{\partial v_z}{\partial y}+v_z\frac{\partial v_z}{\partial z}\right)=\rho f_z+\frac{\partial p_{xz}}{\partial x}+\frac{\partial p_{yz}}{\partial y}+\frac{\partial p_{zz}}{\partial z}$$

式中,p_{xx},p_{yy}与p_{zz}为正应力分量;p_{xy},p_{xz}与p_{yz}为切应力分量;ρ为流体密度;f_x,f_y与f_z为流体微团上受到的单位质量力。上式是对包括非牛顿流体在内的任何类型的流体均成立的动量方程,对于牛顿流体有

$$p_{xx}=-p+\lambda\left(\frac{\partial v_x}{\partial x}+\frac{\partial v_y}{\partial y}+\frac{\partial v_z}{\partial z}\right)+2\mu\frac{\partial v_x}{\partial x}$$

$$p_{yy}=-p+\lambda\left(\frac{\partial v_x}{\partial x}+\frac{\partial v_y}{\partial y}+\frac{\partial v_z}{\partial z}\right)+2\mu\frac{\partial v_y}{\partial y}$$

$$p_{zz}=-p+\lambda\left(\frac{\partial v_x}{\partial x}+\frac{\partial v_y}{\partial y}+\frac{\partial v_z}{\partial z}\right)+2\mu\frac{\partial v_z}{\partial z}$$

$$p_{xy}=\mu\left(\frac{\partial v_y}{\partial x}+\frac{\partial v_x}{\partial y}\right)$$

$$p_{yz}=\mu\left(\frac{\partial v_z}{\partial y}+\frac{\partial v_y}{\partial z}\right)$$

$$p_{xz}=\mu\left(\frac{\partial v_z}{\partial x}+\frac{\partial v_x}{\partial z}\right)$$

式中,p为流体微团上的压力;μ是动力粘度;λ为第二粘性系数,在通常的可压缩粘性流动中近似地取为$\lambda=-2\mu/3$。将以上表达式带入应力形式的动量方程并整理得到可压缩粘性流体运动的 Navier-Stokes 方程,即:

$$\rho\left(\frac{\partial v_x}{\partial t}+v_x\frac{\partial v_x}{\partial x}+v_y\frac{\partial v_x}{\partial y}+v_z\frac{\partial v_x}{\partial z}\right)=\rho f_x-\frac{\partial p}{\partial x}+2\frac{\partial}{\partial x}\left(\mu\frac{\partial v_x}{\partial x}\right)+$$

$$\frac{\partial}{\partial y}\left[\mu\left(\frac{\partial v_y}{\partial x}+\frac{\partial v_x}{\partial y}\right)\right]+\frac{\partial}{\partial z}\left[\mu\left(\frac{\partial v_x}{\partial z}+\frac{\partial v_z}{\partial x}\right)\right]-\frac{2}{3}\frac{\partial}{\partial x}\left[\mu\left(\frac{\partial v_x}{\partial x}+\frac{\partial v_y}{\partial y}+\frac{\partial v_z}{\partial z}\right)\right]$$

$$\rho\left(\frac{\partial v_y}{\partial t}+v_x\frac{\partial v_y}{\partial x}+v_y\frac{\partial v_y}{\partial y}+v_z\frac{\partial v_y}{\partial z}\right)=\rho f_y-\frac{\partial p}{\partial y}+2\frac{\partial}{\partial y}\left(\mu\frac{\partial v_y}{\partial y}\right)+$$

$$\frac{\partial}{\partial x}\left[\mu\left(\frac{\partial v_y}{\partial x}+\frac{\partial v_x}{\partial y}\right)\right]+\frac{\partial}{\partial z}\left[\mu\left(\frac{\partial v_y}{\partial z}+\frac{\partial v_z}{\partial y}\right)\right]-\frac{2}{3}\frac{\partial}{\partial y}\left[\mu\left(\frac{\partial v_x}{\partial x}+\frac{\partial v_y}{\partial y}+\frac{\partial v_z}{\partial z}\right)\right]$$

$$\rho\left(\frac{\partial v_z}{\partial t}+v_x\frac{\partial v_z}{\partial x}+v_y\frac{\partial v_z}{\partial y}+v_z\frac{\partial v_z}{\partial z}\right)=\rho f_z-\frac{\partial p}{\partial z}+2\frac{\partial}{\partial z}\left(\mu\frac{\partial v_z}{\partial z}\right)+$$

$$\frac{\partial}{\partial x}\left[\mu\left(\frac{\partial v_x}{\partial z}+\frac{\partial v_z}{\partial x}\right)\right]+\frac{\partial}{\partial y}\left[\mu\left(\frac{\partial v_z}{\partial y}+\frac{\partial v_y}{\partial z}\right)\right]-\frac{2}{3}\frac{\partial}{\partial z}\left[\mu\left(\frac{\partial v_x}{\partial x}+\frac{\partial v_y}{\partial y}+\frac{\partial v_z}{\partial z}\right)\right]$$

当流体被视为不可压流动时,动力粘度μ可当作常量,此时的 Navier-Stokes 方程为

$$\rho\left(\frac{\partial v_x}{\partial t}+v_x\frac{\partial v_x}{\partial x}+v_y\frac{\partial v_x}{\partial y}+v_z\frac{\partial v_x}{\partial z}\right)=\rho f_x-\frac{\partial p}{\partial x}+\mu\left(\frac{\partial^2 v_x}{\partial x^2}+\frac{\partial^2 v_x}{\partial y^2}+\frac{\partial^2 v_x}{\partial z^2}\right)$$

$$\rho\left(\frac{\partial v_y}{\partial t}+v_x\frac{\partial v_y}{\partial x}+v_y\frac{\partial v_y}{\partial y}+v_z\frac{\partial v_y}{\partial z}\right)=\rho f_y-\frac{\partial p}{\partial y}+\mu\left(\frac{\partial^2 v_y}{\partial x^2}+\frac{\partial^2 v_y}{\partial y^2}+\frac{\partial^2 v_y}{\partial z^2}\right)$$

$$\rho\left(\frac{\partial v_z}{\partial t}+v_x\frac{\partial v_z}{\partial x}+v_y\frac{\partial v_z}{\partial y}+v_z\frac{\partial v_z}{\partial z}\right)=\rho f_z-\frac{\partial p}{\partial z}+\mu\left(\frac{\partial^2 v_z}{\partial x^2}+\frac{\partial^2 v_z}{\partial y^2}+\frac{\partial^2 v_z}{\partial z^2}\right)$$

能量方程是流体流动与传热问题的基本控制方程。对于不可压流动,若传热对于求解过程影响较小可以忽略时,可以不考虑能量方程。此时只需要联立连续性方程及动量方程求解即可,而其他情况则需考虑能量守恒方程。流体的能量通常指内能 i、动能 $K=\frac{1}{2}(v_x^2+v_y^2+v_z^2)$ 和势能 P 三种能量之和,针对总能量 E 可以建立能量守恒方程 $E=i+K+P$,在应用中一般是从中扣除动能的变化,从而得出关于内能 i 的守恒方程。又根据内能 i 与温度 T 之间的关系 $i=c_pT$,c_p 是比热容,可以得出以温度 T 为变量的能量守恒方程,即:

$$\frac{\partial(\rho T)}{\partial t}+\nabla\cdot(\rho\boldsymbol{v}T)=\nabla\cdot\left(\frac{k}{c_p}\mathrm{grad}T\right)+S_r$$

将该式展开为直角坐标形式,即

$$\frac{\partial(\rho T)}{\partial t}+\frac{\partial(\rho v_x T)}{\partial t}+\frac{\partial(\rho v_y T)}{\partial t}+\frac{\partial(\rho v_z T)}{\partial t}=\frac{\partial}{\partial z}\left(\frac{k}{c_p}\frac{\partial T}{\partial x}\right)+\frac{\partial}{\partial y}\left(\frac{k}{c_p}\frac{\partial T}{\partial y}\right)+\frac{\partial}{\partial z}\left(\frac{k}{c_p}\frac{\partial T}{\partial z}\right)+S_r$$

式中,k 为流体的传热系数,S_r 为粘性耗散项。

4.2.3 流体力学数值模拟基础

随着计算机技术的迅速发展和广泛应用,利用计算机进行数值模拟,已成为求解流体力学中各种问题的重要手段。过去只能通过理论分析和实验手段完成的一些工作,现在可以完全或部分借助数值模拟的方法来完成。流体力学数值模拟把描述流体流动的连续介质模型离散化,通过一定的方式将离散化后得到的各变量组成代数方程组,并通过计算机对代数方程组进行求解,得到定量描述流场的近似解。目前主要的离散化方法有:有限差分法、有限元法和有限体积法。

有限差分法是应用最早、最经典的方法。该方法将求解域划分为差分网格,用有限个网格节点代替连续的求解域,然后将偏微分方程的导数用差商代替,推导出含有离散点上有限个未知数的差分方程组。求出差分方程组的解,就是微分方程定解问题的数值近似解。它是一种直接将微分问题转变为代数问题的近似数值解法。这种方法发展较早,比较成熟,较多的用于求解双曲线型和抛物线型问题。

有限元法将微分方程转化为积分方程求解,其实质是分段逼近,即将整个求解区域划分为有限个子区域,构造分区的插值函数以逼近真解。与有限差分法相比,有限元法特别适用于几何、物理条件比较复杂的流动问题,而且便于程序的标准化,适于求解椭圆形问题,求解非定常问题时由于每一时步都要解大型代数方程组,一般运算量大于有限差分法。

有限体积法是将计算区域划分为一系列控制体积,将待解的微分方程对每一个控制体积进行积分得出离散方程。有限体积法的关键是在导出离散方程过程中,需要对界面上的被求函数本身及其导数的分布作出某种形式的假设。用有限体积法导出的离散方程可以保证具有守恒特性，而且离散方程系数物理意义明确，计算量相对较小。有限体积法可视为有限元法和有限差分法的中间产物，由于其计算效率高，目前在流体力学数值模拟中得到广泛应用，大多数商用流体计算软件都采用这种方法。Fluent 软件就是基于有限体积法的。

在使用有限体积法建立离散方程的过程中，需要将控制体积界面上的物理量及其导数通过结点物理量插值求出，插值方式常称为离散格式。常用的离散格式包括一阶迎风格式、指数格式、二阶迎风格式、QUICK 格式和中心差分格式，表 4-1 给出了常用的离散格式的性能对比。

表 4-1 常用离散格式的性能对比

离散格式	稳定性	精 度
一阶迎风格式	绝对稳定	一阶精度，有假扩散问题
指数格式	绝对稳定	主要适用于无缘相的对流、扩散问题，在非常数源相的场合，误差相对较大
二阶迎风格式	绝对稳定	二阶精度，有假扩散问题
QUICK 格式	条件稳定	可以减少假扩散误差，精度较高，应用广泛，但主要用于六面体或四边形网格
中心差分格式	条件稳定	在不发生振荡的参数范围内，可以获得较准确的结果

控制方程被离散化后，就可以进行求解了，在求解过程中一般有 3 种压力与速度耦合的方式，即：SIMPLE 算法、SIMPLEC 算法和 PISO 算法。

SIMPLE 算法是目前工程实际应用中最为广泛的一种流场计算方法，属于压力修正法的一种。该方法主要用于求解不可压流场，其基本思想为：对于给定的压力场（可以是假定的值，也可以是上一次迭代所得结果），求解离散形式的动量方程，得出速度场。由于压力场是假定的或不精确，由此得出的速度场一般不满足连续性方程，所以必须对给定的压力场加以修正，修正时需满足的原则是：与修正后的压力场相对应的速度场能满足这一迭代层次上的连续性方程。根据以上原则，把由动量方程的离散形式所规定的压力与速度的关系代入连续性方程的离散形式，从而得出压力修正方程，并由此方程得出压力修正值。随后根据修正后的压力场求出新的速度场。接下来需检查速度场是否收敛，若不收敛则用修正后的压力值作为给定的压力场，开始下一层次的计算，反复进行直到获得收敛的解。

SIMPLEC 算法是 SIMPLE 算法的的改进算法，它们的基本思路是一致的，计算步骤也相同，不同之处在于 SIMPLEC 算法对于速度修正值方程中系数项的计算方法作出了改进，因而加快了计算的收敛速度。

PISO 算法起初是针对非稳态可压流动的无迭代计算所建立的一种压力速度计算程序，后来在稳态问题的迭代计算中也较广泛地使用了该算法。PISO 算法与 SIMPLE，SIMPLEC 算法的不同之处在于，SIMPLE，SIMPLEC 算法是两步算法，即一步预测和一步修正，而 PISO 算法增加了一个修正步，包含一个预测步和两个修正步，在完成了第一步修正后寻求二次改进值,其目的是使它们能够更好地满足动量方程和连续性方程。PISO算法由于使用了预测—修正—再修正3步,因而加快了单个迭代步中的收敛速度。

最后简要介绍流体力学数值模拟的基本流程,用户可以借助商用的流体计算软件来实现,也可以通过自编程序来计算。两种方法的基本工作过程、计算思路是一致的,流体力学数值模拟的基本流程如图4-1所示。

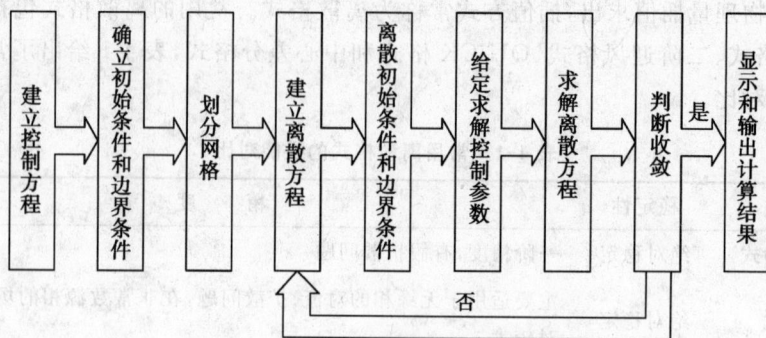

图4-1 流体力学数值模拟基本流程图

4.3 Fluent 软件介绍

Fluent 软件设计基于CFD软件群思想,软件包中通常包括以下几个软件:

前处理器:与 Fluent 配套的前处理软件 Gambit 用于建立几何形状和生成网格;TGrid 用于从表面网格生成空间网格。

求解器:Fluent 求解器,它是 Fluent 软件的核心,所有计算在此完成。

后处理器:Fluent 求解器本身就有较强的后处理功能。目前对于 Fluent 计算结果的后处理还有 Tecplot 软件,它可以把从 Fluent 求解器导出的特定格式的数据可视化,形象地描述各种量在计算区域内的分布。

4.3.1 Gambit 软件

Gambit 软件是 Fluent 公司自行研发的前处理软件,它拥有一定的几何建模能力和功能较强的网格划分能力。Gambit 可以生成 Fluent 6, Fluent 5.5, FIDAP, POLYFLOW等求解器所需要的网格。用户可以直接使用 Gambit 软件建立复杂的实体模型,也可以从主流的 CAD/CAE 软件中直接读入数据。Gambit 软件高度自动化,可生成包括结构和非结构化的网格,也可以生成多种类型组成的混合网格。

1. Gambit 操作界面

Gambit 打开后出现如图 4-2 所示界面。Gambit 用户界面可分为 6 个部分,分别为:菜单栏、显示窗口、视图控制面板、命令窗口、命令解释窗口和命令面板。

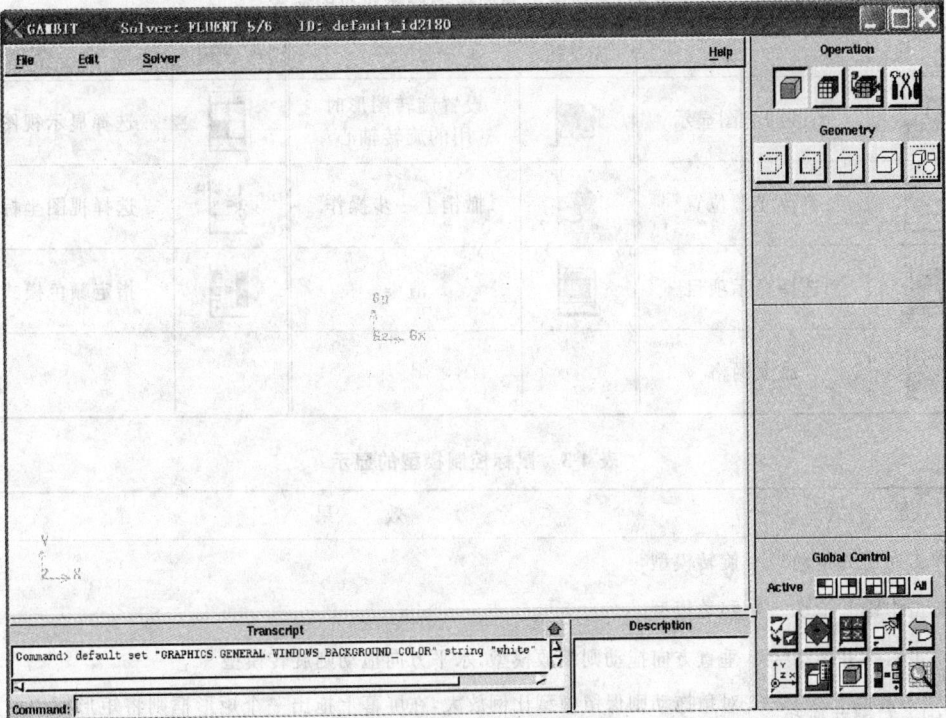

图 4-2　Gambit 操作界面

　　菜单栏位于操作界面的上方,共有 File,Edit,Solver 和 Help 4 个菜单,其中 File 用于新建、打开、保存文件和导入导出模型;Edit 用于修改系统设置、取消操作等;Solver 用于选择求解器类型;Help 则用于显示帮助信息。Gambit 可识别的文件后缀为". dbs",若要将 Gambit 中建立的网格模型调入 Fluent 求解器,则需要将其输出为". msh"文件。

　　显示窗口位于用户界面的中部,用于显示几何模型和生成的网格图。Gambit 的显示窗口中可以只显示一个视图如图 4-2 所示,也可以同时显示 4 个视图如图 4-3 所示,以便于建立三维模型。

　　视图控制面板位于用户界面的右下角,图 4-4 显示的是视图控制面板。视图控制面板的第一行分别控制如图 4-3 所示的 4 个区域,第 2 行的各个图标用于控制显示区域的大小和视角,第 3 行中各个按钮用于控制显示属性,部分按钮功能见表 4-2。Gambit 中还可以使用鼠标来控制视图中的几何模型的显示,鼠标控制的方式见表 4-3。

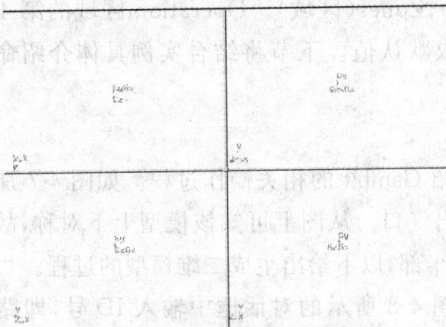

图 4-3　显示窗口的4个视图

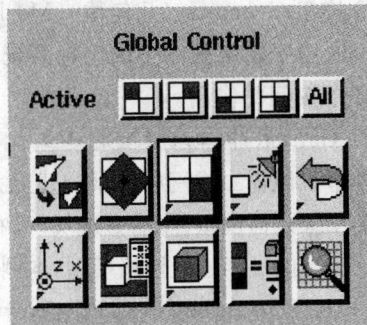

图 4-4　视图控制面板

表 4-2　视图控制面板各按钮对应的命令

按　钮	命　令	按　钮	命　令	按　钮	命　令
	图形的全图显示		设置旋转图形时用的旋转轴心		选择显示视图
	修改光源位置		撤销上一步操作		选择视图坐标
	选择显示项目		渲染		指定颜色模式
	放大网格				

表 4-3　鼠标控制模型的显示

方　式	效　果
单击左键并拖动	旋转模型
单击中键并拖动	移动模型
单击右键并拖动	垂直方向拖动则缩放模型,水平方向拖动则旋转模型
Ctrl＋左键并拖动	对角拖动则保留模型比例放大,在屏幕上拖出一个矩形框则将矩形框中的局部模形放大到整个显示窗口

　　命令窗口位于用户界面的左下方,它可以显示每一步操作的命令和结果,下面的命令输入栏可以接收用户输入命令。命令解释窗口位于用户界面的右下角,将鼠标放在视图控制面板和命令面板中任意一个按钮上,窗口中就会出现对该命令的解释,如图 4-5 所示。

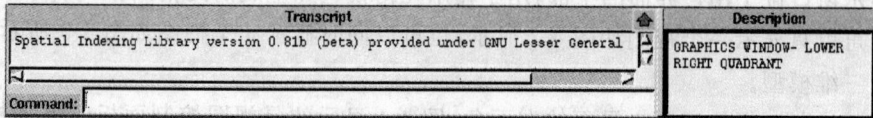

图 4-5　命令窗口和命令解释窗口

　　如图 4-6 所示的命令面板是 Gambit 软件的核心部分,通过命令面板可以完成绝大多数操作工作,即建立模型、划分网格和定义边界条件,分别对应于 Operation 区域的前 3 个命令按钮 Geometry(几何体)、Mesh(网格)、Zones(区域)。Operation 区域的第 4 个按钮 Tools 用于定义视图中的坐标系统,一般取默认值。下节将结合实例具体介绍命令面板中各个按钮的作用。

　　2. Gambit 中二维模型的建立

　　本节以风筒二维网格模型的建立为例介绍 Gambit 的相关操作过程。如图 4-7 所示为风筒的二维几何模型,左端为进气口,右端为出气口。从图上可知该模型上下对称,故只需对整个区域的一半建立网格模型,本例建立上半部,以下给出生成二维模型的过程。

　　(1)启动 Gambit,选择 File/New,在如图 4-8 所示的对话框中输入 ID 号,即路径和文件名。本例设为 e:\0\2model,即保存在 E 盘 0 文件夹下,文件名为 2model。

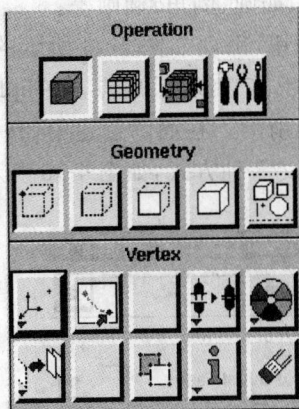

图 4-6 命令面板

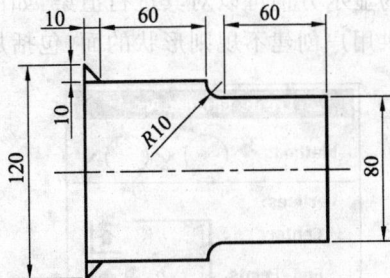

图 4-7 风筒的二维几何模型

（2）选择 Geometry，出现如图 4-9 所示的命令按钮，图中从左至右依次是创建点、线、面、体和组的命令。对于二维模型的建立一般是从点到线再到面。

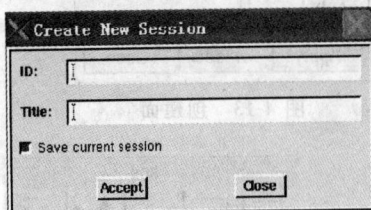

图 4-8 创建新文件

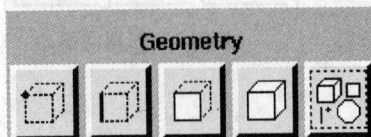

图 4-9 几何体命令

（3）选择 Vertex/Create Real Vertex 按钮，出现图 4-10 所示的窗口，在对话框中输入点的坐标，单击 Apply 按钮，即可创建模型中各点。

（4）选择 Edge/Create Straight Edge 按钮，出现如图 4-11 所示的窗口，将光标放在 Vertices 后的输入框中，然后按住 Shift 同时鼠标左击要连接的点，此时被选中的点处于红色，最后点击 Apply 按钮即可完成直线的创建。

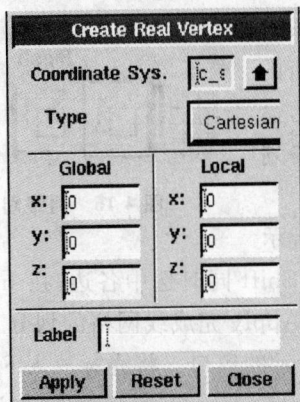

图 4-10 创建点

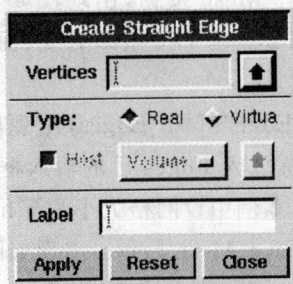

图 4-11 创建直线

（5）选择 Edge/Create Circular Arc 按钮，出现如图 4-12 所示的窗口，选择建立圆弧的方式，本例使用默认方式建立圆弧，即通过圆心和圆弧上两个点建立圆弧。将光标分别放入 Center 和 End-points，选择对应的点并点击 Apply 完成圆弧的创建。除了创建直线和圆弧外，Gambit 还可以创建其他的一些二维图形，如圆、倒角、椭圆等。

（6）选择 Face/Create Face from Wireframe 按钮，出现如图 4-13 所示的窗口，将光标放入 Edge 后的输入框，然后按住 Shift 同时选中所需直线，最后点击 Apply 即可完成面的创建，为显示方便可以对其进行渲染，如图 4-14 所示。在面的创建中，有一个布尔运算的操作，供用户创建不规则形状的面，包括加、减、交 3 种方式，如图 4-15 所示。

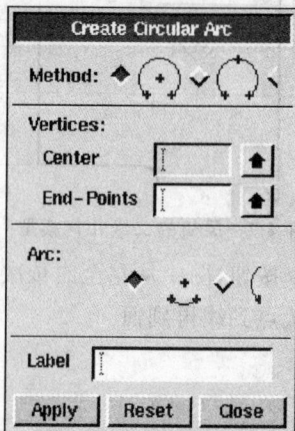

图 4-12　创建圆弧

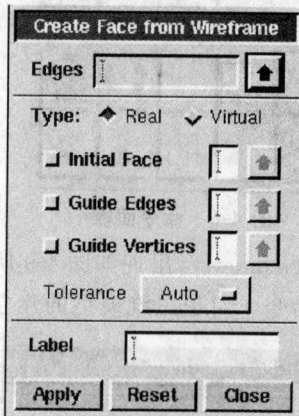

图 4-13　创建面

图 4-14　Gambit中的二维几何模型

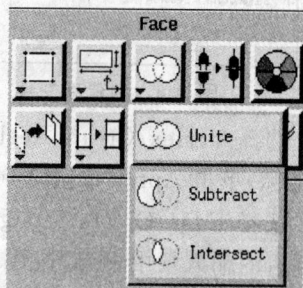

图 4-15　布尔运算

（7）对建立好的几何模型进行网格划分，Gambit 中二维模型的网格划分，分为边的网格划分和面的网格划分。选择 Mesh 按钮，出现图 4-16 所示的命令按钮，其中第 2,3 两个按钮即对线、面进行网格划分的命令按钮。

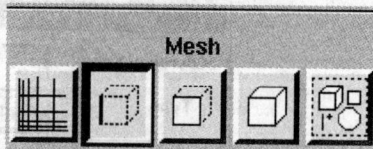

图 4-16　网络划分命令

（8）选择 Edge/Mesh Edges，出现图 4-17 所示的窗口。将光标放入 Edges 后的输入框内，按住 Shift 同时选中各边，在 Interval Size 中输入网格大小，本例中设网格大小为 5 mm，点击 Apply 完成线网格的划分。

（9）选择 Face/Mesh Faces，出现如图 4-18 所示的窗口。将光标放入 Faces 后的输入框内，按住 Shift 同时选中该面，在 Interval Size 中输入网格大小，本例中设网格大小为 5 mm，面板中 Elements（网格单元）和 Type（网格类型）的选择见表 4-4 和 4-5，本例中选择 Quad（四边形网格）和 Pave（非结构网格），最后点击 Apply 即可完成面网格的划分。

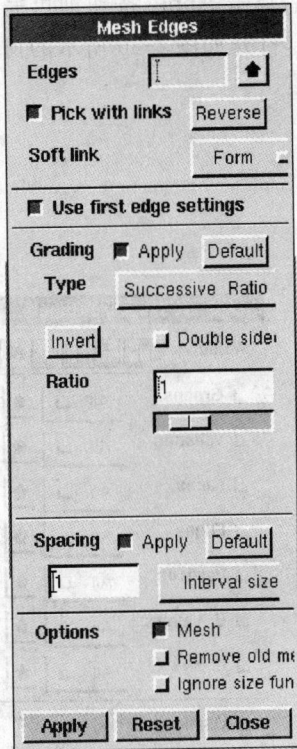

图 4-17　划分线的网格

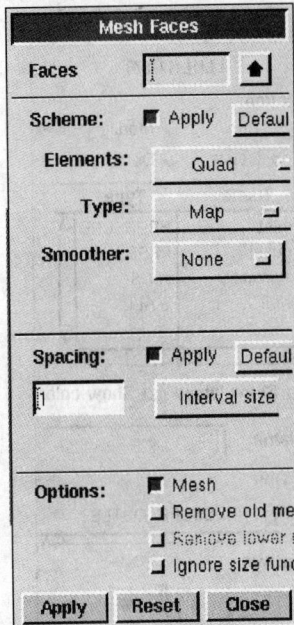

图 4-18　划分面的网格

表 4-4　网格单元的选择

网格单元	描　　述
Quad	网格区域中只有三角形单元
Tri	网格区域中只有三角形单元
Quad/Tri	网格区域中主要有四边形单元,在指定区域有三角形单元

表 4-5　网格类型的选择

网格类型	描　　述
Map	使用指定的网格单元,创建结构性网格
Submap	将一个不规则的区域划分为几个规则区域,并在每个子区域上划分结构网格
Pave	使用指定的网格单元,创建非结构性网格
Tri Primitive	将一个三角形区域划分为 3 个四边形的子区域,并在子区域上划分结构网格
Wedge Primitive	在楔形面的顶部划分三角形网格,沿着楔形顶部向外辐射,划分四边形网格

　　(10) 选择 Zones/Specify Boundary Types 按钮,出现如图 4-19 所示的窗口,将光标放入 Edges 后的输入框中,按住 Shift 的同时左键选中所要指定边界类型的线,然后右击 Type 下的按钮选择边界类型。Gambit 中提供了 10 多种边界类型,本例中指定左端的边界类型为 PRESSURE－INLET,右端的边界类型为 PRESSURE－OUTLET,下端的边界类型为 SYMMETRY,其他各边为 WALL。在图 4-19 所示面板中选中 Modify 和

99

Delete 对边界的类型和名称进行修改和删除，最后点击 Apply 按钮即可完成边界条件的设置。在设置边界时，用户可以取消网格的显示，打开如图 4-20 所示的窗口，选中 Mesh 并使其处于 Off 状态。

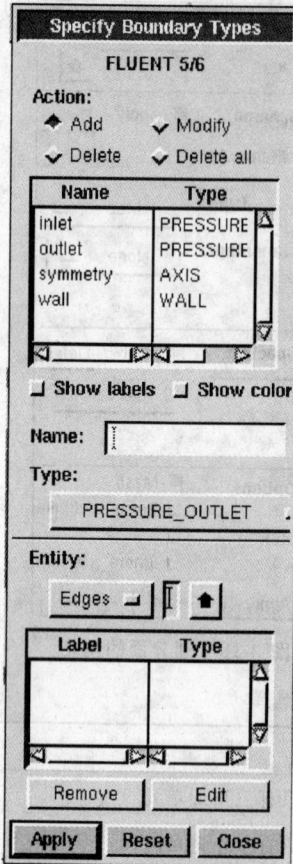

图 4-19 指定边界类型

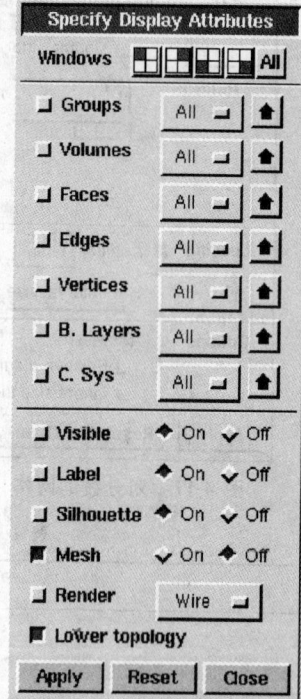

图 4-20 关闭网格显示

（11）在完成边界类型的设置后，要将该模型的 mesh 文件输出，以供 Fluent 求解器识别。具体操作为选择 File/Export/Mesh，打开如图 4-21 所示的对话框，输入路径和文件名，选中 Export 2-D(X-Y) Mesh 前的按钮，最后点击 Accept 即可完成网格文件的输出，网格如图 4-22 所示。

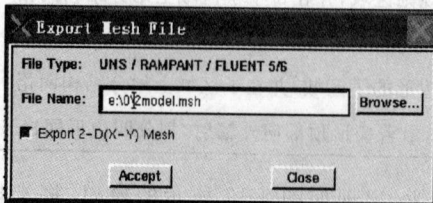

图 4-21 指定边界类型

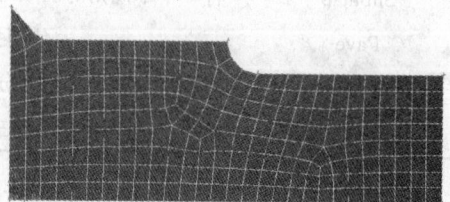

图 4-22 网 格

3. Gambit 与 CAD 软件的联合使用

Gambit 中可以进行二维模型和三维模型的建立，但毕竟不是专用的 CAD 软件，仅限于简单几何模型的建立。对于工程中各种复杂的结构，需要将 Gambit 与一些 CAD 软件联合起来使用,利用 CAD 软件强大的造型能力建立几何模型,再将其导入 Gambit 中划分网格及设置边界条件。本节结合简单例子介绍 Gambit 与 AutoCAD 和 Pro/E 软件的联合使用。

首先介绍 Gambit 与 AutoCAD 的联合使用,依然使用上节中二维风筒的例子。

(1) 在 AutoCAD 中作出如图 4-14 所示的二维图形,并将其输出为" ∗ . sat"格式的文件,假设文件名为 2model. sat。需要注意的是 AutoCAD 中建立的二维图形必须是一个联通域,具体操作为:使用 region 命令,然后选择构成面域的线段并回车,再选择 file/export 将文件保存为 ACIS 类型文件。

(2) 在 Gambit 中选择 file/import/ACIS,出现如图 4-23 所示的对话框,输入路径和文件名,点击 Accept 即可将 AutoCAD 中创建的图形读入 Gambit。由于读入的几何图形是一面,故可以直接对其划分面网格,划分网格结束后指定边界条件和输出网格文件,具体操作见上节。

接下来本书通过弯管三维模型的建立来介绍 Gambit 与 Pro/E 的联合使用。

(1) 在 Pro/E 中建立如图 4-24 所示弯管三维模型并输出为" ∗ . stp"格式文件,假设文件名为 3model. stp。

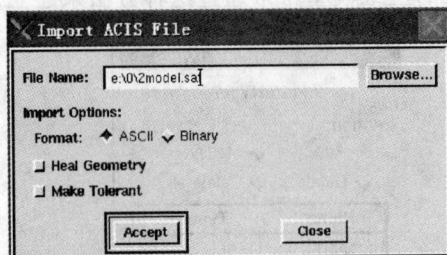

图 4-23　ACIS文件读入Gambit

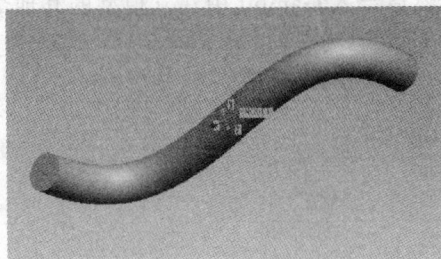

图 4-24　弯管三维模型

(2) 在 Gambit 中选择 file/import/STEP,出现如图 4-25 所示的对话框,输入路径和文件名,点击 Accept 即可将 Pro/E 中建立的三维模型读入 Gambit(如图 4-26 所示)。

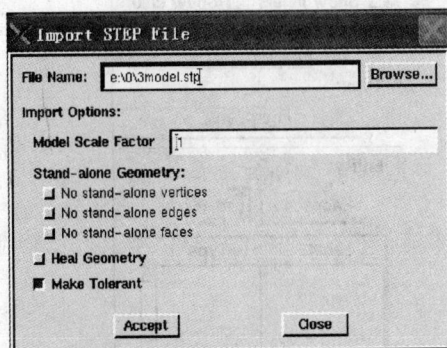

图 4-25　STEP文件读入Gambit

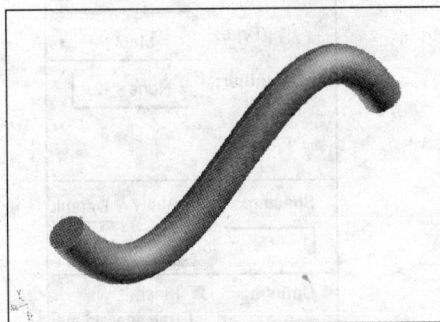

图 4-26　Gambit中的三维模型

(3) 直接划分体的网格,选择 Mesh/Mesh Volumes,出现如图 4-27 所示的窗口,将光标放入 Volumes 后的输入框内,按住 Shift 同时选中该体,在 Interval Size 中输入网格大小,本例中设为 5 mm,网格单元和网格类型选择 Hex/Wedge 和 Cooper,最后点击Apply即可。

　　对于三维问题，常用的网格单元有：Hex（六面体网格）、Hex/Wedge（主要是六面体，少量有楔形体）、Tet/Hybird（主要是四面体，少量有六面体、锥体或楔形体）。常用的网格类型有 Map（规则的结构网格）、Submap（块结构网格）、Cooper（非结构网格）、TGrid（混合网格）。需要注意的是结构网格和块结构网格只能用 Hex 单元，非结构网格可以使用 Hex 单元或 Hex/Wedge 单元，混合网格使用 Tet/Hybird 单元。

　　（4）指定边界条件的类型，选择 Zones/Specify Boundary Types，出现如图 4-28 所示的窗口，将光标放入 Faces 后的输入框中，按住 Shift 的同时选中所要指定边界类型的面，然后右击 Type 下的按钮选择边界类型。本例中指定一端面的边界类型为 VELOCITY－INLET，另一端面的边界类型为 OUTFLOW，管壁的边界类型为 WALL，最后点击 Apply。

　　（5）输出 mesh 文件，以供 Fluent 求解器识别。具体操作为选择 File/Export/Mesh，在打开的对话框中输入路径和文件名，点击 Accept 即可完成网格文件的输出。

　　以上选用的二维和三维的例子都可以在 CAD 软件中直接建立计算所需的几何模型，在导入 Gambit 后只需划分网格和指定边界条件。但在工程实践中所需建立的计算模型有时相对复杂，不能一次性建立，这时常采用的方法是先在 CAD 软件中建立部分模型，然后导入 Gambit 中建立模型的其他部分，泵的三维模型常常通过这种方法来建立。

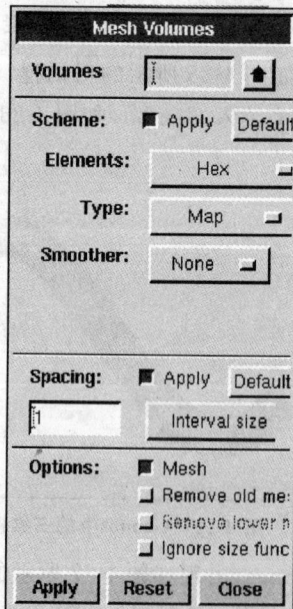

图 4-27　划分体的网格图

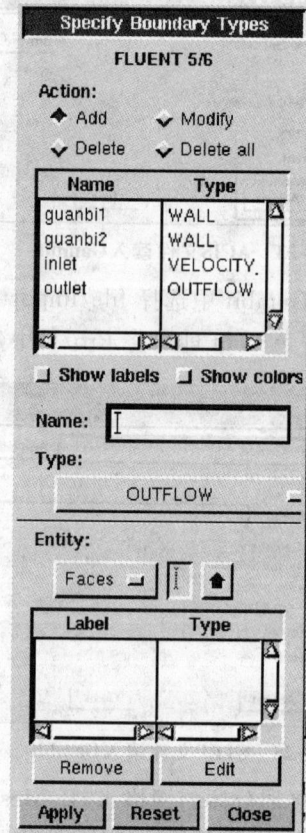

图 4-28　指定体的边界类型

4.3.2　Fluent 求解器

Fluent 求解器是 Fluent 软件包中最重要的组成部分,提供的主要功能包括:导入网格模型、提供计算模型、设置边界条件和材料特性、求解和后处理。

1. Fluent 操作界面

Fluent 求解器启动后出现如图 4-29 所示的 Fluent 的操作界面,它由三部分组成:标题栏、菜单栏、控制窗口。其中,标题栏给出了求解器的类型。Fluent 中几乎所有命令都能通过调用菜单来实现,具体功能见表 4-6。Fluent 的控制窗口是一文本界面,用户可以借助该窗口输入各种命令、数据和表达式,Fluent 软件也利用该窗口显示相关信息。

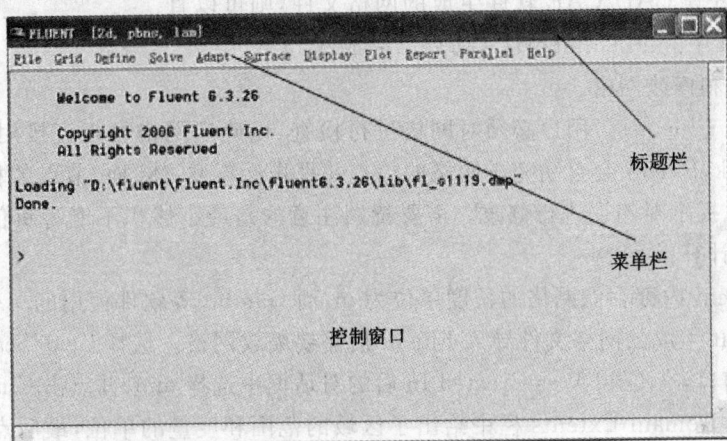

图 4-29　Fluent 的操作界面

表 4-6　菜单功能

菜　单	功　能
File	导入和导出文件,保存分析结果
Grid	检查、修改和设置网格
Define	设置求解器、计算模型、运行环境、材料特性、边界条件等
Solve	控制求解的相关参数,初始化流场,启动求解过程
Adapt	对网格进行设置和调整
Surface	在已有模型上创建点、线、面
Display	
Plot	对网格、计算中间过程、计算结果、相关报告等信息进行显示和查询
Report	
Parallel	专用于并行环境下的计算
Help	操作帮助

2. Fluent 求解步骤

Fluent 求解步骤主要分为如下 12 步:

(1) 选择求解器

启动 Fluent 时,出现如图 4-30 所示的窗口,窗口给出了 4 种求解器,分别为:2d(二维单精度求解器)、3d(三维单精度求解器)、2ddp(二维双精度求解器)、3ddp(三维双精度求解器)。对于大多数情况来说,单精度计算已经足够,且单精度求解器效率较高,因而在实际运用中多用单精度求解器进行求解。

(2)导入网格

Gambit,TGrid 和 GeoMesh 等 Fluent 专用的前处理软件,可以直接生成 Fluent 网格。选择 File/Read/Case,在打开的对话框中选择"*.msh"格式的文件,点击 OK 即可将网格文件导入 Fluent 求解器中。

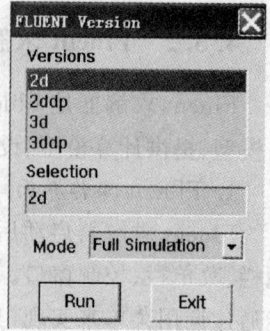

图 4-30　选择求解器

而要导入 CFX,ABAQUS,I-DEAS,NASTRAN,PAT-RAN,ANSYS 等 CAD/CAE 软件生成的网格文件,则可以直接通过 Fluent 中的 File/Import/* 命令来完成。

(3)检查和修改网格

网格导入 Fluent 后,用户必须对网格进行检查,以确定网格可否直接用于求解。选择 Grid/Check,Fluent 会自动完成网格的检查并报告计算域、体、面、节点的相关信息,用户可根据信息提示对错误进行修改。需要特别注意的是最小体积不能为负值,否则 Fluent 无法进行计算。

由于 Fluent 内部存储网格的长度单位为 m,而 Gambit 等软件使用的单位为 mm,因此在将 Gambit 生成的网格文件导入 Fluent 后需要缩放网格。选择 Grid/Scale 打开如图 4-31 所示的窗口,在 Grid Was Created In 后的对话框中选择 mm,并点击 Change Length Units,此时在 Domain Extents 栏中给出了区域的范围和度量的单位,最后点击 Scale 按钮即可完成缩放。

在网格检查通过后,对于三角形或四面体网格,还需要平滑网格和交换单元面。该操作用于改善网格的质量,具体操作为 Grid/Smooth/Swap,出现如图 4-32 所示的窗口,点击 Smooth 按钮,再点击 Swap 按钮,重复以上操作直到 Fluent 报告没有需要交换的面为止。

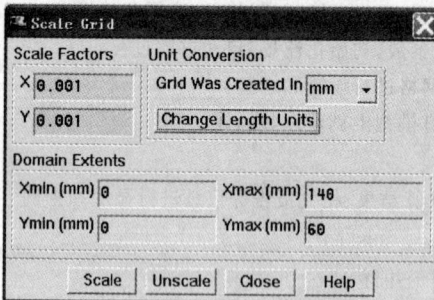

图 4-31　缩放网格图

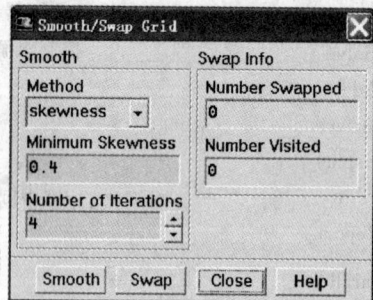

图 4-32　平滑网格和交换单元面

在检查和修改网格的过程中用户可以随时查看网格,选择 Display/Grid,出现如图 4-33所示的窗口,点击 Display 按钮就可以显示网格。窗口中 Options 选项下,Nodes 表示显示节点,Edges 表示单元线,Faces 表示显示单元面,Partitions 表示显示并行计算中的子域边界。Surfaces 列表框中给出了可供显示的所有面。Surface Types 给出了面的各种类型,选中列表中某项,则满足该类型的所有面就被选中。

（4）选择计算模型

选择 Define/Models/Solver，出现如图 4-34 所示的设置求解器窗口。Fluent 6.3 取消以前版本分离求解器和耦合求解器，取而代之的是基于压力的求解器（Press Based）和基于密度的求解器（Density Based）。压力基求解收敛速度快，主要用于低速不可压缩流动的求解。而密度基求解收敛速度更快，但需要的内存和计算量都要比压力基求解器要大，主要用于高速可压缩流动的计算。

所谓隐式格式和显式格式就是对流体控制方程进行线性化和求解的两种不同方式。总体来说，隐式求解要好于显式求解，但对于时间步长有非常严格的限制。需要注意的是压力基求解器只能用隐式求解。

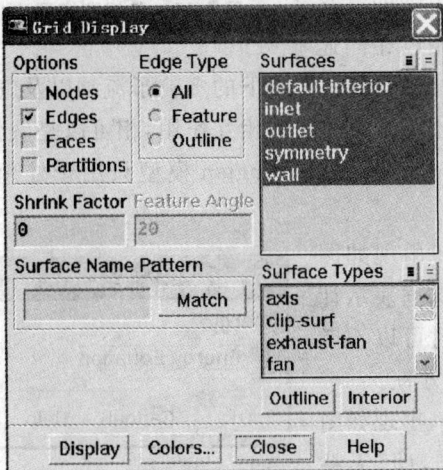

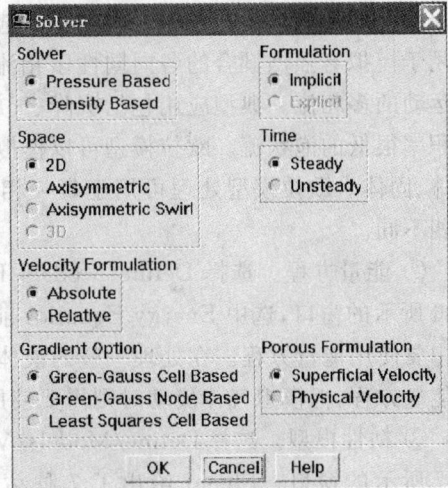

图 4-33　查看网格　　　　　　　　　　图 4-34　设置求解器

在设置求解器窗口中，用户可以设置计算对象所具有的空间几何特征：2D（二维）、3D（三维）、Axisymmetric（轴对称）、Axisymmetric Swirl（轴对称旋转）。

用户还可以设置所求解的问题在时间上是稳态（Steady）还是非稳态（Unsteady）。如果选择了非稳态，窗口中会出现 Unsteady Formulation 选项，此时用户可以选择非稳态计算的方法。一般情况下选择一阶隐式（1st Order Implicit）就可以满足要求，只有对精度要求较高时才需选择二阶隐式（2st Order Implicit）。

在 Velocity Formulation 选项组中可指定计算的速度是按绝对速度（Absolute）还是相对速度（Relative）。需要注意的是选择密度基求解器求解时只能按绝对速度计算。

Gradient Option 选项组中给出了 3 种压力梯度用于计算控制方程中的导数项：Green-Gauss Cell-Based，Green-Gauss Node-Based，Least-Squares Cell-Based，其中 Green-Gauss Cell-Based 是默认的选项，但这种算法精度较低，可能会造成错误的扩散；Green-Gauss Node-Based 精度相对较高，能够将错误扩散减少到最小，适用于三角形网格；Least-Squares Cell-Based 同样有较高的精度，适用于多面体网格。

Porous Formulation 选项组用于指定多孔介质速度的方法。

用户在完成上述操作后就可以进行流场的求解，求解过程中不求解能量方程，并且没有组分变化、没有相变发生、不存在多相流等。若求解过程需要考虑这些内容，则需要激活相应的计算模型，以下简要介绍相关模型。

① 多相流模型。选择 Define/Models/Multiphase，出现 4-35 所示的窗口。Fluent 提供了 3 种多相流的模型即：VOF 模型（Volume of Fluid）、混合模型（Mixture）和欧拉模型（Eulerian），选中各模型后，图 4-35 所示的窗口会进一步展开。

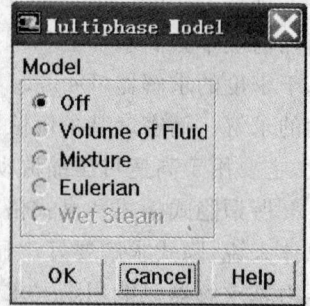

图 4-35　多相流模型

VOF 模型通过求解单独的动量方程和处理穿过区域的每一流体的体积比来模拟 2 种或 3 种不能混合的流体，典型的应用包括气体喷射、流体中大泡的运动和气液界面的稳态及瞬态处理。混合模型是一种简化的多相流模型，它用于模拟各相有不同速度的多相流，但是假定了在短空间尺度上局部的平衡。各相之间的耦合应当是很强的。它也用于模拟有强烈耦合的各向同性多相流和各相以相同速度运动的多相流。典型应用包括沉降、气旋分离器、低载荷作用下的多粒子流动以及气相容积率很低的泡状流。欧拉模型可以模拟多相分离流及相间的相互作用，相可以是液体、气体、固体。欧拉模型处理可用于每一相，这与 Eulerian-Lagrangian 模型只用于处理离散相不同。

② 能量方程。选择 Define/Models/Energy，出现如图 4-36 所示的窗口，选中 Energy Equatior 前的复选框表示计算中要使用能量方程。在处理一般的液体流动时可以不考虑能量方程，但模拟气体流动时则需要使用能量方程。

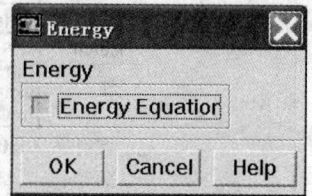

图 4-36　能量方程

③ 粘性模型。选择 Define/Models/Viscous，出现如图 4-37 所示的窗口。Fluent 给出了 7 种粘性模型，即：无粘（Inviscid）、层流（Laminar）、Spalart-Allmaras 单方程（Spalart-Allmaras (1 eqn)）、k-ε 双方程（k-epsilon (2 eqn)）、k-ω 双方程（k-omega (2 eqn)）、雷诺压力（Reynolds Stress (5 eqn)）和大涡模拟（Large Eddy Simulation），其中大涡模拟只用于三维问题。

无粘和层流模型不需要输入任何参数。当对湍流计算的精度要求不是很高时，Spalart-Allmaras 模型是最好的选择。k-ε 双方程模型是目前湍流计算中使用最广泛的模型，适用范围广、经济、有合理的精度，在工业流场和热交换模拟中有广泛的应用。k-ω 双方程模型也用于湍流计算，成功运用于墙壁束缚流动和自由剪切流动。雷诺压力模型比单方程和双方程模型更加严格地考虑了流线型弯曲、漩涡、

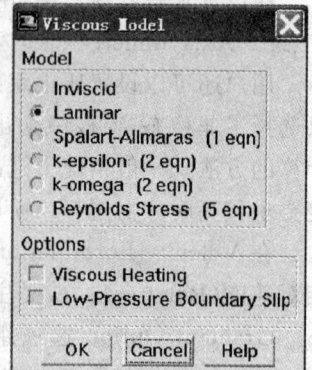

图 4-37　粘性模型

旋转和张力快速变化的因素，对于复杂流动有更高的预测精度，如飓风流动、燃烧室高速旋转流、管道中二次流，但是这种预测仅仅限于与雷诺压力有关的方程。大涡模拟模型仅对三维模拟有效，该方法对计算机内存及 CPU 处理速度要求较高，随着计算机硬件水平的不断提高，该模型目前已成为 CFD 研究和应用的热点之一。

④ 辐射模型。选择 Define/Models/Radiation，出现如图 4-38 所示的窗口。Fluent 提供了 5 种辐射模型，即：Rossland 辐射模型（Rossland）、P1 辐射模型（P1）、离散传播辐

射模型（Discrete Transfer）、表面辐射模型（Surface to Surface）、离散坐标辐射模型（Discrete Ordinates）。计算中若要考虑由于辐射引起的加热或冷却，就要激活辐射模型。辐射模型激活后，Fluent 会自动激活能量方程，在计算过程中，能量方程的求解就会包含辐射热流。

辐射模型的典型应用有：火焰辐射传热、表面辐射传热、导热、对流与辐射的耦合、采暖、通风、空调中通过窗口的辐射换热等。

⑤ 组分模型。Fluent 提供了对化学组分的输运和燃烧等化学反应进行模拟的组分模型，包括：输运和反应（Transport ＆ Reaction）、点火（Spark Ignition）、自燃（Autoignition）、NO_x、SO_x、烟光（Soot）。

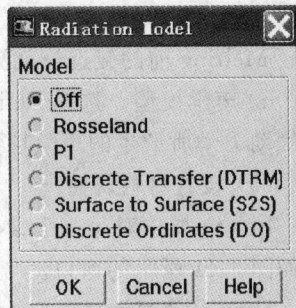

图 4-38　辐射模型

选择 Define/Species/Transport ＆ Reaction，出现如图 4-39 所示的窗口。该窗口提供了 5 种模型即：组分输运模型（Species Transport）、非预燃烧模型（Non-premixed Combustion model）、预混燃烧模型（Premixed Combustion）、部分预燃烧模型（Partially Premixed Combustion）、组分 PDF 输运模型（Composition PDF Transport）。

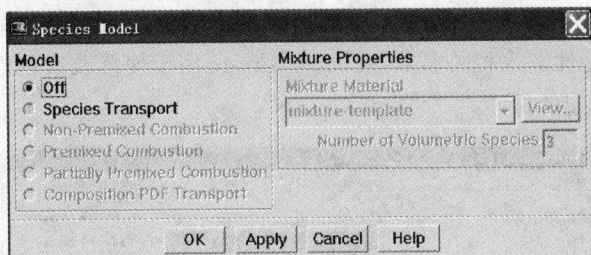

图 4-39　组分模型

⑥ 离散相模型。选择 Define/Models/Discrete Phase，出现如图 4-40 所示的窗口。Fluent 借助该模型来模拟分布于连续相流场中的离散相（代表液滴或气泡的球形颗粒），并计算这些颗粒的轨道以及由颗粒引起的热量和质量传递。利用离散相模型可以预测连续相中由于湍流涡旋作用而对颗粒造成的影响，模拟液滴的蒸发与沸腾、迸裂与合并，模拟颗粒燃烧，模拟流场对喷雾过程的影响等。需要注意的是，Fluent 离散相模型中假定离散的第 2 相非常稀薄，一般来说体积分数要小于 $10\%\sim12\%$，因而颗粒之间的相互作用、颗粒体积分数对于连续相的影响未考虑，用户在选用离散相模型时要特别注意。

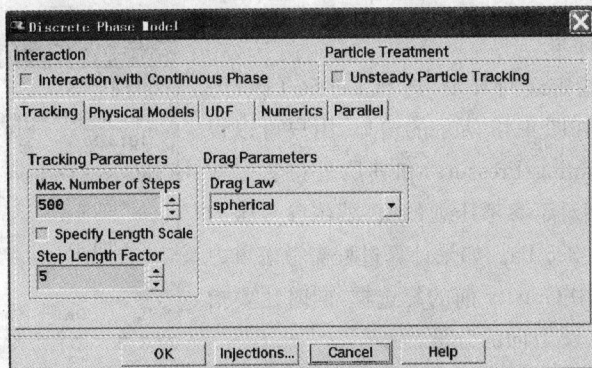

图 4-40　选择离散相模型

⑦ 凝固和熔化模型。选择 Define/Models/Solidfication & Melting,选中 Solidfication/Melting 前的复选框就激活了该模型,Fluent 计算过程中就会考虑凝固和熔化。

⑧ 声学模型。选择 Define/Models/Acoustics,就激活了声学模型。该模型用于预测空气动力学所产生的声学特性,如噪声。

(5)设置材料属性

Fluent 要求对每一个参与计算的区域定义一种材料属性,选择 Define/Materials,出现如图 4-41 所示的窗口。

Name 用于显示材料的名称,若要生成新材料,用户可以采用创建或者复制的方法,并在此处输入材料的名称即可。若要修改已存在的材料,则需先从 Fluid Materials/Solid Materials 下拉列表中选择该材料,然后再进行修改。Chemical Formula 用于显示材料的化学式,一般不应修改,除非创建新的材料。Material Type 下拉列表中一般只出现流体(Fluid)和固体(Solid)两项,在模拟组分输运时,列表中还会出现混合物(Mixture),模拟离散相时可能会出现雾滴(Droplet)等。Fluid Materials/Solid Materials 下拉列表中包含已定义的全部材料,用户也可以从中选择一种材料进行修改或删除。Database 用于打开 Fluent 提供的材料库,材料库中提供了许多常用材料,用户可以从中复制所需的材料。Properties 中包含各种材料的属性,通常有密度(Density)、比热容(c_p)、热导系数(Thermal conductivity)、粘度(Viscosity)等。用户可以根据实际流体的物理特性输入相关参数。Change/Create 用于使修改或创建材料的操作生效。Delete 用于删除所选定的材料。

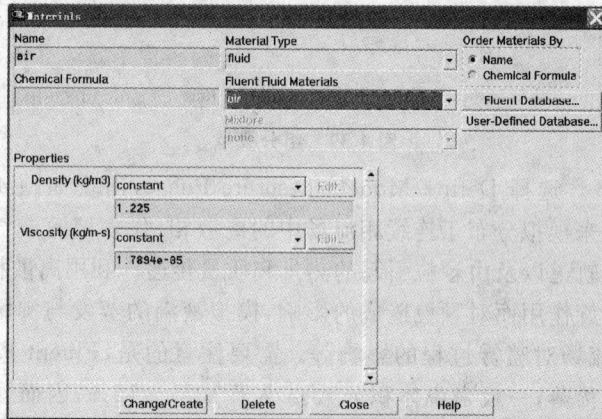

图 4-41 选择材料

(6)设置运行环境

Fluent 计算须指定运行环境,选择 Define/Operating Conditions,出现如图 4-42 所示的窗口,用户可以设定参考压力值(Operating Pressure)和其所处位置。在 Fluent 中压力都是相对于参考压力的值,默认参考压力为标准大气压即 101 325 Pa。如果计算过程需考虑重力的影响,用户可以选中 Gravity 前的复选框,同时还要指定重力加速度在 x,y,z 方向的分量。

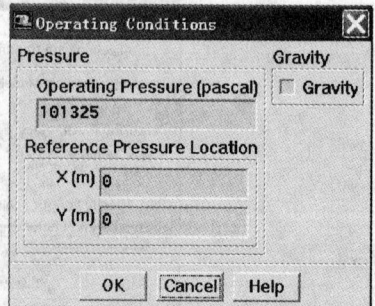

图 4-42 选择运行环境

（7）指定边界条件

在 Gambit 中输出网格文件之前要设置边界类型，其目的就是为了方便 Fluent 中设定边界条件。选择 Define/Boundary Conditions，出现如图 4-43 所示的窗口，选中 Zone 列表中的边界或区域名称，在 Type 列表中选择边界类型，然后单击 Set 按钮，Fluent 会弹出相应的对话框，设置对话框并输入相关参数即可完成边界条件的设置。

若需要对边界类型进行修改，则须首先选中 Zone 列表中的边界或区域名称，然后从 Type 列表中选择正确的边界类型，确认更改，再对该边界类型进行设置。对于具有相同或相近的边界条件的区域，用户可采用复制边界条件的方法来完成，在图 4-43 所示的窗口中点击 Copy 按钮，在弹出的对话框中选中要复制的边界或区域名称和边界类型即可。

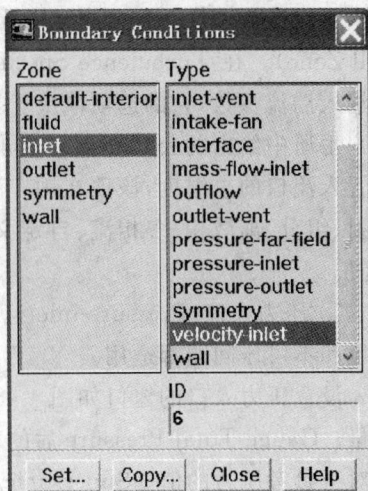

图 4-43　设置边界条件

利用 Fluent 软件进行计算时，边界条件的正确设置十分关键。Fluent 提供了 10 多种类型的进出口边界条件，本书主要介绍如下几种常用的边界条件：

① 速度入口（Velocity-inlet）。通常用于给定入口边界条件上的速度及其他相关标量情况下的计算。该边界条件适用于不可压流动问题，当应用于可压流动问题时，该边界条件会使入口处的总温或总压有一定的波动。需要注意的是：在建立模型时，不要让速度进口的位置离固体障碍物过近，以防入流驻点特性不一致。

设置速度入口的窗口如图 4-44 所示，该窗口需要用户给定进口边界上的速度及相关变量。在 Velocity Specification Method 后的下拉列表中，Fluent 提供了 3 种定义进口速度的方式，即：指定速度的大小和方向（Magnitude and Direction）、指定速度分量（Components）、指定速度大小且方向垂直于边界（Magnitude，Normal to Boundary）。用户在选

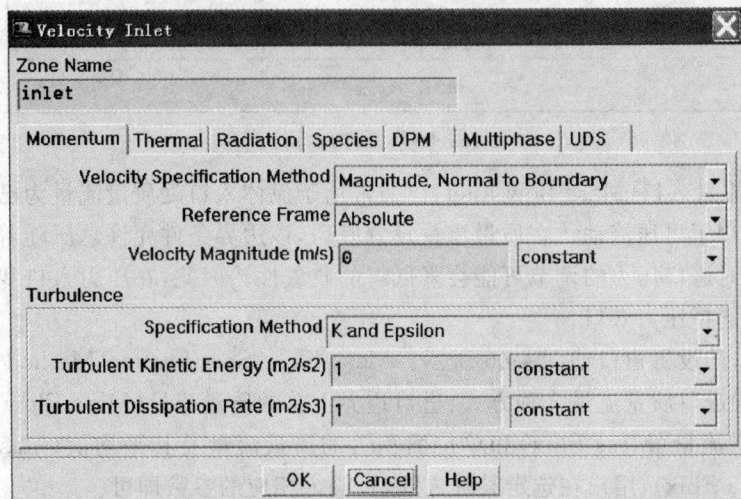

图 4-44　速度入口

定某种进口速度的方式后，输入相应的参数即可。在 Reference Frame 后的下拉列表中，用户可以选择速度为绝对值（Absolute）还是相对于相邻单元的值（Relative to Adjacent Cell Zone）。在 Turbulence Specification Method 后的下拉列表用于指定使用哪种类型来输入湍流参数，它的选项取决于当前使用的湍流模型，每种类型所需输入的参数可根据用户手册中给出的公式算出。点击 Thermal 按钮，还会出现总温设置的对话框，它用于设置入流口的总温度，该项在用户激活能量方程后才出现。如图 4-44 所示的窗口中还有辐射、组分、离散相、多相流、自定义的按钮，只有激活相应模型，才需要对它们进行参数设置。

② 压力入口（Pressure-inlet）。通常用于流体入口处的压力为已知情况下的计算，对可压和不可压问题都适用。

设置压力入口的窗口如图 4-45 所示，该窗口需要用户给定进口边界上的压力及相关变量。Gauge Total Pressure 后的对话框用于设置入流口的总压，需要注意的是，该值为相对于参考压力的值。Supersonic/Initial Gauge Pressure 后的对话框用于指定当入口的局部流动为超音速时的静压，若流动是亚音速，则 Fluent 会忽略所设定的静压而由指定的驻点值来计算。Direction Specification Method 后的下拉列表用于指定采用什么样的方式来定义流动方向，有两种方式，即流动方向与进口边界垂直（Normal to Boundary）和方向矢量（Direction Vector）。

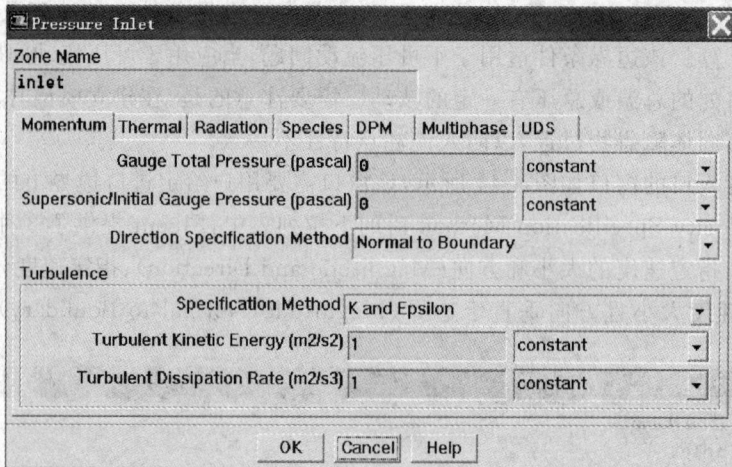

图 4-45　压力入口

③ 质量流量入口（Mass-flow-inlet）。通常用于流体入口处质量流量为已知情况下的计算，主要应用于可压流动。在质量流量设置好后，该边界条件允许总压随着内部求解进程而变化，但对进口压力的调节可能会降低解的收敛性。因此，在压力入口和质量入口都适用时，优先选择压力入口。

质量入口的设置窗口如图 4-46 所示。Mass Flow Specification Method 后的下拉列表给出了设置进口质量流量 3 种方式：进口边界上总的质量流量（Mass Flow Rate）、单位面积上的质量流量（Mass Flux）和单位面积上的质量流量及其平均值（Mass Flux with Average Mass Flux），用户在选定某种方式后，输入相应的参数即可。

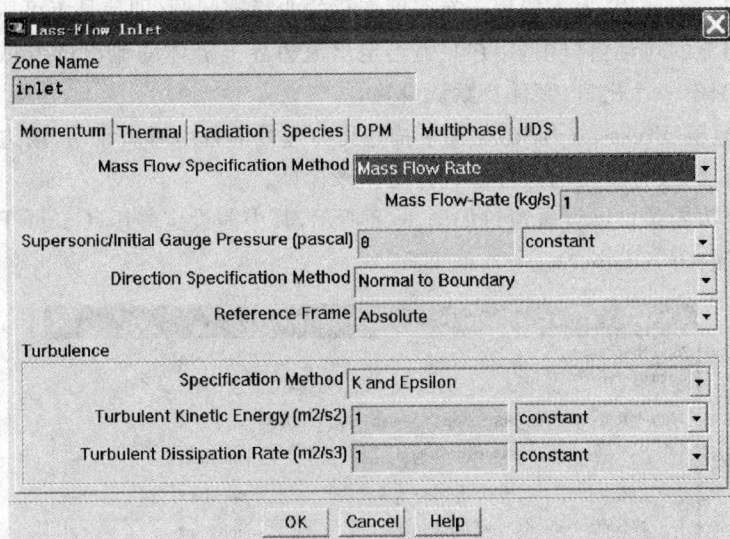

图 4-46　质量入口

④ 压力出口(Pressure-outlet)。用于给定出口边界上静压情况下的计算,只适用于模拟亚音速流动。如果当速度超过音速,给定压力在计算过程中就不再被采用了,此时压力根据内部流动计算结果得出。对于有出口回流的问题,该边界条件比自由出流(Outflow)更易收敛。

设置压力出口边界条件的窗口如图 4-47 所示。Gauge Pressure 用于设置出口边界的静压。Radial Equilibrium Pressure Distribution 用于打开径向平衡压力分布,该选项只出现于三维问题中。Backflow Direction Specification Method 后的对话框用于设置出口回流方向的方式,包括 3 种方式:垂直于边界(Normal to Boundary)、给定方向矢量(Direction Vector)、来自相邻单元(From Neighboring)。

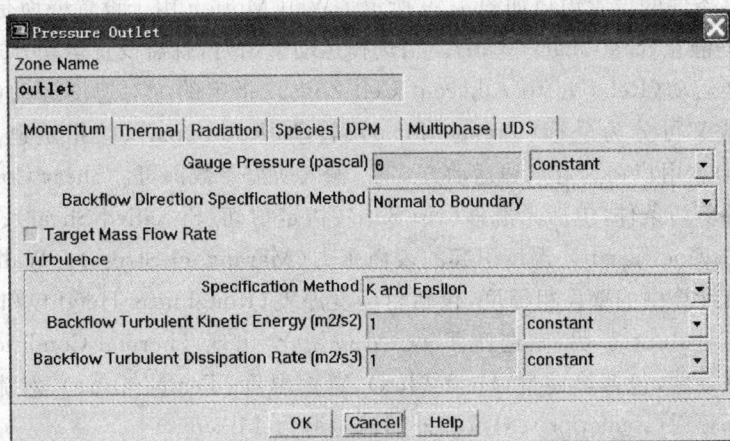

图 4-47　压力出口

⑤ 自由出流(Outflow)。用于出流边界上的压力或速度均为未知的情形。一般情况下,用户无需定义任何出口条件,出口条件都是由 Fluent 内部计算得出。该边界条件适用于出口处的流动是充分发展的情况。需要注意的是,该边界条件不能用于可压流动,不

能与压力入口一起使用,也不能用于有密度变化的非稳态问题(即使是不可压流)。

在自由出流的对话窗口中,用户只需给定出流边界上流体的流出量占总流出量的百分比即可,如只有一个出口,则保持默认设置。

⑥ 压力远场(Press-far-field)。用于描述无穷远处的自由可压流动,该边界条件只用于可压气体流动,气体密度通过理想气体定律来计算。

压力远场边界条件的设置窗口如图 4-48 所示,其中需设定静压(Gauge Pressure)、温度和马赫数(Mach Number)。

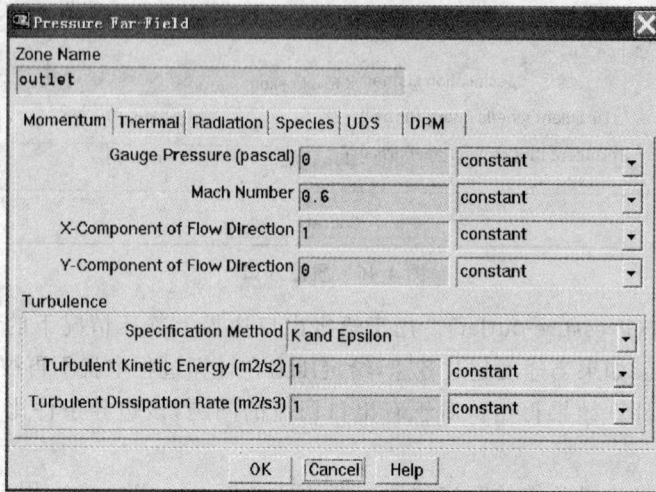

图 4-48 压力远场

⑦ 壁面(Wall)。在粘性流动中,Fluent 默认设置为壁面无滑移边界条件。对于壁面有平移或旋转的情况,用户可以对其指定一个切向速度分量,或者通过指定壁面切应力从而模拟壁面滑移。流体和壁面之间的剪切力和热传导可根据流动情况得出。

壁面边界条件的设置窗口如图 4-49 所示。Wall Motion 用于设置壁面是运动(Moving Wall)还是静止(Stationary Wall)。当选择运动壁面时,就需设置运动方式,包括相对于相邻单元区运动(Relative to Adjacent Cell Zone)、指定的绝对速度运动(Absolute)。壁面运动形式又可分为平移(Translational)、转动(Rotational)、按指定速度分量运动(Components)。用户在选定某种运动方式后,输入所需参数即可。Shear Condition 用于指定壁面上的剪切条件,包括无滑移(No Slip)、指定剪切(Specified Shear)、镜面反射系数(Specularity Coefficient)、温度引起的表面张力(Marangoni Stress)。Wall Roughness 用于设置湍流计算中的壁面粗糙度,包括粗糙度厚度(Roughness Height)和粗糙度常数(Roughness Constant)。另外,选择 Thermal 按钮,会出现 Thermal Conditions 选项,用于选择热边界条件,包括热通量(Heat Flux)、壁面温度(Temperature)、对流传热(Convection)、外部辐射(Radiation)、对流和外部辐射组合(Mixed)。

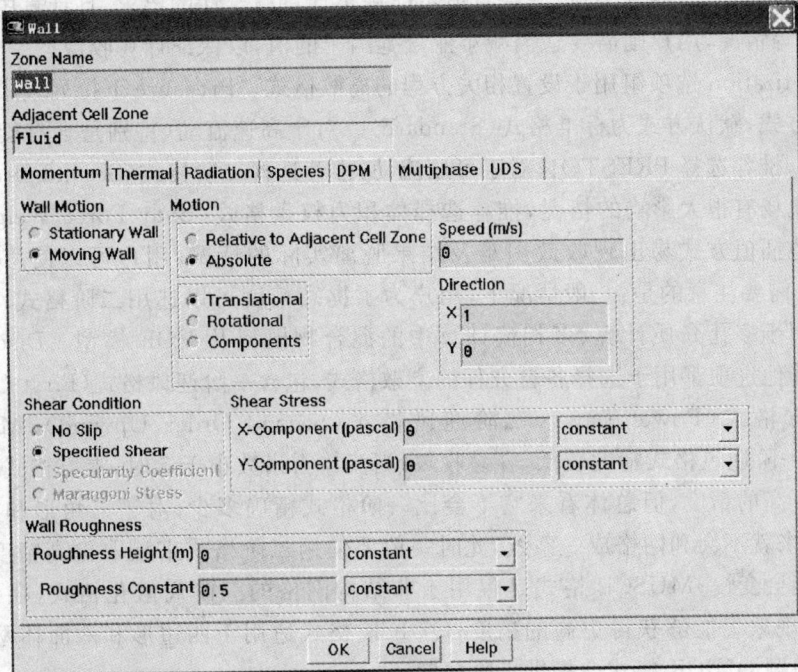

图 4-49 壁面边界条件设置

(8) 调整用于控制求解的有关参数

在以上各步设置好后,用户就可以求解计算了。但是为了更好地控制求解过程,用户还需要调整用于控制求解的有关参数,包括选择离散格式、设置亚松弛因子、残差控制等。

选择 Solve/Controls/Solution,出现如图 4-50 所示的窗口,该窗口用于求解控制。

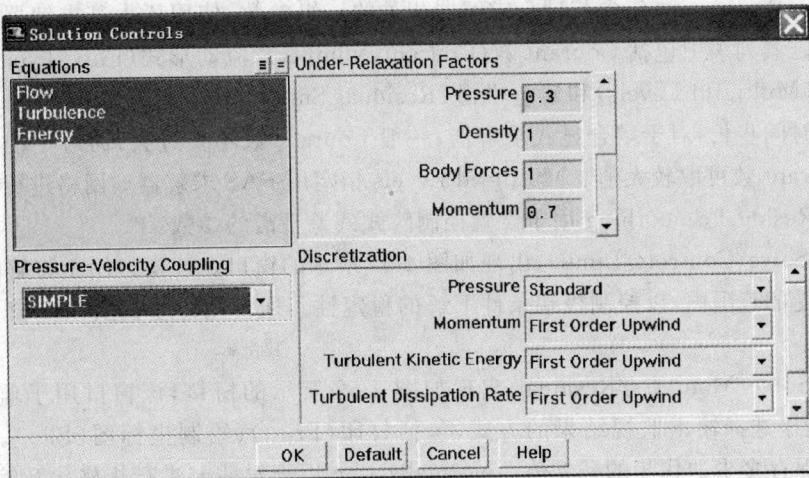

图 4-50 求解控制

Equations 下的列表中包含了当前模型所使用的控制方程的类型,常包含流动方程(Flow)、湍流方程(Turbulence)、能量方程(Energy)。

Under-Relaxation Factors 下的列表中给出了各变量的亚松弛因子。亚松弛因子与计算的稳定性紧密相关,控制着各流场变量的迭代。用户在一般情况下无需修改亚松弛因子的值。而对于一些复杂流动，缺省值不能满足计算稳定性的要求，且计算中可能出现振荡、发散等情况，用户则需要适当减小亚松弛因子的值，以保证计算收敛。

Discretization 选项组用于设置相关方程的离散格式。Pressure 下拉列表中包含了压力插值的方式，默认方式为标准格式（Standard）。对于高速流动（特别是含有旋转及高曲率的情况），推荐选择 PRESTO!；对于可压流动，推荐选择二阶格式（Second Order）；对于体积力对流场有很大影响的情况，推荐选择体积力权重格式（Body Force Weighted）；对于使用其他插值方式易出现收敛困难及结果脱离实际的情况，用户可以使用线性格式（Linear）。需要注意的是：一般情况下，用户为了提高精度可以选用二阶格式，但是二阶格式不能用于多孔介质计算、多相流计算中的混合物模型及 VOF 模型。Discretization 选项组的其他选项都用于选择各自方程的离散格式，包含一阶迎风格式（First Order Upwind）、乘方格式（Power Law）、二阶迎风格式（Second Order Upwind）、MUSCL 和 QUICK。一阶迎风格式精度较低，容易收敛；当流体雷诺数小于 5 时，乘方格式较一阶迎风格式有更高的精度，但总体看来它不会比一阶格式精确多少；对于三角形和四面体网格，流动从来就不会和网格成一条线，此时一般要使用二阶格式来获取更高精度的结果，但收敛可能会变慢；MUSCL 格式是仅用于非结构网格的三阶离散化格式，在预测二次流、漩涡等现象上能够获得更高的精度；QUICK 格式适用于四边形和六面体网格，对旋转和涡流问题 QUICK 格式会提供三阶精度。

Pressure-Velocity Coupling 用于压力速度耦合方式的选择，其下拉列表中包括 SIMPLE，SIMPLEC，PISO，Coupled 4 种方式。SIMPLE 是 Fluent 默认的选项，适应性强；对于相对简单的问题（如没有附加模型激活的层流问题），用 SIMPLEC 算法可以很快得到收敛解；对于非稳态问题或具有较大扭曲网格的问题，推荐使用 PISO；相对于其他算法而言，Coupled 算法能够为稳态流动提供一个更加稳定和有效的计算过程。

Solver Parameters 包含与耦合求解器相关的一组参数，使用压力基求解器时不会出现该项目。其列表中包括 Courant 数（Courant Number）、流动形式（Flux Type）、多重网格的层次（Multigrid Levels）和残差平滑（Residual Smoothing）。Courant 数用于控制耦合求解的时间步长，对于耦合显式求解器，一般 Courant 数不要过大；而对于耦合隐式求解器，Courant 数可取较大值。Multigrid Levels 指定用 FAS 求解器对网格进行粗划的最大层数。Residual Smoothing 用于设置控制隐式残差平滑的参数。

选择 Solve/Controls/Limits，出现如图 4-51 所示的窗口。该窗口用于将解限制在某一个可接受的范围内，以控制极端条件下解的稳定性。通常用户不需要改变窗口中默认的限制值。

选择 Solve/Monitors/Residual，出现如图 4-52 所示的窗口，该窗口用于监视残差。Options 用于选择输出监视结果的方式，包括打印（Print）、绘制坐标图（Plot）。Storage 用于设置保存多少迭代步的残差值。Normalization 用于对残差进行规格化和缩放处理。Plotting 包含与残差绘制相关的参数，如窗口数、绘制多少迭代步的残差、坐标属性、残差曲线属性。Resdual 表示具有残差信息的变量名称。Monitor 复选框用于选择是否监视所对应的变量的残差。Check Convergence 复选框用于选择是否监视对应变量的收敛性。Convergence Criterion 表示收敛标准，默认为 Absolute，当相应变量达到 Absolute Criterion 文本框中规定的值时，系统认为计算收敛。

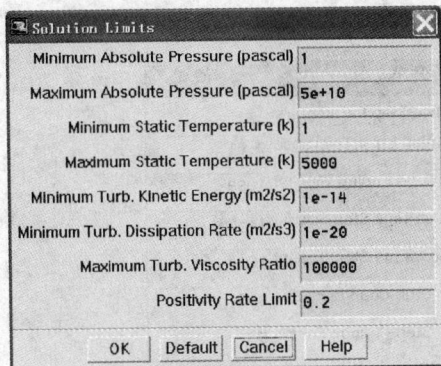

图 4-51　求解限制

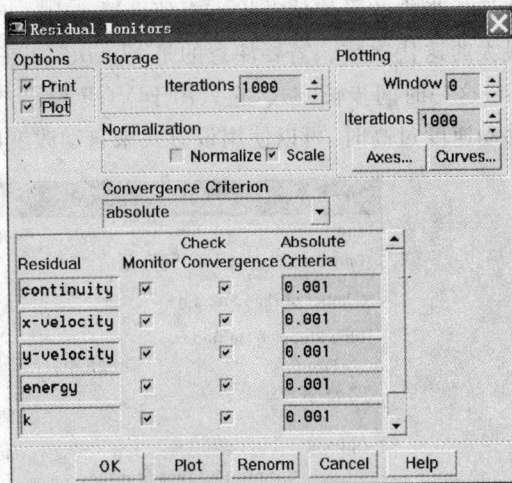

图 4-52　监视残差

另外，用户还可以通过检查变量的统计值、力、面积分、体积分来显示计算结果、升力、阻力、力矩系数、表面积分等。本书不做介绍，详细内容见 Fluent 用户手册。

（9）初始化流场

选择 Solve/Initialize/Initialize，出现如图 4-53 所示的窗口。Compute From 列表用于选择获得初值的方式。Initial Values 下的选项组给出了当前模型所有激活的场变量的值。在确认了该窗口中的设置后，点击 Init 按钮完成流场的初始化设置。

（10）迭代求解

对于稳态问题，选择 Solve/Iterate，出现如图 4-54 所示的窗口。Number of Iterations 用于设置迭代次数。Reporting Interval 用于设置每隔多少次迭代输出一次监视信息。UDF Profile Update Interval 用于设置每隔多少次迭代更新一次用户自定义函数。在计算过程中，如果达到迭代次数，但是还未收敛，则需继续迭代计算，直至得到收敛的结果。

对于非稳态问题，选择 Solve/Iterate，出现如图 4-55 所示的窗口。Time Step Size 用于设定时间步长。Number of Time Steps 用于设置时间步数。Time Stepping Method 用于指定时间步长的方式，包括固定式（Fixed）和可调式（Adaptive）。如果选择固定步长，则 Fluent 认为 Time Step Size 中的值为固定不变的时间步长；如果选择可变步长，则 Fluent 认为 Time Step Size 中的值为初始的时间步长，根据求解中的具体情况对时间步长进行自动调节。选中 Data Sampling for Time Statistics 复选框，Fluent 会向用户报告物理量在某

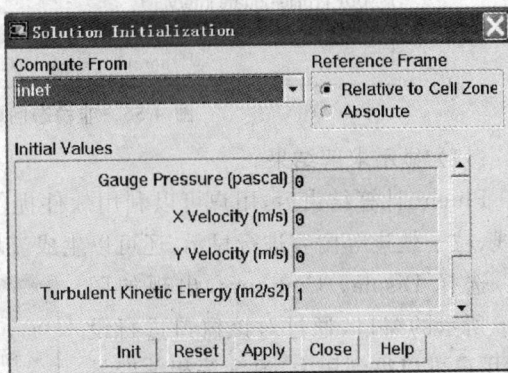

图 4-53　初始化流场

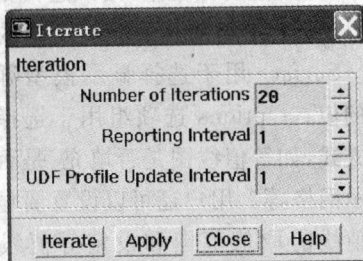

图 4-54　稳态问题的迭代计算

些迭代步内的平均值及均方根值。Max Iterations Per Time Step 用于设置每个时间步内最大的迭代次数。需要注意的是 Fluent6.3 在原有版本的基础上又增加了变化式(Variable)这一时间步长方式,它只用于 VOF 模型的显式计算,当界面通过浓密网格或者界面移动速度过高时,可以使用该方式来自动改变时间步长。

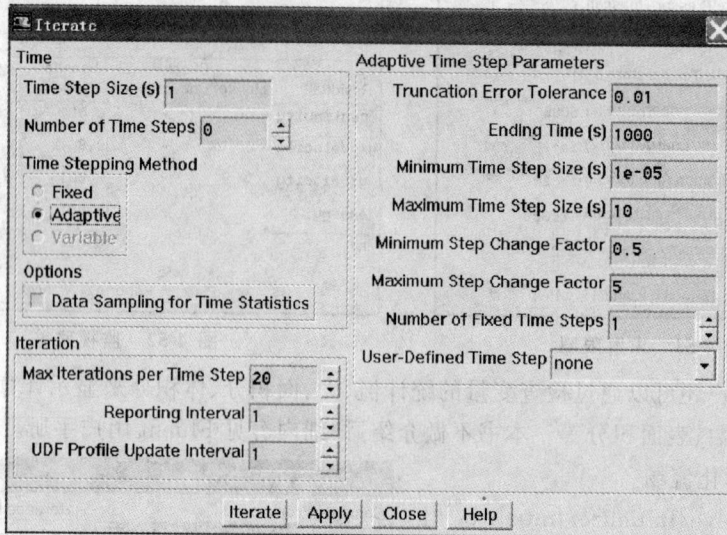

图 4-55 非稳态问题的迭代计算

(11) 显示求解结果

Fluent 计算结束后,用户可以利用软件提供的显示功能对网格、等值线、速度矢量、流线、粒子轨迹等内容进行显示,还可以生成流场变化的动画。

选择 Display/Contours,出现如图 4-56 所示的窗口,通过对该窗口进行设置,用户可以得到压力、温度等相关变量的等值线。Contours of 下拉列表中提供了压力、温度等变量,用户选择哪个变量,Fluent 就会显示关于该变量的等值线。Surface 用于选择显示模型哪个面上的值。Options 选项组用于选择显示的方式,如等值线图是否填充、是否同时显示网格等。用户还可以设置要显示的等值线的取值范围和设定等值线的数目,分别在 Min/Max,Levels 中设定。显示速度矢量的设置与显示计算结果的等值线的设置相近,选择 Display/Vectors 即可。

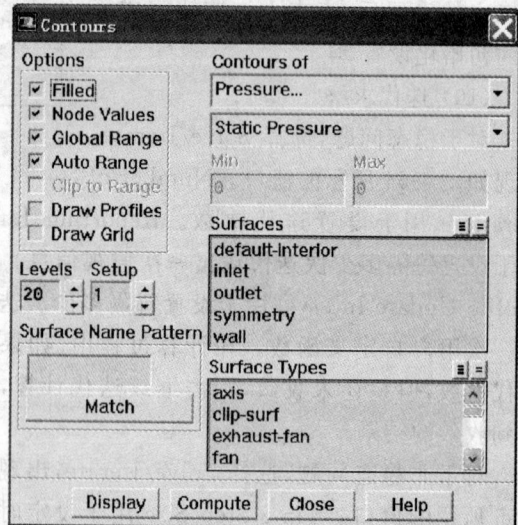

图 4-56 显示等值线

选择 Display/Pathlines,出现如图 4-57 所示的窗口,该窗口用于显示质量微粒流线的设置。Release From Surfaces 用于选择粒子从哪个平面释放。Step Size 用于设置长度间隔,以计算微粒的下个位置。Steps 用于设置微粒能够前行的最大步数。

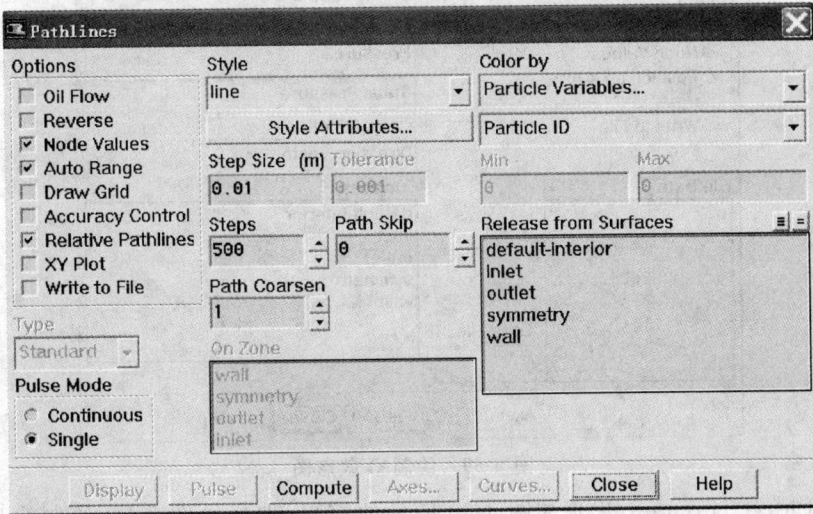

图 4-57　显示流线

选择 Display/Particale Tracks,出现如图 4-58 所示的窗口,该窗口用于显示颗粒的轨迹。Release from Injections 用于设置颗粒的射流源。

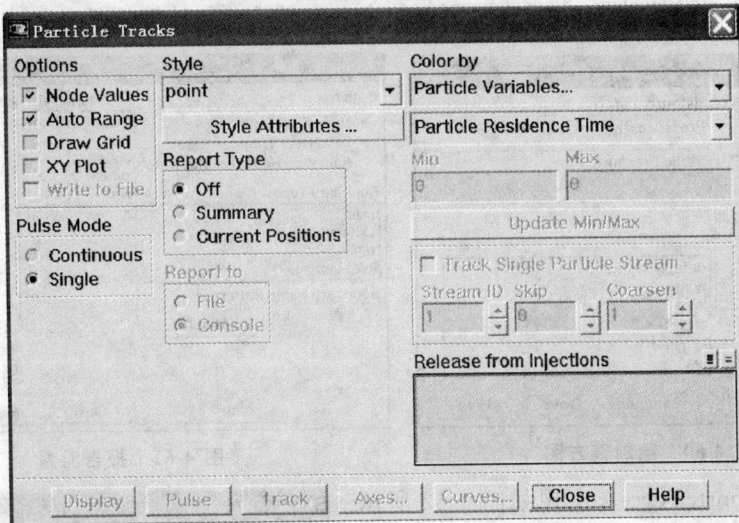

图 4-58　显示颗粒轨迹

（12）保存结果及后处理

在以上各步操作完成后,用户可以选择 File/Write/Case & Data 命令将计算结果保存,也可以在迭代计算完成后进行该操作。

Fluent 不仅可以显示计算结果,还可以利用自带的后处理功能对结果进行一些后处理的操作,如绘制 XY 散点图、直方图,报告流量、力、面积分、体积分和离散相的相关信息。

选择 Plot/XY plot,出现如图 4-59 所示的窗口,选择绘图变量、绘图方向、绘制模型的哪个面、绘图方式,单击 Plot 即可完成 XY 散点图。

117

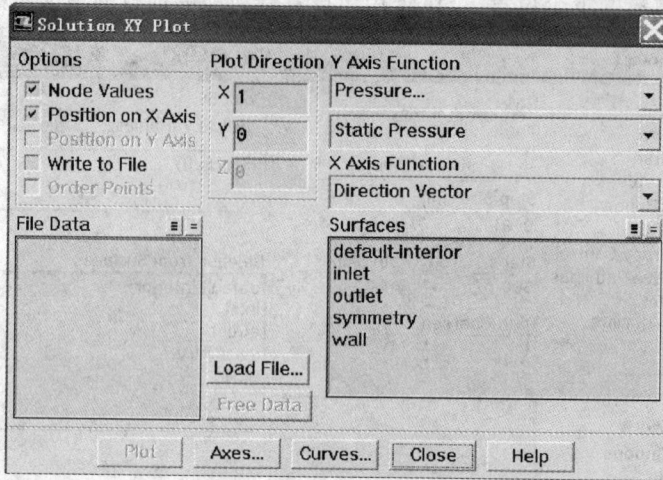

图 4-59   绘制 XY 散点图

选择 Plot/Histogram,出现如图 4-60 所示的窗口,选择绘图变量、绘制模型的哪个面、设定数据间隔点、设定曲线格式,单击 Plot 按钮即可生成直方图。

选择 Report/fluxes,出现如图 4-61 所示的窗口,从 Options 中选择计算变量,在 Boundaries 中选择目标边界,然后单击 Compute 按钮,在 Results 列表框中将显示所选择边界区域的流量计算结果,并且在其下面的窗口中显示参与计算的所有区域流量的和。

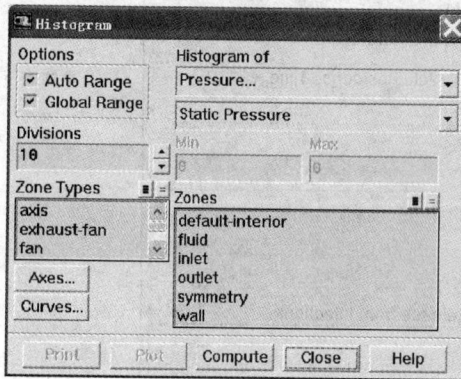

图 4-60   绘制直方图

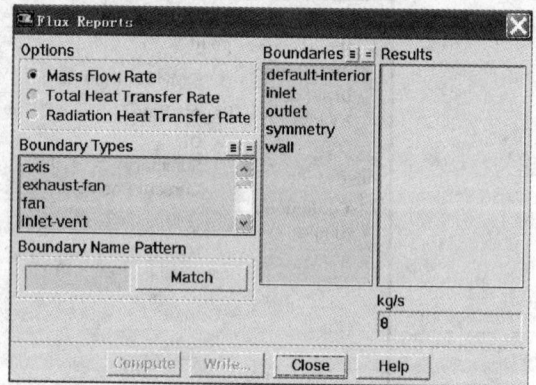

图 4-61   报告流量

选择 Report/Forces,出现如图 4-62 所示的窗口。用户可以在 Options 下选择力(Forces)、力矩(Moments)或压力中心(Center of Pressure)。若选择生成力的报告,则需要在作用力矢量(Force Vector)中指定作用力方向的 X,Y 和 Z 分量;若选择生成力矩的报告,则需要在力矩中心(Moment Center)中指定力矩中心的 X,Y 和 Z 坐标;若选择压力中心,则需指定 X,Y 和 Z 坐标。在 Wall Zones 列表中选择需要报告区域,单击 Print 按钮,在 Fluent

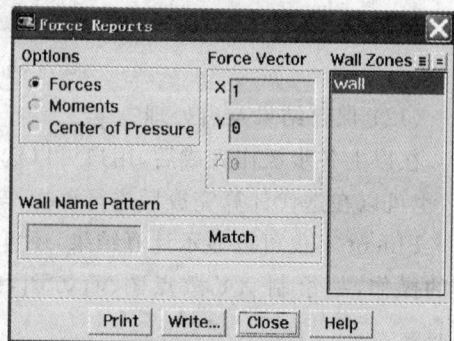

图 4-62   报告力

操作窗口中显示出相关结果。

选择 Report/Surface Integrals,出现如图 4-63 所示的窗口。Report Type 用于选择报告类型,如面积(Area)、积分(Integral)、质量流量(Mass Flow Rate)等。在 Surfaces 列表中选择面积分所使用的面,然后单击 Compute 按钮即可。

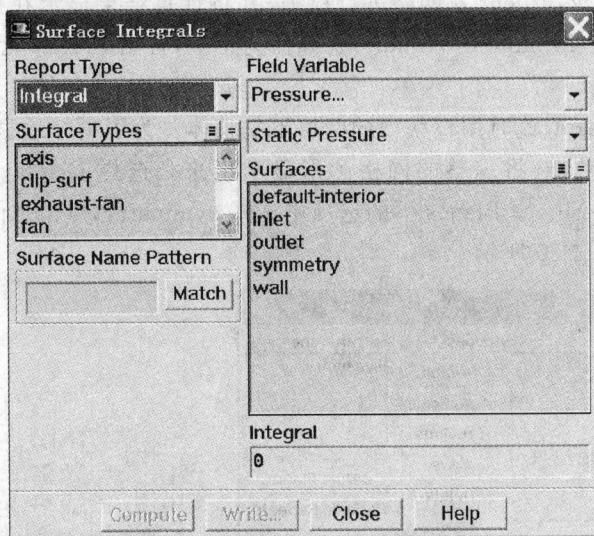

图 4-63　报告面积分

选择 Report/Volume Integrals,出现如图 4-64 所示的窗口。在 Options 下选择体积(Volume)、加法和(Sum)、体积分(Volume Integral)等选项来指定计算内容,在场变量(Field Variable)下拉列表中选择参与计算的场变量(如果只希望计算区域的体积,则忽略此步),在 Cell Zones 列表中选择将要计算的区域,然后单击 Compute 按钮即可。

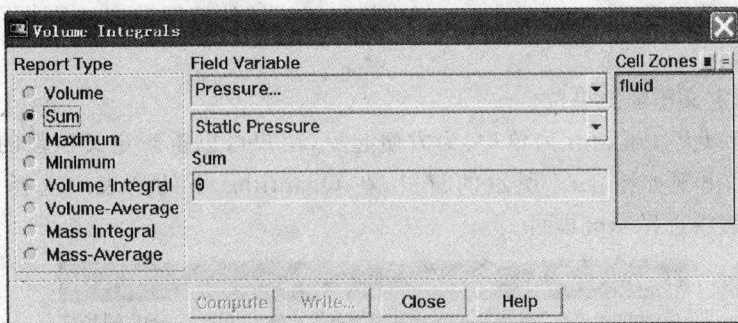

图 4-64　报告体积分

3. Fluent 求解二维问题

本节以一个简单的二维气体流动为例具体说明 Fluent 求解二维问题的基本步骤,具体模型见"4.3.1 Gambit 软件"中的图 4-7,假设模型的入口压力为 1 atm,出口压力为0.95 atm。Gambit 中计算模型的建立见该节中 2.2。该模型在 Fluent 中的具体求解步骤如下:

(1) 启动 Fluent 的 2d 求解器

（2）读入网格文件

选择 File/Read/Case，找出要读入的网格文件：E:\0\2model. msh，点击 OK 即可。在读入网格文件后，Fluent 软件的控制窗口会显示与网格相关的信息。

（3）检查网格

选择 Grid/Check，Fluent 对网格进行检查，并将计算结果显示在控制窗口中。需要注意的是，最小体积（Minimum Volume）要确保为正值，否则 Fluent 无法进行计算。

（4）显示网格

选择 Display/Grid，此时用户获得的网格不是整体。为了更好地显示网格图形，用户可以利用镜面反射功能，将完整的网格图形显示出来。选择 Display/Views，出现如图4-65所示的窗口，在 Mirror Planes 下的选项中选择 symmetry，点击 Apply 即可将完整的网格显示出来，如图 4-66 所示。

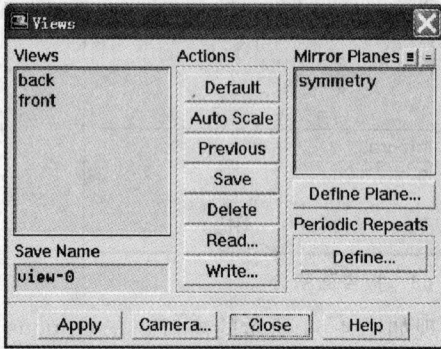

图 4-65　镜面反射

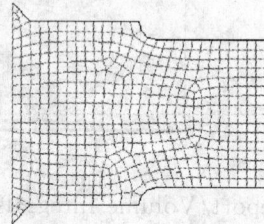

图 4-66　完整网络

（5）设置长度单位

选择 Grid/Scale，在 Grid Was Created in 后的对话框中选择 mm 并点击 Change Length Units，此时在 Domain Extents 栏中给出了区域的范围和度量的单位，点击 Scale 按钮即可完成网格的缩放。

（6）重新定义压强的单位

由于本例以大气压 atm 为单位，为方便起见，用户可以重新定义压强的单位。选择 Define/Units，出现如图 4-67 所示的窗口，在 Quantities 下的列表中选择 pressure，在 Units下的列表中选择 atm 即可。

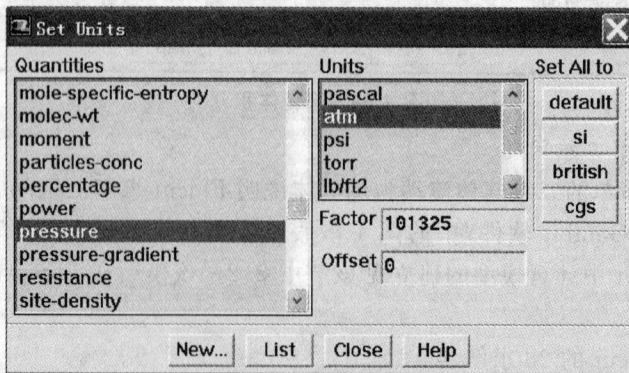

图 4-67　单位设置

（7）选择求解器

选择 Define/Models/Solver，设置求解器。由于本例是气体流动，故选择密度基求解器。选择 Density Based，Implicit，Steady，其他各项保持默认设置。

（8）选择能量方程和湍流模型

由于本例模拟气体流动，故要选择能量方程。选择 Define/Energy，选中能量方程前的复选框。选择 Define/Models/Viscous，选中 Spalart-Allmaras 单方程湍流模型，各参数保持默认设置。

（9）设置材料属性

选择 Define/Matericals，在 Density 右边的下拉列表中选择 ideal-gas，各参数保持默认设置，最后点击 Change/Create 即可。

（10）设置运行环境

选择 Define/Operating Conditions，各项保持默认设置。

（11）指定边界条件

选择 Define/Boundary Conditions，在 Zone 下的列表中选择 inlet，此时 Type 列表中显示为 Velocity-inlet。由于已知入口压力，故将其改为 Pressure-inlet，同时点击 Set 按钮设置压力入口的相关参数和选项。如图 4-68 所示，设置 Gauge Total Pressure 为 1，Supersonic/Initial Gauge Pressure 为 0.95，Turbulence Specification Method 为 Turbulent Viscosity Ratio 并设该值为 1，点击 OK 完成入口边界的设置。对于中等偏下的入口湍流，推荐选择 Turbulent Viscosity Ratio 的值为 1。

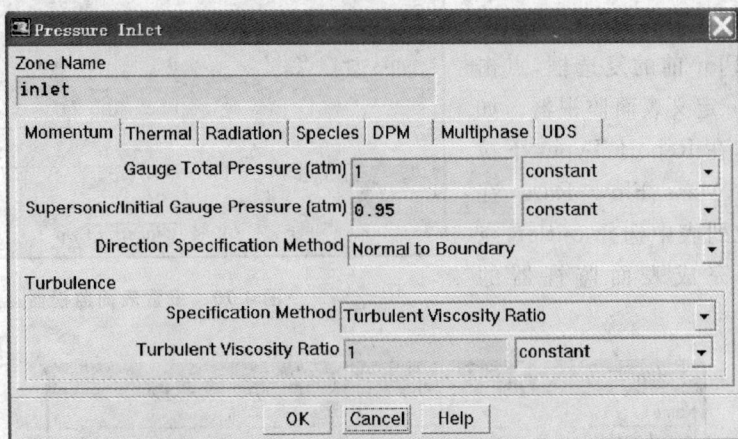

图 4-68　设置压力入口

在 Zone 下的列表中选择 outlet，此时 Type 列表中显示为 Outflow。由于已知出口压力，故将其改为 Pressure-outlet，同时点击 Set 设置压力出口的相关参数和选项。如图 4-69 所示，设置 Gauge Pressure 为 0.95，Specification Method 为 Turbulent Viscosity Ratio 并设 Backflow Turbulent Viscosity Ratio 值为 10，点击 OK 完成出口边界的设置。

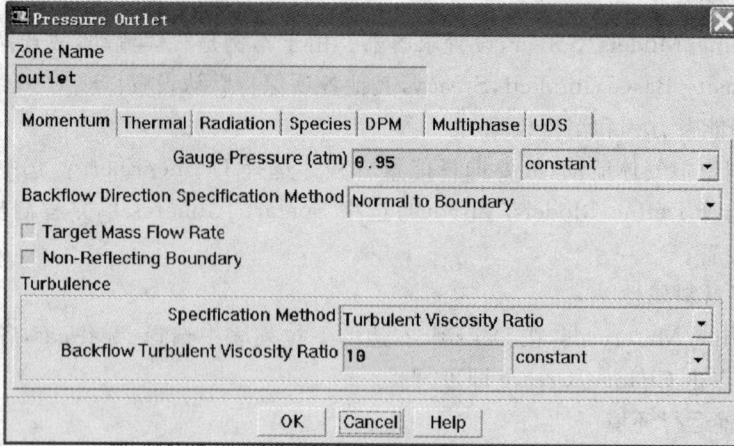

图 4-69　设置压力出口

（12）设置求解器参数

选择 Solve/Control/Solution，各项保持默认设置。

（13）设置监视器

选择 Solve/Monitors/Residual，在 Options 选项下选择 Plot，并使 Print 处于非选中状态。其他选项保留默认设置，点击 OK 即可完成残差监视器的设置。

选择 Solve/Monitors/Surface，出现如图 4-70 所示的窗口，使 Surface Monitors 右侧的文本框内数字为 1 并选中 Plot 前的复选框，点击右侧的 Define 定义表面监视器。如图 4-71 所示，在 Report Types 下拉列表中选择 Mass Flow Rate，在 Surfaces 下拉列表中选择 outlet，点击 OK 即可完成表面监视器的设置。

图 4-70　设置表面监视器

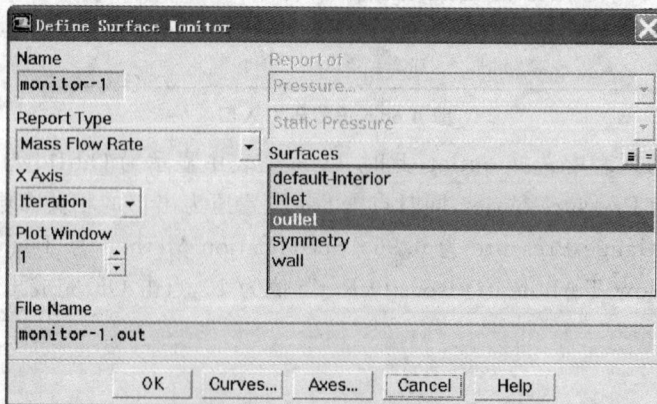

图 4-71　定义表面监视器

122

（14）初始化流场

选择 Solve/Initialize/Initialize，在 Compute From 下拉列表中选择 Inlet，点击 Init。

（15）迭代求解

选择 Solve/Iterate，在 Number of Iterations 中填入 300，点击 Iterate 开始迭代求解。迭代 89 次后计算收敛，残差曲线和出口质量流量曲线如图 4-72 所示。

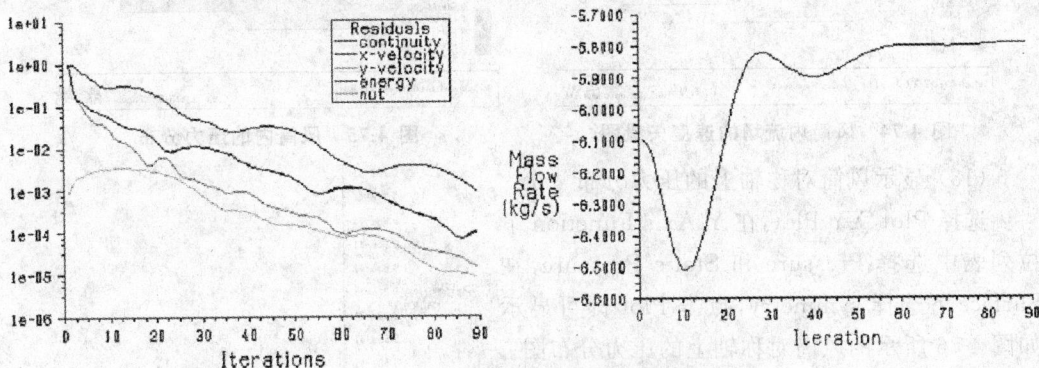

图 4-72　残差曲线和出口质量流量曲线

（16）检查质量流量的连续性

选择 Report/Fluxs，出现如图 4-73 所示的窗口，在 Options 选项中选择 Mass Flow Rate，在 Boundaries 下拉列表中选择 inlet 和 outlet。点击 Compute，在窗口的右侧出现入口和出口的质量流量及两者之和。需要注意的是，尽管质量流量曲线说明了计算结果的收敛性，但是用户还是应该检查一下通过计算区域的质量流量是否满足质量守恒定律。一般来说，流入和流出的质量会有误差，但误差应在一个适当的范围内，通常应小于总流量的 5%。如果超出这个范围，用户应调整计算参数，再重新进行计算。

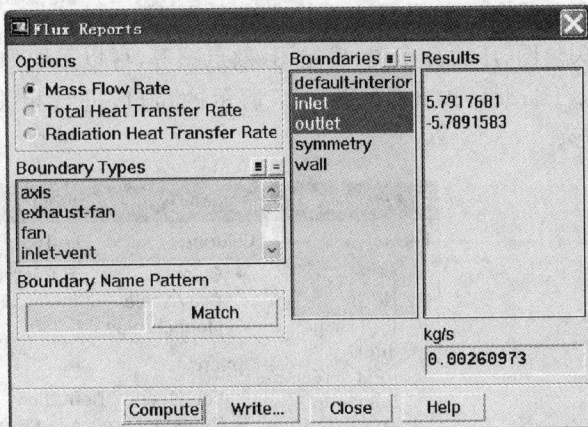

图 4-73　检查质量流量的连续性

（17）显示定常流动的速度矢量和压力分布

选择 Display/Vectors，点击 Display，出现如图 4-74 所示的速度矢量图，由图中可知通过风筒的最高速度为 67.3 m/s。

选择 Display/Contours，在 Options 下选择 Filled，在 Contours of 下拉列表中选择 Pressure 和 Static Pressure，点击 Display 出现如图 4-75 所示的压力分布云图。

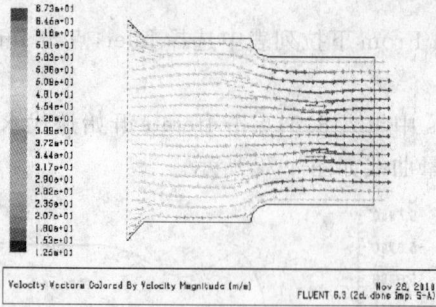

图 4-74　风筒内流场的速度矢量图

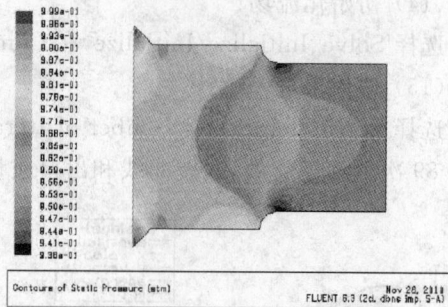

图 4-75　风筒内的压力分布

（18）显示风筒对称轴上的压力分布

选择 Plot/XY Plot，在 Y Axis Function 下拉列表中选择 Pressure 和 Static Pressure，在 Surface 下选择 symmetry，点击 Plot 即可显示如图 4-76 所示的风筒对称轴上的压力分布图。

（19）保存计算结果

选择 File/Write/Case & Data，完成计算结果的保存。如果用户需输出各种图形，如速

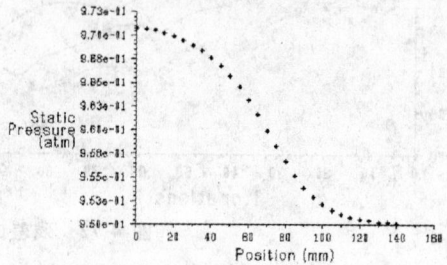

图 4-76　风筒对称轴上的压力分布图

度矢量图、压力分布图、残差图、散点图等，可以采取如下操作：打开所要输出的图形，选择 File/Hardcopy，出现如图 4-77 所示的窗口，进行相关设置，点击 Save 即可输出所需的图形。

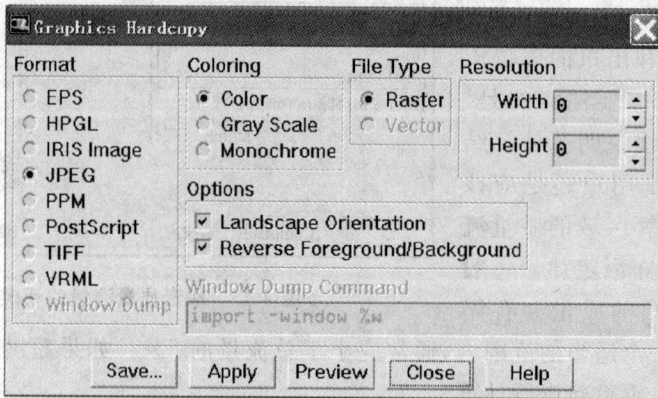

图 4-77　输出图形

4．Fluent 求解三维问题

本节以一个简单的弯管内部三维流动的例子具体说明 Fluent 求解三维问题的基本步骤。具体模型见图 4-24，假设弯管的入口速度为 0.2 m/s。Gambit 中计算模型的建立见 4.3.1 节中 3。该模型在 Fluent 中的具体求解步骤如下：

（1）启动 Fluent 的 3d 求解器

（2）读入网格文件

选择 File/Read/Case，选中网格文件 3model.msh。

（3）检查网格

选择 Grid/Check。

（4）显示网格

选择 Display/Grid，点击 Display 按钮，出现如图 4-78 所示

图 4-78 弯管网格

的网格。

（5）建立求解模型

选择 Define/Models/Solver，保持默认设置。

（6）设置湍流模型

选择 Define/Models/Viscous，选择在湍流计算中运用最广泛的 k-ε 模型，保留默认参数设置即可。

（7）设置材料属性

选择 Define/Materials，在弹出的对话框中选择 Fluent Database，弹出如图 4-79 所示的窗口。在 Material Type 下拉菜单中选择 fluid，在 Order Materials By 选项中选择 Name，在 Fluent Fluid Materials 下拉列表中选择 water-liquid(h2o〈1〉)，在 Properties 下的属性栏中设置流体的物理性质，点击 Copy 完成材料的复制。关闭图 4-79 所示的窗口，点击 Change/Create，完成材料属性的设置。

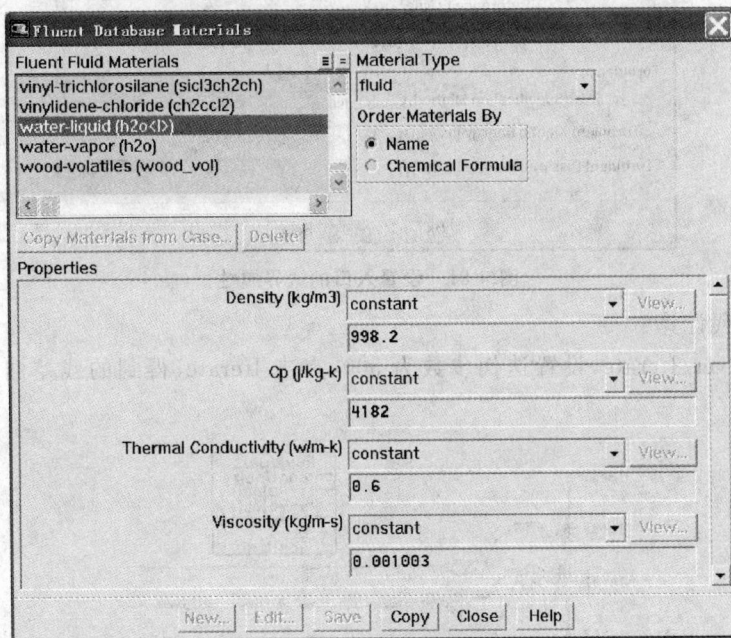

图 4-79 选择材料

（8）设置边界条件

选择 Define/Boundary Conditions，在 Zone 下选择 fluid，在 Type 下选择 fluid。点击 Set 打开如图 4-80 所示的窗口，在 Materials Name 下选择 Water-liquid，点击 OK 即可完成流动区域内部边界条件的设置。

在 Zone 下选择 Inlet，在 Type 下选择 Velocity-Inlet。点击 Set 打开如图 4-81 所示的窗口，在 Velocity Specification Method 下拉列表中选择 Magnitude，Normal to Boundary，

速度大小选择 0.2 m/s，Turbulence Specification Method 下选择 K and Epsilon，其他保持默认设置即可。

（9）求解控制

选择 Solve/Controls/Solution，保持默认设置即可。

（10）初始化流场

选择 Solver/Initialize/Initialize，选择从入口计算，其他保持默认，点击 Init。

（11）设置残差监视

选择 Solver/Monitors/Residual，在 Options 下选择 Plot，点击 OK。

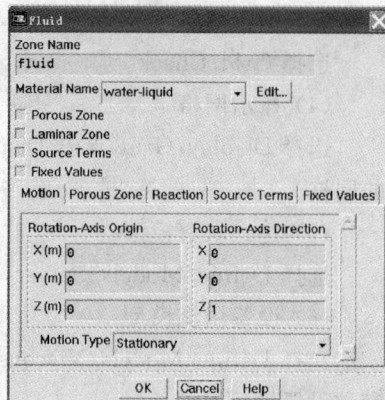

图 4-80　设置 fluid 边界属性

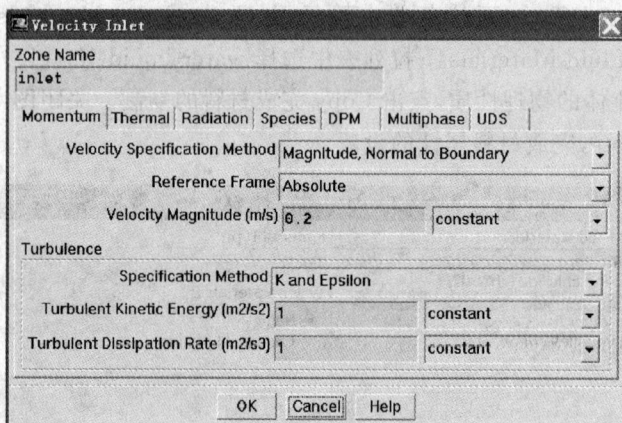

图 4-81　设置入口的边界属性

（12）迭代计算

选择 Solver/Iterate，设置迭代步数为 500，点击 Iterate，得到的残差曲线如图 4-82 所示。

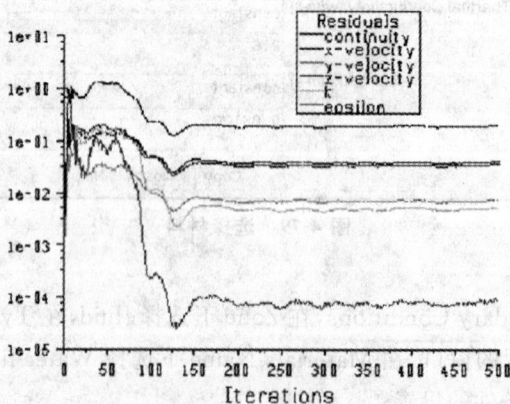

图 4-82　残差曲线

（13）结果显示

选择 Display/Contours，在 Contours of 下选择分别 Velocity 和 Pressure，点击 Display，即可得到如图 4-83 所示的速度云图和图 4-84 所示的压力云图。选择 Display/Vectors，点击 Display，出现如图 4-85 所示的速度矢量图。

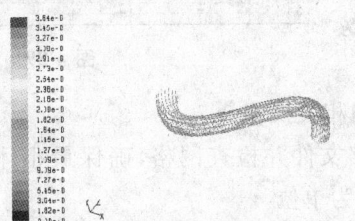

（14）流线显示

选择 Display/Pathlines，在 Release From Surfaces 列表中选择 guanbi1，guanbi2，点击 Display 出现如图 4-86 所示的管壁流线图。

图 4-83　速度云图　　　　　图 4-84　压力云图

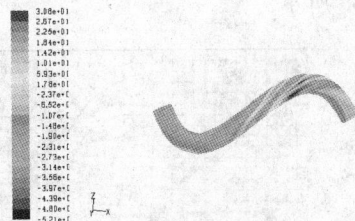

图 4-85　速度矢量图　　　　　图 4-86　管壁流线图

4.4　Fluent 软件在农业工程中的应用

近年来 Fluent 软件在农业工程中得到应用，本节将以几个典型的例子对此加以说明。

4.4.1　对称双圆弧罩盖喷雾过程的模拟

问题描述：在风洞中模拟外界风速为 6 m/s 时，对称双圆弧罩盖的瞬态喷雾过程。对称双圆弧罩盖的尺寸及其在风洞中的位置如图 4-87 和 4-88 所示。其中喷头使用 TeeJet XR11001 喷头，喷头质量流量为 0.000 074 85 kg/s，雾滴初速度为 20 m/s，直径按 rosin-rammler 分布，最小直径为 0.022 49 mm，最大直径为 0.258 95 mm，平均直径为 0.136 1 mm。

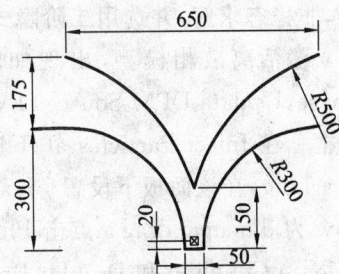

图 4-87　对称双圆弧罩盖的尺寸

本例采用离散相模型，将风洞中的气流设为连续相，喷头喷出的雾滴为离散相。设置风洞入口为速度入口，出口为自由出流出口。具体步骤如下：

（1）Gambit 中二维模型的建立

在 Gambit 中，以喷头中心为零点，建立各关键点。将这些关键点连接成线并由这些

127

线组成面。划分网格过程分为划分线的
网格和划分面的网格两步。设置线和面
的网格大小都为 50 mm,网格为四边形
非结构网格。在 Gambit 中指定左端的
边界类型为 VELOCITY-INLET,右端
的边界类型为 OUTFLOW,风洞和罩盖
的边界类型为 Wall。Gambit 中输出的
网格如图 4-89 所示。

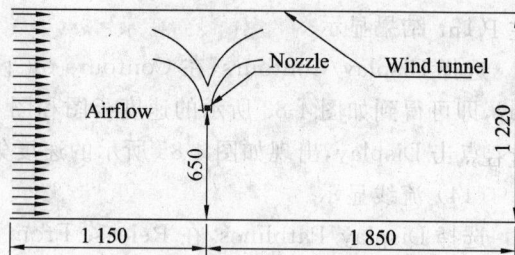

图 4-88　对称双圆弧罩盖在风洞中的位置

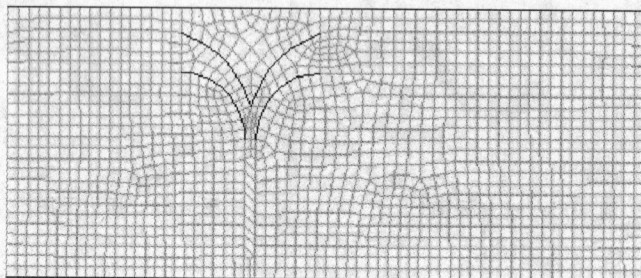

图 4-89　输出的网格

（2）网格相关操作

读入网格文件并检查网格,确保最小体积（minimum volume）为正值。设置长度单位,选择 mm 为单位。

（3）连续相流场的计算

设置连续相计算的求解器为压力基隐式求解器,稳态求解。计算过程中考虑能量方程和 k-ε 单方程。连续相的材料属性和运行环境为默认设置即可。设置风洞入口速度为 6 m/s,Turbulent Viscosity Ratio 为 1,计算中选择出口速度为监视表面。初始化连续相流场,选择从入口开始计算,反复迭代直至收敛。

（4）连续相流场中离散相的加入

本例中对喷雾过程进行非稳态计算,因此要对求解器进行修改,选择密度基隐式求解器,非稳态求解,并选用二阶隐式求解。

激活离散相模型,出现如图 4-90 所示的窗口,选中 Interaction with Continuous Phase,Updata DPM Sources Every Flow Iteration 和 Unsteady Particle Tracking 前的复选框。在 Inject Particles at 下选择 Particle Time Step 并设时间步长为 0.001 s。点击 Tracking,在该面板下设置 Max Number of Steps 为 500,Step Length Factor 为 5,Drag Law 为 dynamic-drag。点击 Physical Models,选中 Saffman Lift Force,Two Way Turbulence Coupling 和 Droplet Breakup 复选框,选择破碎模型为 TAB 并设置破碎常数 y_0 为0.033 1,该参数根据 Fluent 用户手册中提供的公式计算得出。点击 Numerics,在该面板下选中 Accuracy Control 和 Coupled Heat-Mass Solution 前的复选框。

在如图 4-90 所示的窗口中点击 Injections 按钮,即可打开如图 4-91 所示的窗口,该窗口用于创建射流源。在 Injection Type 下选择 group 并设置 Number of Particle Streams 为 100。设置 Particle Type 为 Inert,Material 为 water-liquid,Diameter Distribution 为 rosin-rammler。

在 Point Properties 面板下设置喷头出口处第一点坐标位置为(0,0),X 和 Y 方向速度分量为-12.856 和-15.321,温度为 285 K,Start Time 和 Stop Time 为 0 s 和 10 s,质量流量为 0.000 074 85 kg/s,雾滴最小直径为 0.022 49 mm,最大直径为 0.258 95 mm,平均直径为 0.136 1 mm,根据 Fluent 用户手册中提供的公式计算得出分布系数为 3.45。设置喷头出口处最后一点坐标位置为(0,0),X 和 Y 方向速度分量为 12.856 和-15.321,温度为 285 K。在 Turbulent Dispersion 面板下选中 Discrete Random Walk Model。

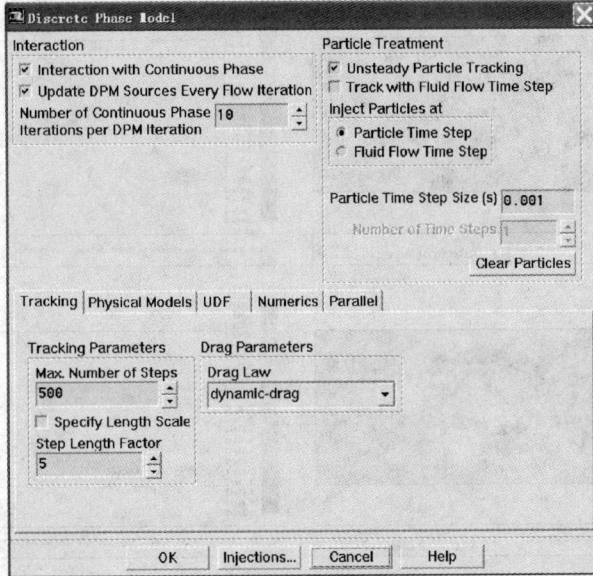

图 4-90　设置离散相模型

为了更加接近实际喷雾效果,需修改风洞下底面的边界条件,打开 Wall 边界条件设置的对话框,选中 DPM,在 Boundary Cond. Type 后的下拉菜单中选择 trap。

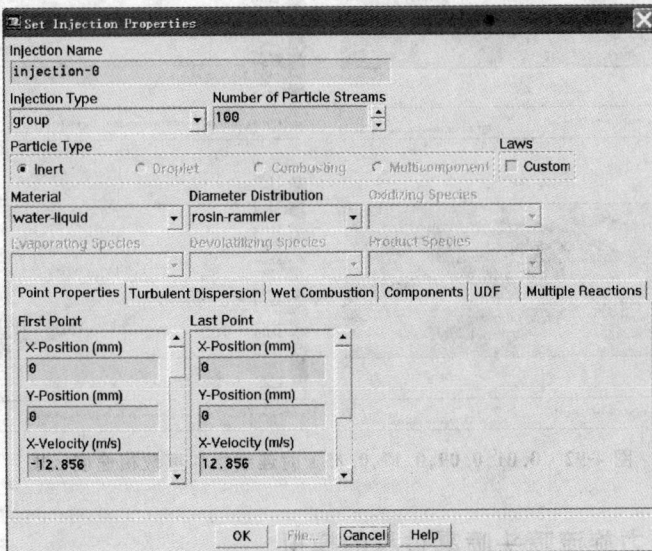

图 4-91　设置射流源

（5）连续相和离散相的耦合计算

初始化流场，选择从入口开始计算。在开始连续相和离散相的耦合计算之前选择 Reset DPM Sources。进行迭代计算，选择 Time Step Size 为 0.000 1，Number of Steps 为 100。计算结束后可得出 0.01 s 时的连续相和离散相速度云图，继续迭代计算可显示流场的变化和雾滴的运动。图 4-92 给出了流场和雾滴在 0.01,0.09,0.17,0.25 s 的瞬时状态。

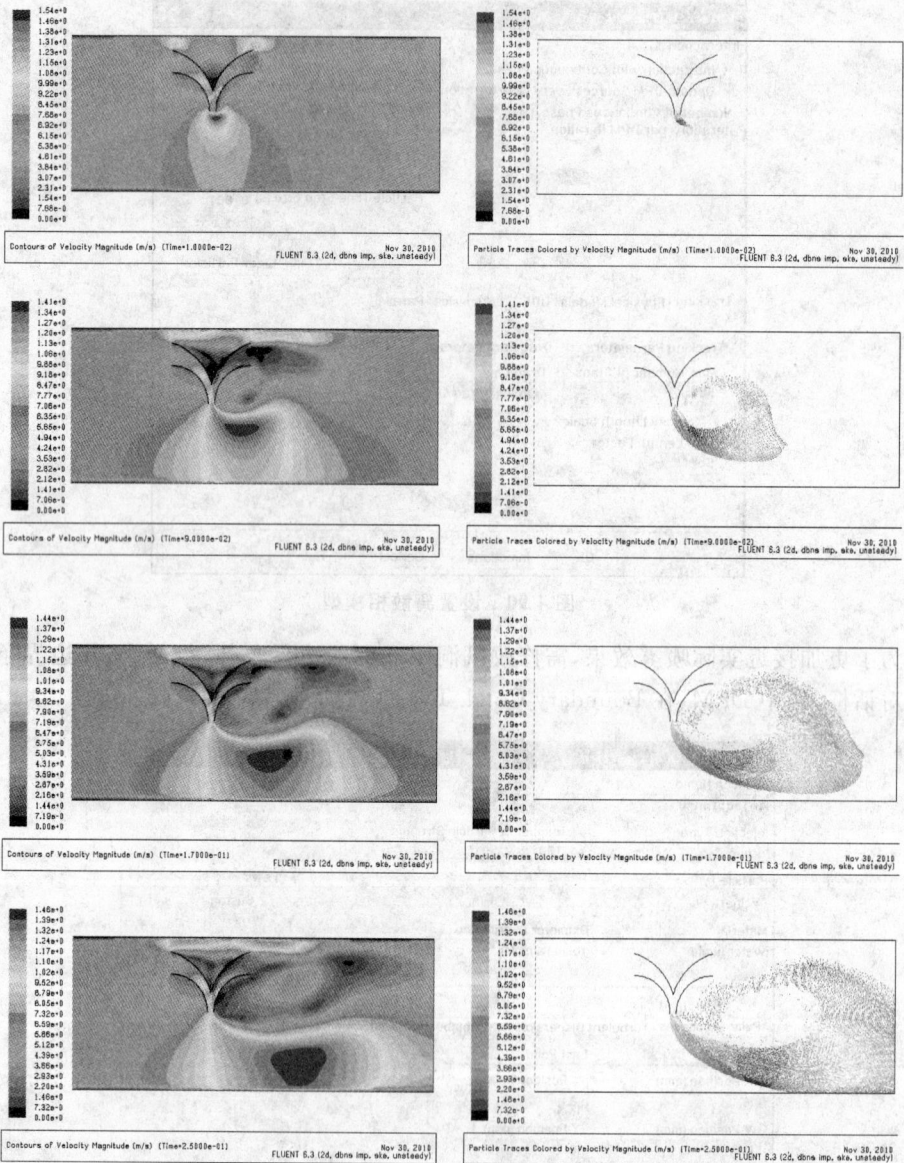

图 4-92　0.01,0.09,0.17,0.25 s 时连续相和离散相速度云图

4.4.2　压力旋流喷头喷雾过程的模拟

问题描述：模拟压力旋流喷头的瞬态喷雾过程，喷头压力为 400 kPa，雾化角为

57.6°,质量流量为 0.013 4 kg/s。

本例依然使用离散相模型,设置计算区域中的空气为连续相,喷头喷出的雾滴为离散相,计算区域处于大气环境中,具体计算步骤如下:

(1) Gambit 中二维模型的建立

如图 4-93 所示,以喷头中心为零点,中心线位于 x 轴上,在 Gambit 中建立中心线上部区域的各关键点。将这些关键点连接成线并由这些线组成各面。划分网格过程分为划分线的网格和划分面的网格两步,设置线和面的网格大小都为 10 mm,网格为四边形非结构网格。在 Gambit 中指定左端的边界类型为 Pressure-inlet,右端和上端的边界类型为 Pressure-outlet,下端的边界类型为 Axis。

(2) 网格相关操作

启动 Fluent 的 2d 求解器,读入网格文件并检查网格,确保最小体积(Minimum Volume)为正值。设置长度单位,选择 mm 为单位。

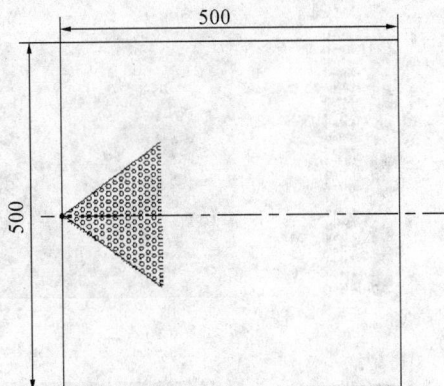

图 4-93　压力旋流喷头喷雾示意图

(3) 连续相流场的计算

设置连续相计算的求解器为压力基隐式求解器,以稳态求解,求解所处坐标系为轴对称旋转坐标系。计算过程中考虑能量方程和 k-ε 单方程。连续相的材料属性和运行环境为默认设置即可。由于计算区域处于大气环境中,故对边界条件保持默认设置即可。初始化连续相流场,选择从入口开始计算,反复迭代直至收敛。

(4) 连续相流场中离散相的加入

对喷雾过程进行非稳态计算,因此要对求解器进行修改,选择密度基隐式求解器,非稳态求解,并选用二阶隐式求解。

激活离散相模型,在离散相设置的窗口,选中 Interaction with Continous Phase,Update DPM Sources Every Flow Iteration 和 Unsteady Particle Tracking 前的复选框。在 Inject Particles at 下选择 Particle Time Step 并设时间步长为 0.001 s。点击 Tracking,在该面板下设置 Max Number of Steps 为 500,Step Length Factor 为 5,Drag Law 为 Spherical。点击 Physical Models,选中 Erosion/Accretion 和 Droplet Breakup 复选框,选择破碎模型为 TAB。点击 Numerics,选中 Accuracy Control 和 Coupled Heat-Mass Solution前的复选框。

点击 Injections 按钮,创建射流源。在 Injection Type 下拉列表中选择 Pressure-swirl-atomizer,并设置 Numbers of Particle Stream 为 50。设置 Particle Type 为 Inert,Material 为 water-liquid。在 Point Properties 面板下设置喷头位置为(0,0),温度为 300 K,质量流量为 0.013 4 kg/s,Start Time 和 Stop Time 为 0 s 和 10 s,喷雾半角为 28.8°,喷头上游压力为 400 000 Pa。在 Turbulent Dispersion 面板下选中 Discrete Random Walk Model 和 Random Eddy lifetime。

(5) 连续相和离散相的耦合计算

初始化流场,选择从入口开始计算。在开始连续相和离散相的耦合计算之前选择

Reset DPM Sources。进行迭代计算,选择 Time Step Size 为 0.000 1,Number of Steps 为 100。计算结束后可得出 0.01 s 时的连续相和离散相速度云图,继续迭代计算可显示流场的变化和雾滴的运动。图 4-94 给出了流场和雾滴在 0.01,0.02,0.03,0.04 s 的瞬时状态。

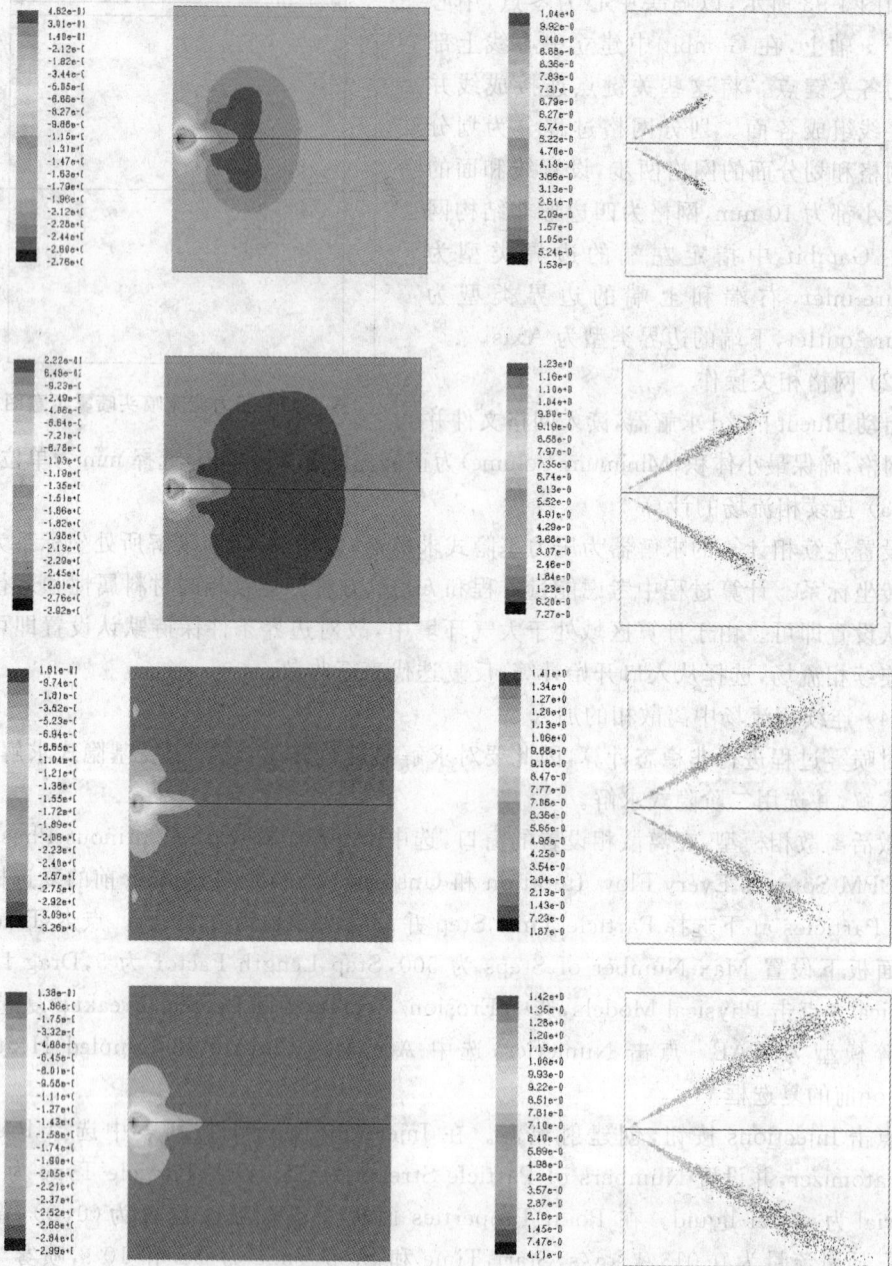

图 4-94   0.01,0.02,0.03,0.04 s 时连续相压力云图和离散相速度云图

(6)特定位置处的雾滴情况的监视

为了研究特定位置处的雾滴情况,本例设置一位于喷头喷雾方向 250 mm 处的监视面,具体操作为:选择 Surface/Link/Rake,在弹出的窗口中进行相关设置即可。本例监视

0.05s 时,喷头喷雾方向 250 mm 处的雾滴特征。

在第 500 次迭代前,选择 Report/Discrete Phase/Sample,打开如图 4-95 所示的窗口,选中 Cym,injection-o 和 Append Flies,点击 Start 开始采样。

在迭代结束后停止采样,选择 Report/Discrete Phase/Histogram,出现如图 4-96 所示的窗口。点击 Read 选择生成的采样文件,在 Fields 下分别选择 U,diameter,点击 Plot 出现 x 方向雾滴的速度和雾滴直径的统计分布,如图 4-97 所示。

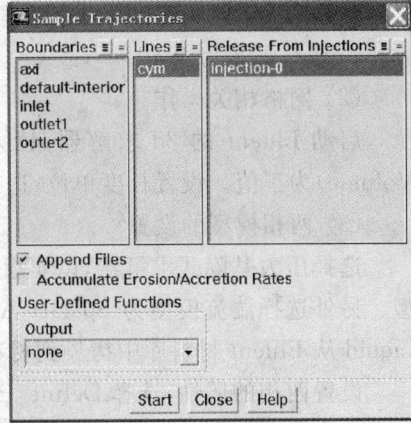

图 4-95　对雾滴进行采样

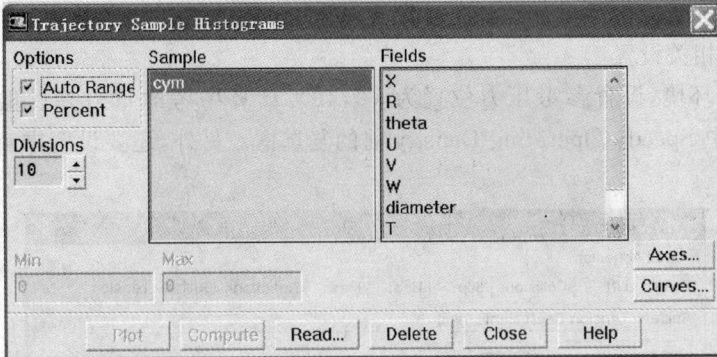

图 4-96　统计采样文件

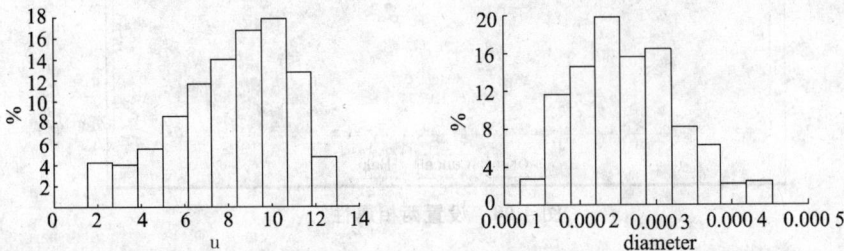

图 4-97　0.05 s 时监视面处的雾滴 x 方向速度和雾滴直径的统计分布

4.4.3　单雾滴撞击界面过程的模拟

问题描述:在大气环境中模拟单雾滴撞击界面过程中的形态演化,雾滴以一定速度(水平方向速度为 5 m/s,垂直方向为 20 m/s)撞击界面。

本例采用 VOF 模型,设置计算区域中的空气为第一相,单雾滴为第二相,具体计算步骤如下:

(1) Gambit 中二维模型的建立

建立边长为 100 mm 的正方形二维面域,使该面域对称。先划分线的网格,网格大小为 2 mm,然后划分面的网格,选择网格为四边形非结构网格,网格大小也为 2 mm。在网格划分之后,指定面域上端的边界类型为 Pressure-inlet,左端和右端的边界类型为 Pressure-outlet,下端为 Wall。

（2）网格相关操作

启动 Fluent 的 2d 求解器,读入网格文件并检查网格,确保最小体积（Minimum Volume）为正值。设置长度单位,选择 mm 为单位。

（3）两相模型的设置

选择压力基隐式求解器,以非稳态求解。激活多相流模型,选中 Volume of Fluid 模型。另外选择湍流模型为 Spalart Allmaras。为了设置第二相的材料属性,需将 Water-Liquid 从 Fluent 材料库中拷贝到材料列表中。

设置两相的属性,选择 Define/Phases,在打开的窗口中设空气为主要相,雾滴为第二相。点击该窗口中的 Interaction 按钮,在如图 4-98 所示的窗口中选中 Wall Adhesion 前的复选框并设置两相的表面张力系数为 72。

设置边界条件,在 Wall 的边界条件设置窗口中设置两相的接触角为 120°。

（4）求解相关设置

设置运行环境,设置参考压力位置为（0,49）,计算中考虑重力并设重力加速度为 9.8 m/s^2,选中 Specify Operating Density 前的复选框。另外,还要设置求解器参数和残差监视器。

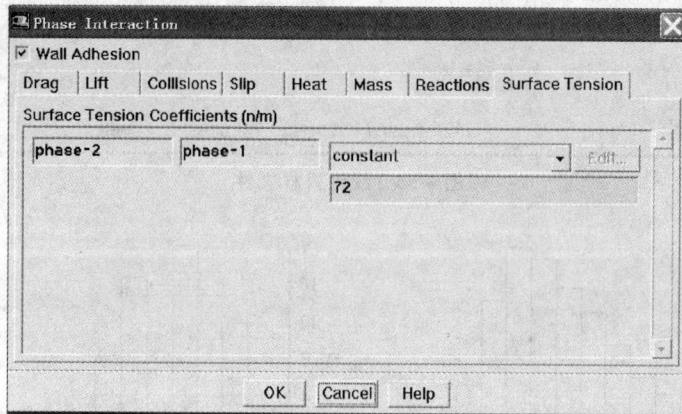

图 4-98　设置两相属性

（5）VOF 模型的计算

初始化流场,选择从入口开始计算。调整第二相位置,选择 Adapt/Region,出现如图 4-99 所示的窗口,选定雾滴的位置为（0,0）,半径为 10 mm,点击 Mark 就创建了一个包含本区域所有单元的记录器。

检查两相区域的正确性,选择 Adapt/Manage,弹出如图 4-100 所示的窗口,在注册器列表中选择 sphere-r0（记录器）,点击 Display 显示两相区域。

补充定义第二相,不关闭两相的显示窗口。选择 Solve/Initialize/Patch,出现如图 4-101 所示的窗口。

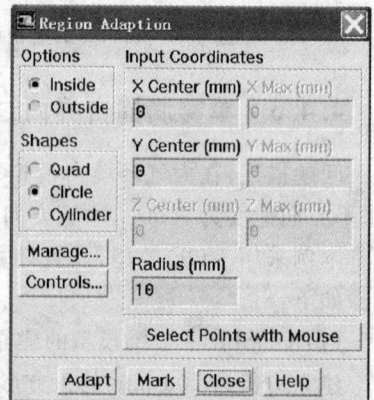

图 4-99　调整第二相的位置

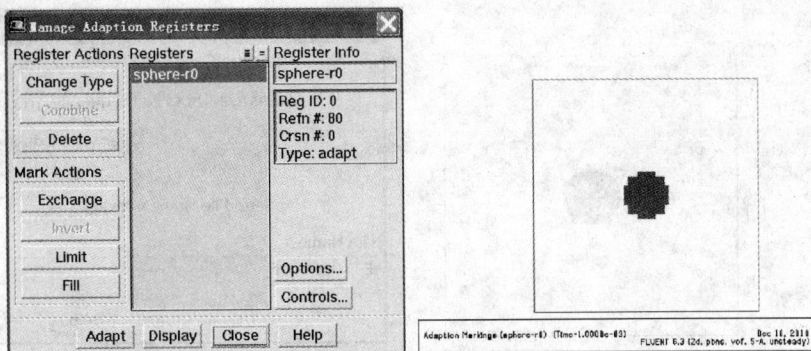

图 4-100　检查两相区域

在 Phase 下拉列表中选择 mixture 或 Phase-2,在 Variable 列表中选择各变量,Registers to Patch 列表中选择 sphere-r0,在 Value 内设置各参数值。所需设置的参数为:X Velocity 为 -5 m/s,Y Velocity 为 -20 m/s,Turbulent Viscosity 为 0.01 m/s,Volume Fraction 为 1。

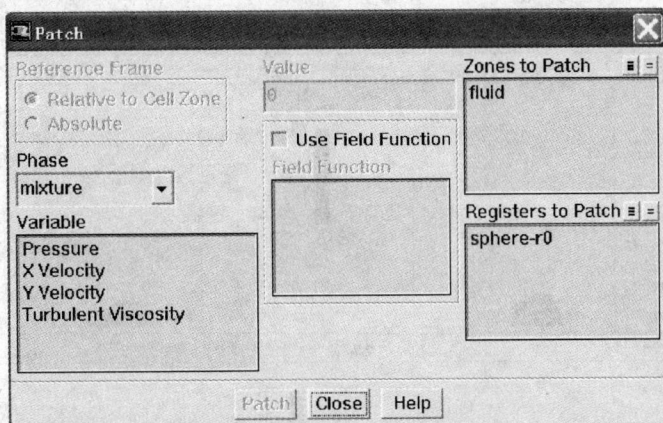

图 4-101　补充定义第二相

　　显示两相区域的体积分布,选择 Display/Contours,在 Contours of 下拉列表中选择 Phases 和 Volume of fraction,Phase 列表中选择 Phase-2,设置 Levels 为 2,点击 Display 显示如图 4-102 所示的两相区域的体积分布。

　　迭代计算,选择 Time Step Size 为 0.000 01,Number of Steps 为 1 000。本例中设置每迭代 100 次自动保存一次数据,具体操作为:选择 File/Write/Autosave,打开如图 4-103 所示的窗口,在 Autosave Case File Frequency 和 Autosave Data File Frequency 中填入 100,在 File Name 中填入保存路径和文件名。计算完毕后,用户可以获得单雾滴撞击界面过程中的形态演化,图 4-104 给出了 0.001,0.002 1,0.002 2,0.002 4,0.002 5,0.002 7,0.002 9,0.003 0s 时的雾滴形态。

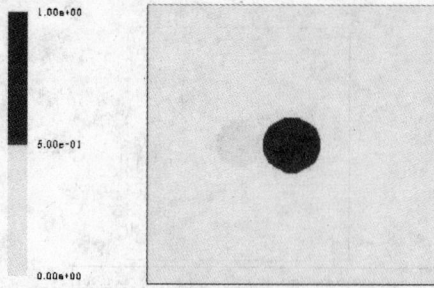

图 4-102 显示两相区域的体积分布

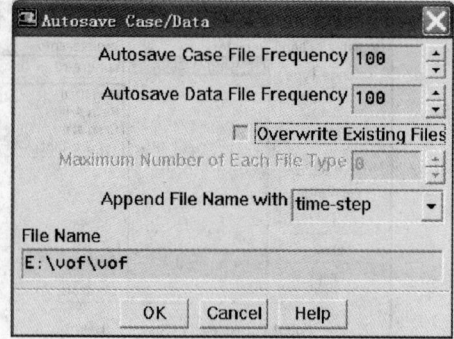

图 4-103 自动保存设置对话框

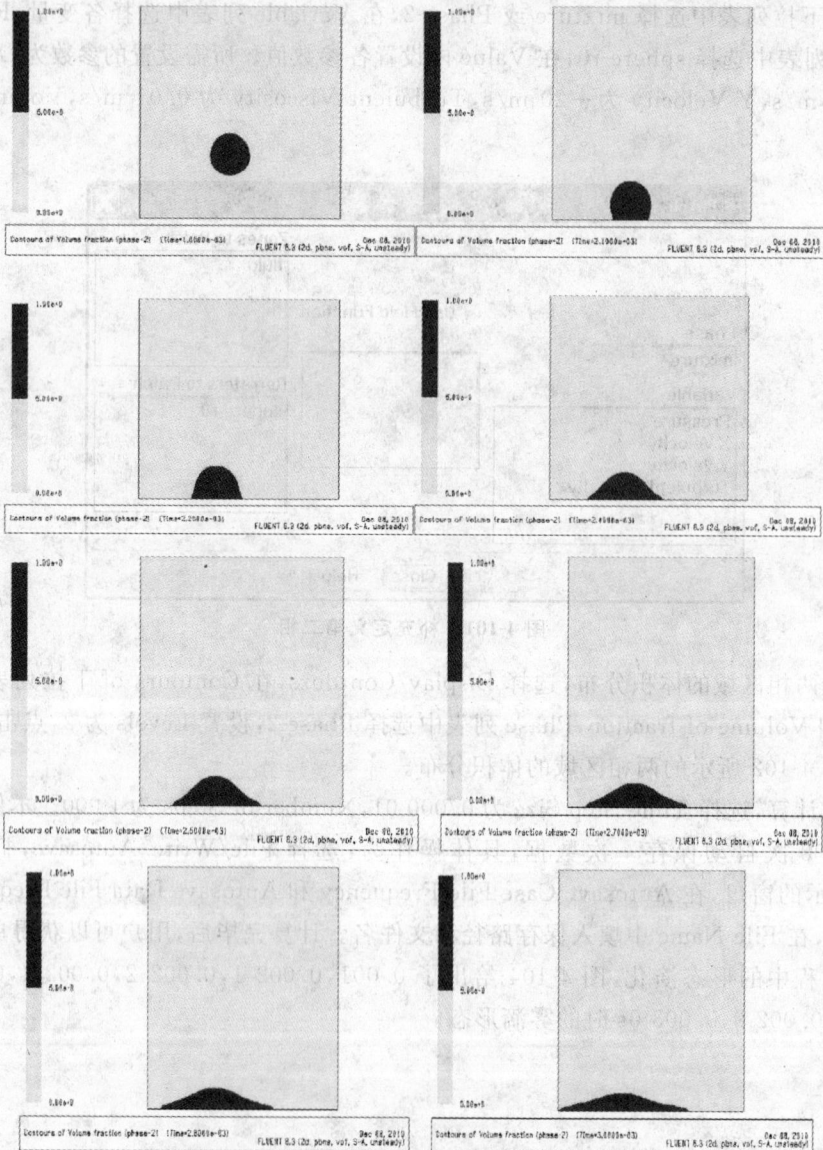

图 4-104 单雾滴撞击界面过程中的形态演化

4.4.4 喷杆内速度场的模拟

问题描述:对喷杆内药液的速度场进行模拟,喷杆如图 4-105 所示,主管直径 14 mm,长为 2 000 mm,支管直径为 6 mm,长为 60 mm,各支管之间距离为 500 mm。药液从主管右端以 14 m/s 速度流入,从各支管流出。

图 4-105 喷 杆

本例为普通的三维流场的计算问题,无需激活其他模型,具体计算步骤如下:

(1) 三维计算模型的建立

在 Pro/E 中建立如图 4-105 所示的喷杆三维实体模型,输出为"∗.stp"文件。在 Gambit 中读入该文件并对其划分网格,网格大小为 2 mm。选择网格单元和网格类型为 Tet/Hybird 和 TGrid。在网格划分之后,指定入流口边界类型为 Veclocity-inlet,出流口边界类型为 Outflow,其他各面为 Wall。最后输出如图 4-106 所示的网格。

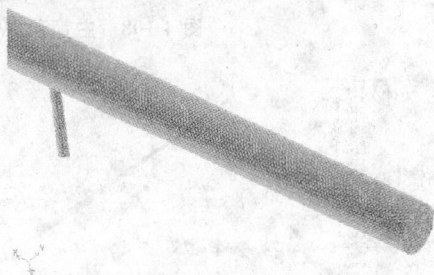

图 4-106 网 格

(2) 网格相关操作

启动 Fluent 的 3d 求解器,读入网格文件并检查网格,确保最小体积(Minimum Volume)为正值。设置长度单位,选择 mm 为单位。另外用户还要对本例中设置的网格进行平滑处理。

(3) 求解相关设置

设置求解器为压力基隐式求解器,以稳态求解。计算过程中考虑能量方程和 k-ε 单方程。求解的运行环境为默认设置即可。由于计算区域中的流体为液体,所以在设置材料属性时要将 Water-Liquid 从材料库中拷贝到列表中。设置边界条件,将 Fluid 的材料设为 Water-liqud,设置入流口的速度为 14 m/s。求解控制和设置残差监视保持默认即可。

(4) 迭代求解

初始化流场,选择从入口计算,迭代计算直至收敛。计算完毕后可得到喷杆入流口和出流口的速度云图,如图 4-107 所示,喷杆主管和支管交界处的速度云图和矢量图如图 4-108 所示。

为了显示喷杆中心剖面的速度云图和矢量图,用户可以采取如下操作:选择 Surface/

Plane,在打开的窗口中设置中心剖面的的位置。喷杆中心剖面的速度云图和矢量图如图4-109 所示。

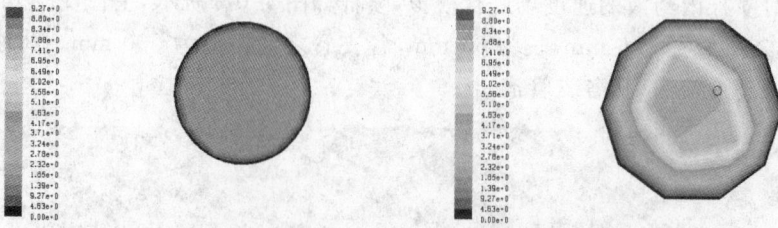

图 4-107　喷杆入流口和出流口的速度云图

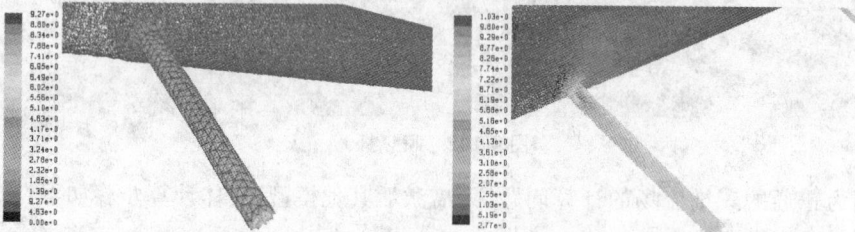

图 4-108　主管和支管交界处的速度云图和矢量图

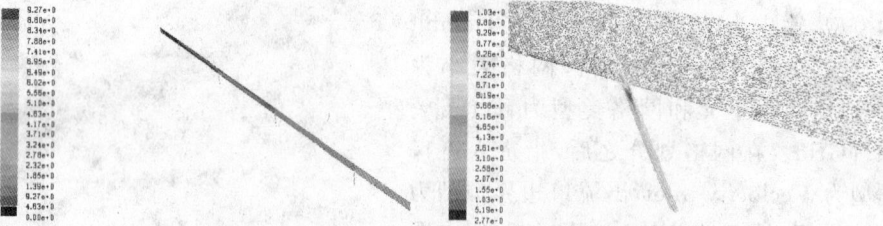

图 4-109　喷杆中心剖面的速度云图和矢量图

4.4.5　Venlo 型玻璃温室自然通风过程的模拟

问题描述:在温室所在地区主导风向东风作用下,模拟温室采用在交错天窗与西侧窗联合通风的调控方式下室内外湿热交换过程,室外风速为 0.9 m/s,温度为 18℃,相对湿度 53%,室内温度为 26℃,相对湿度 70%,通风口处配有 32 目的防虫网。具体计算步骤如下:

(1) Gambit 中三维模型的建立

按如图 4-110 所示,以温室地面东北角为零点,地面北边位于 x 轴上,正西向为 x 轴正向,东边位于 y 轴上,正南向为 y 轴正向,温室高度方向为 z 轴正向。在 Gambit 中建立温室区域的各关键点,将这些关键点连接成线并由这些线组成各面,最后使用 sweep face 命令按照 vector 方向生成温室体。取温室外 128 m×200 m×40 m 长方体区域为室外计算域,使温室位于室外计算域中心,二者地面中心点重合,如图 4-111 所示。划分网格过程为先对天窗和侧窗通风口划分面网格并加密,面网格单元为三角形,pave 型,网格间距为 200 mm。温室内部子计算域采用体网格进行离散化,采用 TGrid 方法将整个区域划分为四面体混合网格单元,网格间距设为 350 mm。室外计算域网格类型同温室内部体网格,网格间距为 3 000 mm。所有网格质量按照 EquiAngle Skew 标准进行控制,如

4-112 所示。根据室外风向在 Gambit 中指定室外计算域对应侧的边界类型为 Velocity-inlet，与 Velocity-inlet 相对的另一侧为 Outflow 边界类型，其他边界设为 Symmetry 类型，温室覆盖层和四周围护结构以及地面的边界类型为 Wall，通风口防虫网为 Porous-Jump 边界类型。设定温室和室外计算域为 Fluid 区域，最后输出"＊.msh"的网格文件。

图 4-110 温室三维几何模型

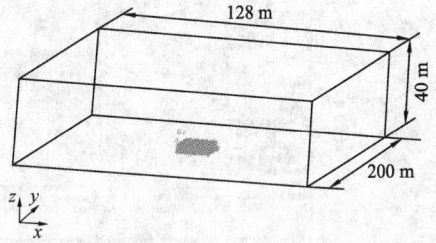

图 4-111 温室及室外计算域三维几何模型

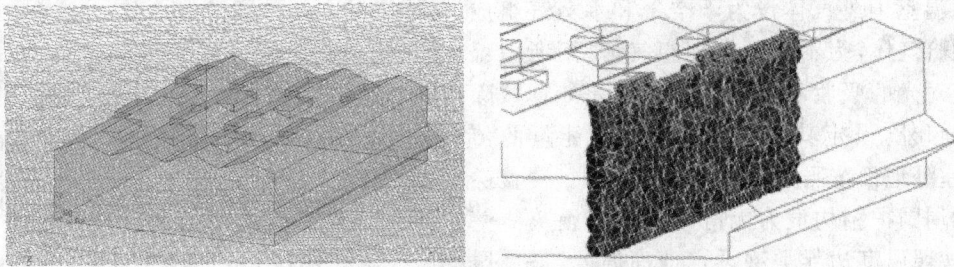

图 4-112 温室网格划分及质量控制示意图

（2）网格相关操作

启动 Fluent 的 3D 求解器，读入"＊.msh"网格文件并检查网格，确保最小体积（Minimum Volume）为正值，用 Skewness 方法对网格进行 Smooth 和 Swap 处理，设 Minimum Skewness 为 0.8。设置几何模型长度单位，选择 m 为单位。

（3）求解器的选择

设置气流场和温、湿度场计算的求解器为基于压力的 3D 隐式求解器，稳态求解，求解所处坐标系为笛卡尔坐标系。计算过程中考虑能量方程和组分传输，采用标准 k-ε 湍流模型封闭流体控制方程。选择 Discrete Ordinate（DO）辐射模型模拟太阳辐射，通过 Solar Ray Tracing 方法中 Solar Calculator 设定温室地理位置及网格方向，并计算模拟时刻实际太阳辐射强度，如图 4-113 所示。

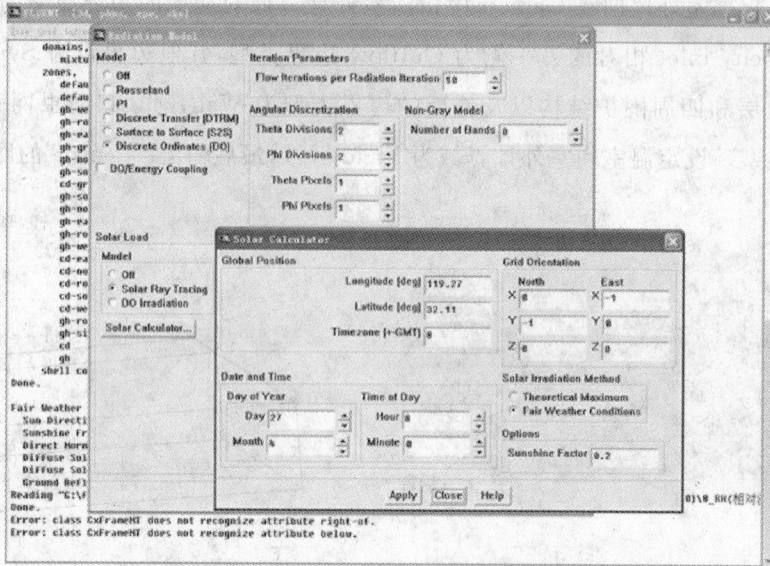

图 4-113　DO 辐射模型参数设置示意图

（4）材料属性及边界条件设定

温室内外气体设为干空气和水蒸气组成的混合气体，为不可压缩理想气体，不考虑湿空气对光的吸收和散射作用。室外计算域除进出口外，设定其边界上无物质和能量的传递，室外地面按照温度边界条件处理。覆盖层及四周围护结构设为无滑移半透明漫灰体壁面，按照温度边界类型设定地面温度，覆盖层

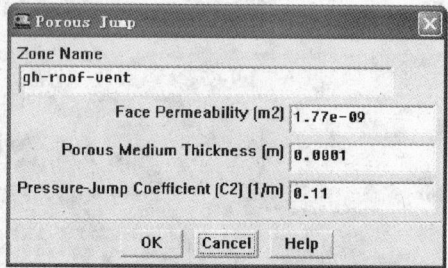

图 4-114　防虫网参数设置

热边界条件为热流量类型。打开 Porous Jump 面板，通过相关公式计算防虫网渗透能力和非线性动量损失系数，按照图 4-114 进行相关参数设置。

（5）算法选择及初始化

采用有限体积法对计算域进行离散化，压力—速度耦合采用 Simplec 方法求解，能量、动量方程和水的质量分率采用二阶迎风格式进行离散化处理。初始化流场，由于温室围护结构将整个环境分为室内和室外两部分，而且这两个环境中气象参数存在较大差异，因此，对以上两个区域用初始值分别进行 patch 处理，选择从 velocity-inlet 开始计算，打开残差监视面板，反复迭代至收敛。

（6）特定截面室内外湿热交换过程

为观察温室内外环境之间湿热交换过程，选择 Surface/Iso-surface 命令，分别令 $y=$ 4,10,16 m 生成 3 个截面；迭代计算之前选择 File/write/autosave，设定保存频率为 60s，迭代结束后打开相应数据文件，选择 Display/contours 命令，选取相应截面并显示，可视化后的截面湿热交换过程如图 4-115 所示。

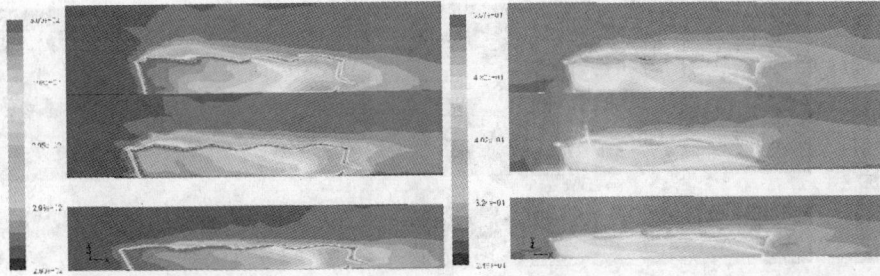

60s

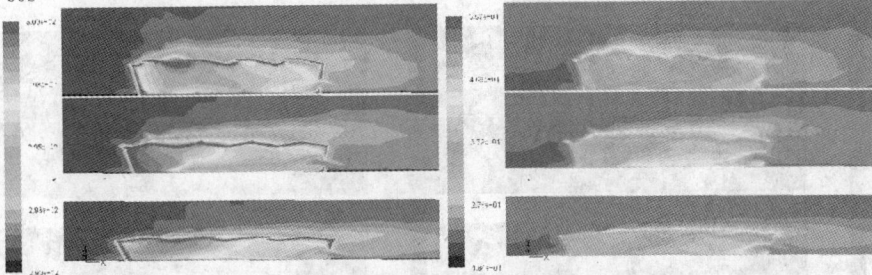

120s

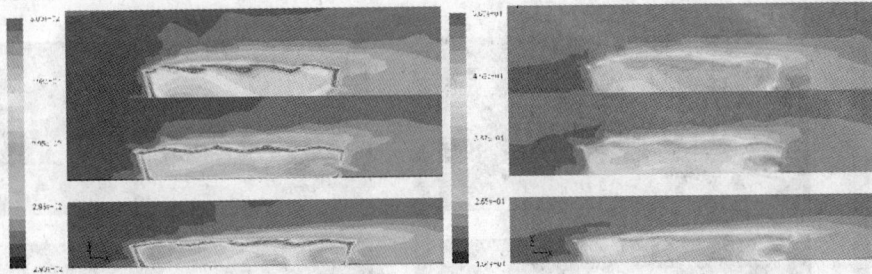

180s

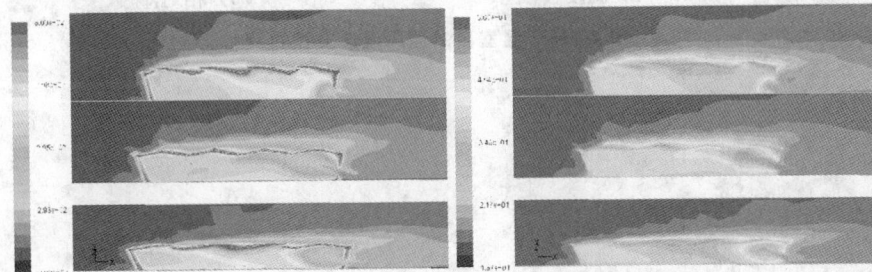

240s

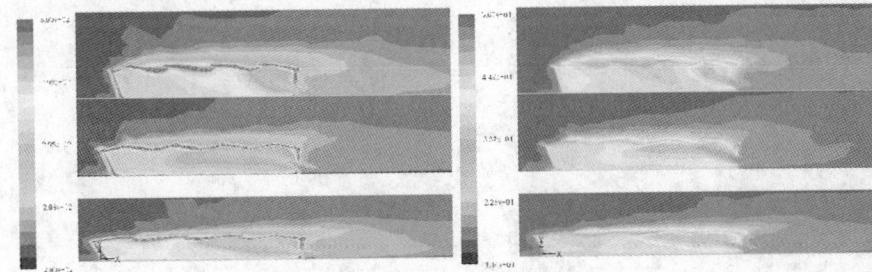

300s

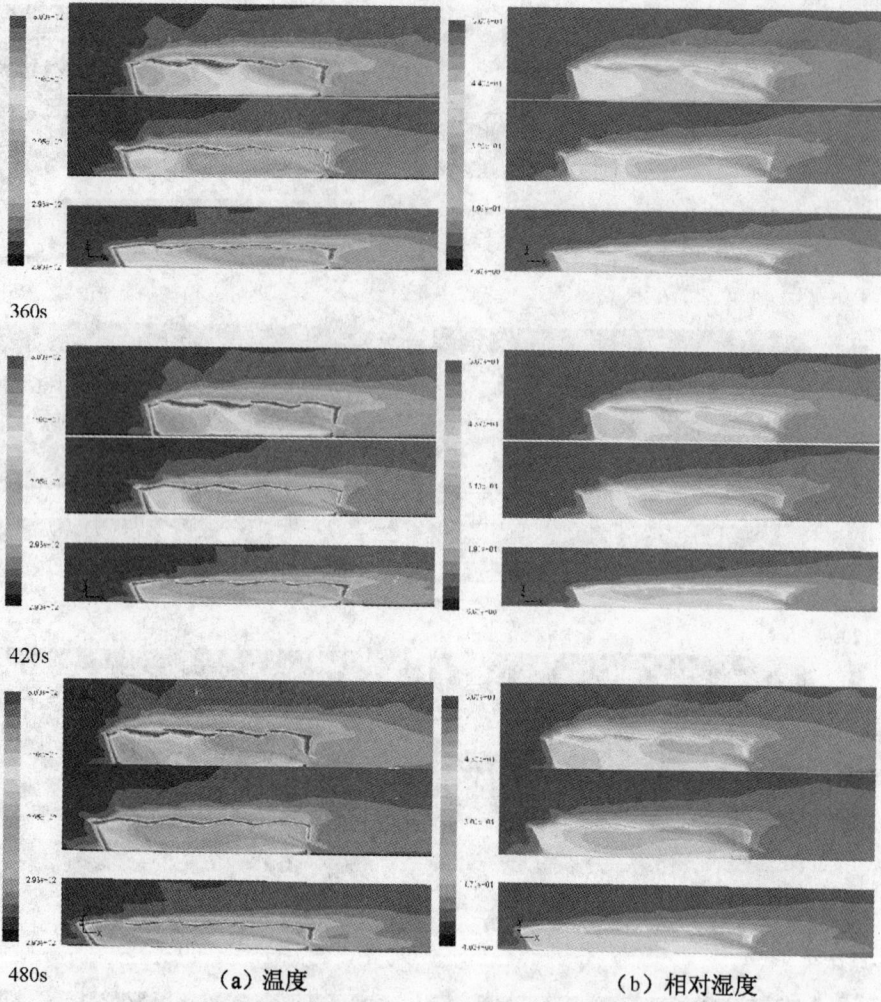

360s

420s

480s　　　　　　（a）温度　　　　　　　　　　　　（b）相对湿度

图 4-115　温室自然通风湿热交换过程

第五章 ADAMS 及其在农业机械仿真中的应用

5.1 计算机辅助系统分析及虚拟样机技术

虚拟样机技术是上世纪 80 年代随着计算机技术的发展而迅速发展起来的一项计算机辅助工程(CAE)技术。它是将具体的自然科学与计算机技术相结合,将自然科学的理论知识和经验通过计算机语言描述出来。将 CAE 技术应用于现代产品开发过程中,是科学技术转化为生产力的一种表现形式。在各种 CAE 技术中,虚拟样机技术是计算机辅助工程的一个重要分支,它是人们开发新产品时,在概念设计阶段,对各设计阶段的产品进行虚拟性能测试,达到提高设计性能,降低设计成本,减少开发时间的目的。

随着人类社会进步的加快,人们生活水平的不断提高,人们对产品的要求也越来越高。同时,由于社会竞争加剧,产品复杂程度也越来越高,开发周期越来越短,保修维护期望也越来越高,生产计划越来越灵活。另外,在现实中还有一些客观的约束,例如,昂贵的物理样机实验等。要满足人们不断提高的物质生活水平的需要,降低生产成本,提高产品的竞争力,一个行之有效的方法就是通过虚拟样机进行仿真模拟,在生产出实际产品之前,提前知道产品的各种性能,提出改进意见,预防设计中可能出现的各种问题。

传统产品开发过程如图 5-1 所示,该过程是一个大循环过程,不仅难以提高产品质量,而且耗费大量的时间和资金。而通过虚拟样机技术,在制造物理样机之前就可以进行样机测试,找出潜在的问题,从而缩短产品开发周期 40%～70%,并提高产品的性能和质量,其过程如图 5-2 所示。

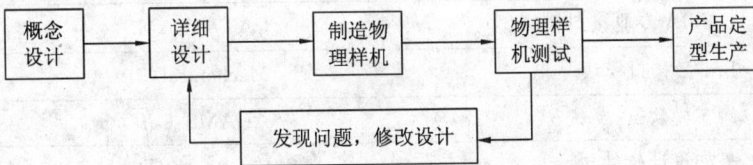

图 5-1 传统产品开发流程

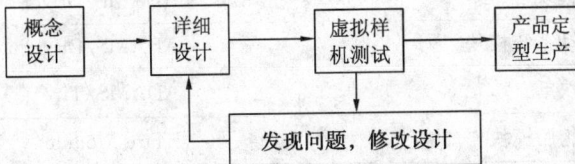

图 5-2 虚拟样机开发流程

5.2 ADAMS 简介

机械系统动力学分析软件 ADAMS 是美国 MDI 公司开发的非常著名的商用虚拟样机分析软件,在经历了 12 个版本的改进之后,被美国 MSC 公司收购。本书以 ADAMS2007 r2 版作为分析软件。ADAMS 集建模、计算和后处理于一体,该软件由很多个模块组成,基本模块是 view 模块和 postprocess 模块,通常的机械系统都可以由这两个模块完成。另外软件中还有针对专业领域而单独开发的一些专用模块和嵌入模块,例如汽车模块 ADAMS/Car、发动机模块 ADAMS/Engine、火车模块 ADAMS/Rail 和飞机模块 ADAMS/Aircraft 等;嵌入式模块如振动模块 ADAMS/Vibration、耐久性模块 AD-AMS/Durability、液压模块 ADAMS/Hydraulic、控制模块 ADAMS/Controls 和柔性模块 ADAMS/AutoFlex 等,所有模块如表 5-1 所示。

表 5-1 ADAMS 软件模块

基本模块	用户界面模块	ADAMS/View
	求解器模块	ADAMS/Solver
	后处理模块	ADAMS/PostProcessor
扩展模块	液压系统模块	ADAMS/Hydraulics
	振动分析模块	ADAMS/Vibration
	线性化分析模块	ADAMS/Linear
	高速动画模块	ADAMS/Animation
	试验设计与分析模块	ADAMS/Insight
	耐久性分析模块	ADAMS/Durability
	数字化装配回放模块	ADAMS/DMU Replay
	柔性分析模块	ADAMS/Flex
接口模块	控制模块	ADAMS/Controls
	图形接口模块	ADAMS/Exchange
	CATIA 专业接口模块	CAT/ADAMS
	Pro/E 接口模块	Mechanical/Pro
专业领域模块	轿车模块	ADAMS/Car
	悬架设计软件包	Suspension Design
	概念化悬架模块	CSM
	驾驶员模块	ADAMS/Driver
	动力传动系统模块	ADAMS/Driveline
	轮胎模块	ADAMS/Tire
	柔性环轮胎模块	FTire Module
	柔性体生成器模块	ADAMS/FBG
	经验动力学模型	EDM
	发动机设计模块	ADAMS/Engine

专业领域模块	配气机构模块	ADAMS/Engine Valvetrain
	正时链模块	ADAMS/Engine Chain
	附件驱动模块	Accessory Drive Module
	铁路车辆模块	ADAMS/Rail
	FORD 汽车公司专用汽车模块	ADAMS/Pre(现改名为 Chassis)
工具箱	软件开发工具包	ADAMS/SDK
	虚拟试验工具箱	Virtual Test Lab
	虚拟试验模态分析工具箱	Virtual Experiment Modal Analysis
	钢板弹簧工具箱	Leafspring Toolkit
	飞机起落架工具箱	ADAMS/Landing Gear
	履带/轮胎式车辆工具箱	Tracked/Wheeled Vehicle
	齿轮传动工具箱	ADAMS/Gear Tool

5.3　ADAMS 界面及基本功能

ADAMS/View 是 ADAMS 系列产品的核心模块之一,采用以用户为中心的交互式图形环境,将图标操作、菜单操作、鼠标点取操作与交互式图形建模、仿真计算、动画显示、优化设计、X-Y 曲线图处理、结果分析和数据打印等功能集成化。

ADAMS/View 采用简单的分层方式完成建模工作,以 Parasolid 图形内核进行实体建模,并提供了丰富的零件几何图形库、约束库和力/力矩库,并且支持布尔运算。除此之外,还提供了丰富的位移函数、速度函数、加速度函数、接触函数、样条函数、力/力矩函数、合力/力矩函数、数据元函数、若干用户子程序函数以及常量和变量等。

自 9.0 版后,ADAMS/View 采用用户熟悉的 Motif 界面(UNIX 系统)和 Windows 界面(NT 系统),从而大大提高了快速建模能力。在 ADAMS/View 中,用户利用 TABLE EDITOR,可像用 EXCEL 一样方便地编辑模型数据,同时,软件还提供了 PLOT BROWSER 和 FUNCTION BUILDER 工具包。DS(设计研究)、DOE(实验设计)及 OP-TIMIZE(优化)功能可使用户方便地进行优化工作。ADAMS/View 有自己的高级编程语言,支持命令行输入命令和 C++语言,有丰富的宏命令以及快捷方便的图标、菜单和对话框创建和修改工具包,而且,具有在线帮助功能。ADAMS/View 模块界面如图 5-3 所示。

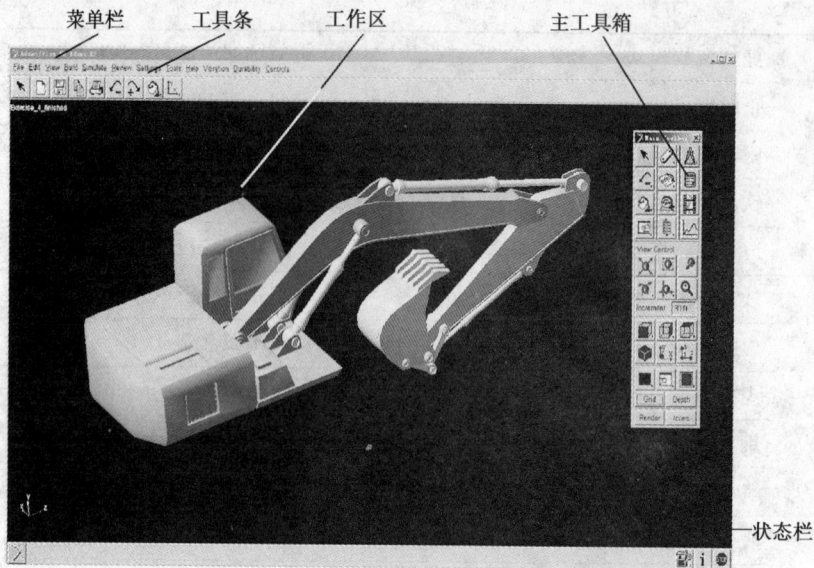

图 5-3　ADAMS/View 用户界面

5.3.1　ADAMS/View 工作路径设置

在新建项目或者新安装了 ADAMS 后,为了方便以后的工作,提高工作效率,最好新建一个工作路径,将相关文件存放到该路径下,以方便文件的存读。把 ADAMS/View 快捷图标显示在桌面上,在该图标上按右键,选择"属性",在属性对话框中选择"快捷方式",然后在"起始位置"输入框中输入已经建好的工作路径,如图 5-4 所示。(注意,ADAMS 软件目前不支持有空格和中文的路径以及文件名。)这样设置的工作路径不必每次启动 ADAMS/View 来设置路径,凡 ADAMS 文件均可放置在该文件夹下随时读取。

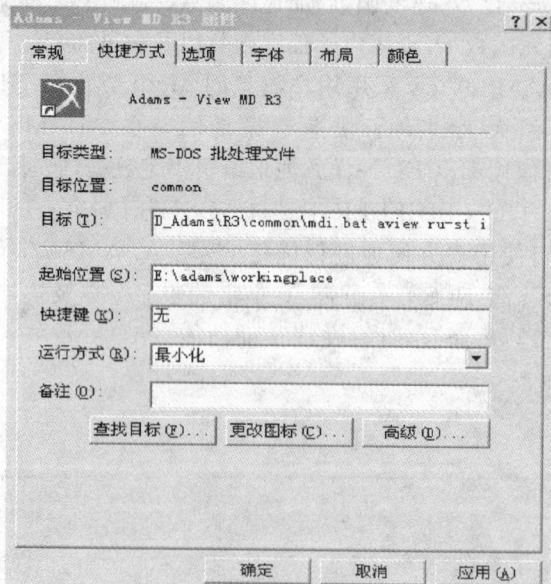

图 5-4　ADAMS/View 属性对话框

5.3.2　ADAMS 欢迎界面

双击桌面上的 ADAMS/View 快捷图标就可以运行 ADAMS/View 程序,首先出现 ADAMS/View 欢迎对话窗口,如图 5-5 所示。

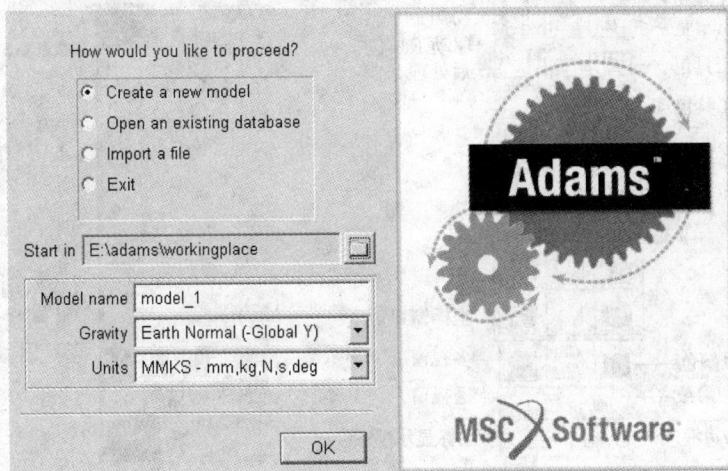

图 5-5　ADAMS/View 的欢迎界面

在欢迎对话框上可以进行以下操作:

(1) Creat a new model:新建一个模型,然后进入 ADAMS/View 环境。

· Model name:输入新建模型的名称。

· Gravity:设置重力加速度。

· Units:确定新建模型使用的单位。

(2) Open an existing database:打开一个已经存在的 ADAMS/View 模型。

(3) Import a file:导入一个文件,可以是几何模型文件或者一个命令文件等。

(4) Exit:退出 ADAMS。

(5) Start in:设置工作路径。

5.3.3　ADAMS 主工具栏和快捷键

ADAMS/View 主工具栏包含几何建模工具包、运动副工具包、载荷工具包、测量工具包、仿真工具、后处理按钮、屏幕视图设置按钮等,可以通过菜单 View/Toolbox and Toolbar 打开工具设置窗口,选中"Main Toolbox"复选框调出主工具栏如图 5-6a 所示。

主工具栏上有小箭头的按钮,表明该按钮是折叠按钮,在该类型的按钮上点击右键就可以张开这些工具,如果左击 按钮,则会把该系列工具从主工具栏上"拆下"(如图 5-6b 所示)。

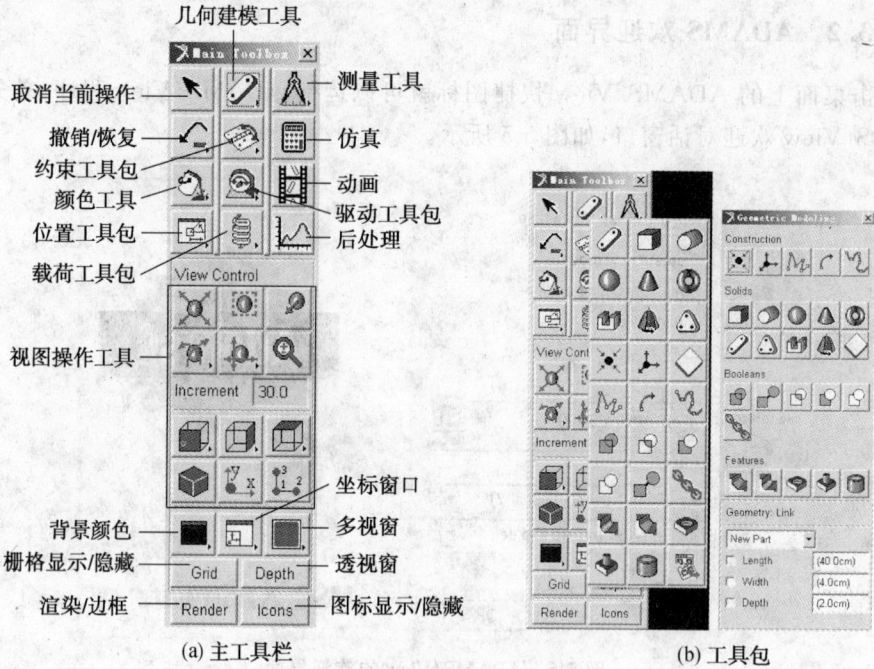

(a) 主工具栏　　　　　　　　　　(b) 工具包

图 5-6　主工具栏与工具包

5.3.4　ADAMS/View 工作环境设置

在建立 ADAMS 模型前要进行工作环境的设置,例如坐标系、单位、工作栅格等。避免工作进行到一半才发现错误,所以要注意。

1. 坐标系的设置

ADAMS/View 默认总体坐标系为笛卡尔坐标系,各刚性构件的质心处,系统会固定一个坐标系,称为连体坐标系(局部坐标系,ADAMS/View 中称为 Marker)通过描述连体坐标系其在总体坐标系中的方位,就可以完全描述刚体在总体坐标系中的方位。

ADAMS 中有 3 种坐标系,分别为笛卡尔坐标系(Cartesian)、柱坐标系(Cylindrical)和球坐标系(Spherical)。通过菜单 Setting/Coordinate System,弹出坐标系设置对话框(如图 5-7 所示),在对话框中选择相应的坐标系以及坐标系的旋转序列。另外还可以设置相对于刚体坐标系(Body Fixed)或者空间坐标系(Space Fixed)旋转,若是相对于刚体坐标系,则是相对于刚体旋转后的位置;而相对于空间坐标系则是指相对于空间中总体坐标系进行旋转。在 ADAMS 描述模型中各构件位置时,可以用局部坐标系,也可以用总体坐标系。

2. 设置工作栅格

建立几何模型、坐标系或者铰链时,系统会捕捉到工作栅格。有时为了方便建模或者添加运动副,合理设置工作栅格有助于提高工作效率,点击菜单 Setting/Working Grid 后,弹出栅格设置对话框(如图 5-8 所示),可以将网格设置成矩形坐标(Rectangular)形式或极坐标(Polar)形式。通过"Set Location"下拉菜单设置栅格的位置,通过 Set Orientation 下拉菜单设置栅格的方向。

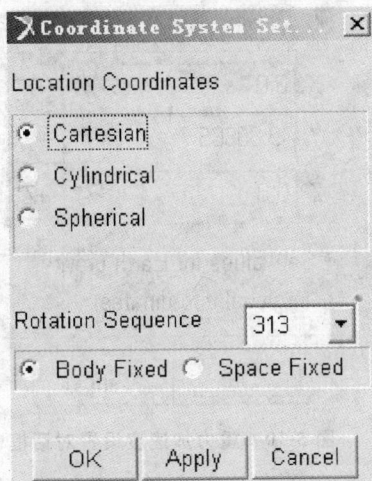

图 5-7 设置坐标系对话框

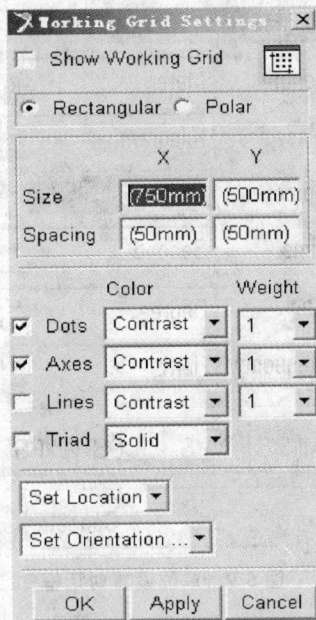

图 5-8 栅格设置对话框

3. 单位设置

对于初学者来说,要注意 ADAMS/View 中的单位设置,初学者经常因为没有注意到系统的单位,在做了大量的工作后,发现计算结果与实际相差很大,就是因为没注意系统单位与用户使用单位不同造成的。单击菜单 Setting/Units,弹出单位设置对话框(如图5-9 所示),将相应的单位设置成所需的单位即可。

4. 重力加速度设置

当刚体系统的自由度与驱动的数目相同,且系统进行机构运动仿真时,系统构件的位置、速度和加速度等信息与重力加速度无关,完全由模型定义的运动副和驱动决定;而当系统自由度大于驱动数时,此时系统的形位还不能完全确定,此时,重力加速度会影响系统的动力学计算,因此需要设置重力加速度。单击菜单 Setting/Gravity,弹出重力加速度设置对话框(如图 5-10 所示),用户可以输入重力加速度矢量在总体坐标系上的分量,系统默认为沿着负 Y 轴方向。在输入加速度值时,应当注意系统的单位。

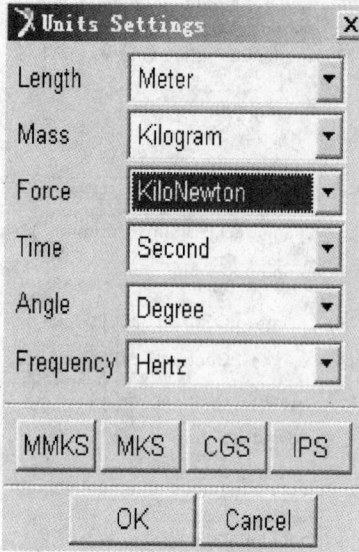

图5-9　单位设置对话框

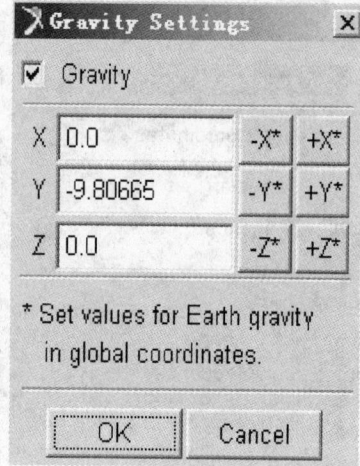

图5-10　重力加速度设置对话框

5.4　ADAMS实体模型的建立与仿真

ADAMS/View中一般建立的模型为刚性构件,所建模型不可变形,对于一些必须考虑变形的模型,可以通过建立ADAMS柔性构件;对于复杂模型可以通过其他机械三维设计软件设计并导入ADAMS。本节将介绍ADAMS刚性构件的建立、模型的约束、施加载荷、运动仿真和后处理程序处理仿真结果的基本操作。

5.4.1　曲柄摇杆机构

1. 模型建立准备

通过本例学习利用ADAMS/View机构分析的基本步骤。

启动ADAMS/View软件,选择Create a new model选项,单位:MMKS;Model name:slg_1,如图5-11所示。

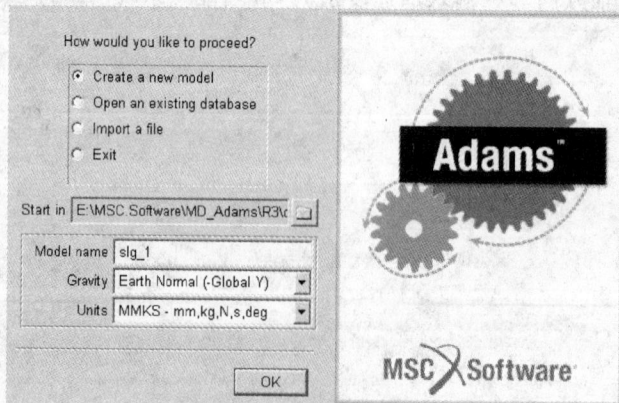

图5-11　启动设置

栅格设置如图 5-12a 所示。

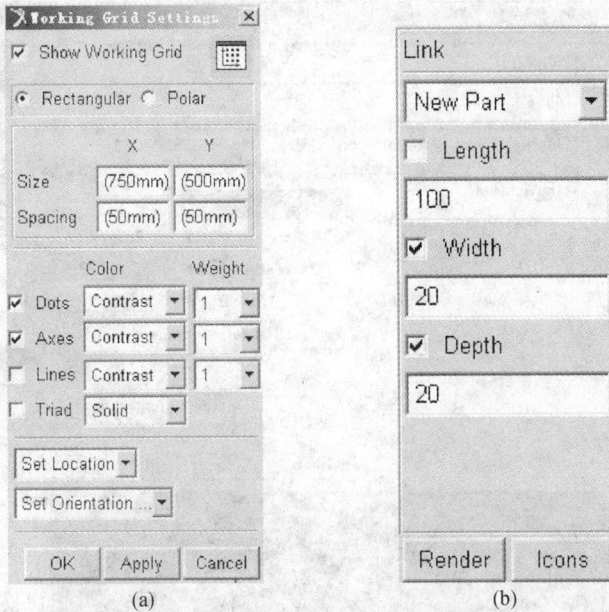

(a)

(b)

图 5-12 栅格设置

模型建立,在主命令工具条的建模工具按钮上,点击右键选择 Link 连杆模型命令,输入参数如图 5-12b 所示。连杆类型为圆头连杆,连杆圆头的圆心位置分别为(0,0,0)和(50,100,0)(在工作区选择相应的栅格点即可,也可事先建立一些 Point 点来确定连杆的位置),在建好的模型上点右键选择 Rename 输入 qubing,完成曲柄的建模。接下来建立连杆、摇杆,其中连杆的圆头中心位置分别为(50,100,0),(400,200,0);摇杆的圆头中心位置为(400,200,0),(300,0,0),再建立一连杆 2 两边圆头坐标分别为(350,100,0)和(600,0,0),建立一个滑块,滑块中心坐标为(600,0,0)长宽高为 $50 \times 50 \times 50$。连杆在ADAMS 中的模型如图 5-13 所示。

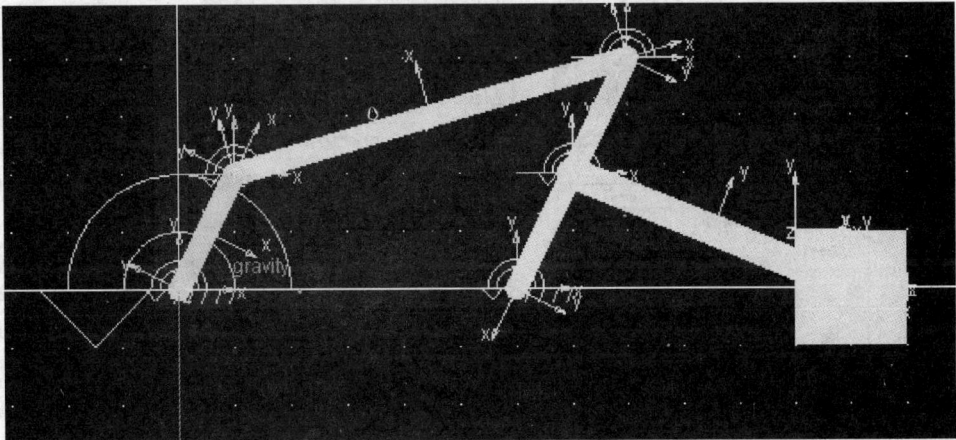

图 5-13 曲柄摇杆模型

定义各构件质量信息,选择一构件,点右键/Modify,出现如图 5-14 所示的质量信息设置对话框,可以指定模型的材料,也可以直接定义模型的质量。本例设置材料类型为 steel。

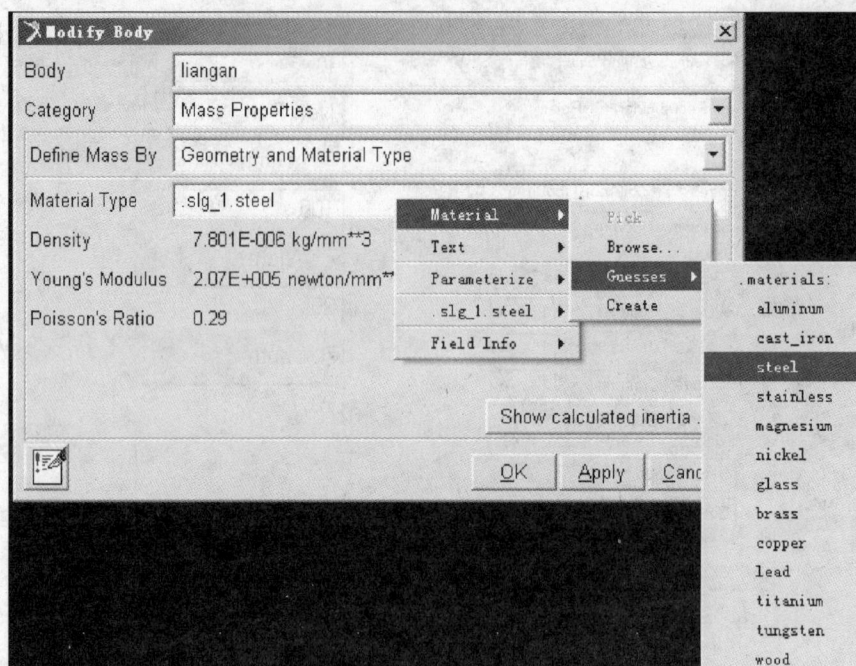

图 5-14　材料信息设置对话框

　　定义各构件之间的运动副,本例中共要定义 4 个转动副,一个作用在曲柄上的转动驱动。如图 5-15 所示,在主命令窗口选择铰链副 Revolute,设置如下:Construction 选择 2Bod-1Loc,转动副方向设置为 Normal To Grid,首先选择曲柄,再选择连杆,然后位置选择曲柄圆头的中心,在左键放置转动副。同理添加连杆与摇杆、摇杆与地面、曲柄与地面、摇杆和连杆 2、连杆 2 与滑块之间的转动副,还有滑块与地面之间的移动副,a 为设置运动副窗口,b 为添加的一个约束(提示:添加运动副方向设置可以选 Pick Feature 自己选择方向,也可以 Normal To Grid 垂直于网格,对不垂直于网格且计算较复杂的空间机构的

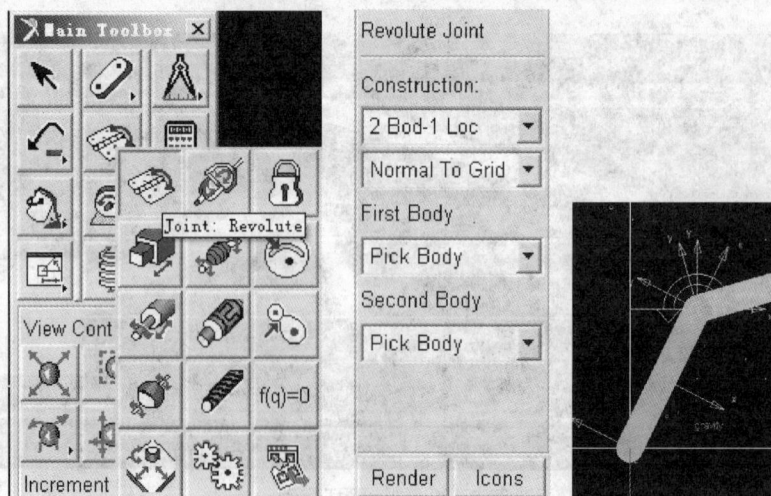

图 5-15　铰链副 Revolute 设置

运动副可以选择 Pick Feature;对于垂直于网格的,可以通过变换网格方向,使用 Normal To Grid 比较方便)。

添加驱动,为了仿真在曲柄与地面的运动副上添加一旋转驱动,驱动大小为 360°/s,类型为 Velocity,

仿真模型,在主工具箱上点击仿真 📖(Simulation)按钮,设置仿真类型为默认的 default,End Time 文本框里输入 2.0。在 Steps 文本框里输入 100。

2. 绘制结果曲线

使用 ADAMS/PostProcessor 绘制结果曲线,包括:摆杆相对于时间的角位移和角速度曲线,可以求出该机构急回系数;求解滑块的位移和速度加速度曲线。

3. 在 ADAMS/View 模块中测量

在 ADAMS/View 模块中点右键摇杆相对地面的转动副 joint4,然后选择 measure。将参数设置为如图 5-16 所示,然后点击 OK 按钮,这个是测量了转动副 4 的角位移,同理测试滑块移动副的位移。按照同样的方法测量移动副 joint7,参数设置如图 5-16 所示。在 ADAMS/View 模块中得到的测试曲线如图 5-17 所示。

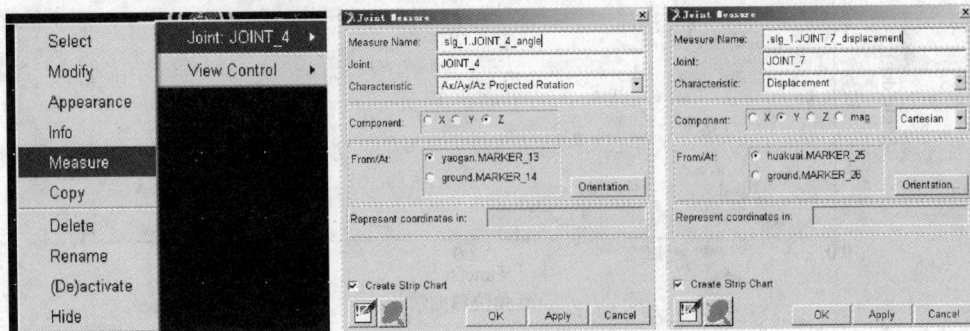

图 5-16 参数设置

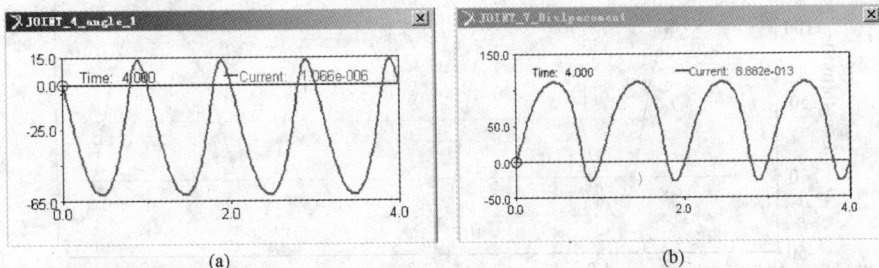

(a)   (b)

图 5-17 测试曲线

4. ADAMS/Postprocessor 后处理程序

为了绘制仿真结果的曲线,参阅以下步骤:

(1) 从主工具箱中选择 ADAMS/Postprocessor 工具 📈 启动 ADAMS/Postprocessor 工具,进入后处理程序界面。

(2) 在窗口底部的仿真列表中,选择以前保存的结果名称。

(3) 将来源(Source)选项设置为测量(Measure)。

(4) 在测量(Measure)列表中选择在 ADAMS/View 测量的 joint_4_angle 选项。

（5）在遮板的右下角选择 Add Curves 选项。

（6）从工具列表中选择 Creat a New Page 工具 。如图 5-18 所示，为创建新画页工具和其他画页工具。

创建新画页　　　　删除新画页

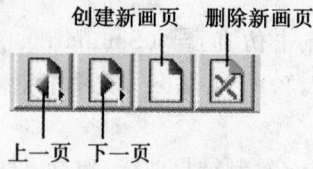

上一页　下一页

图 5-18　画页工具

（7）从测量（Measure）列表中选择 joint_7_displacement 选项。

（8）单击 Add Curves 按钮。

添加好的角位移曲线和滑块位移曲线如图 5-19 所示，这样将 ADAMS/View 中的测试曲线在 ADAMS/Postprocessor 模块中显示。

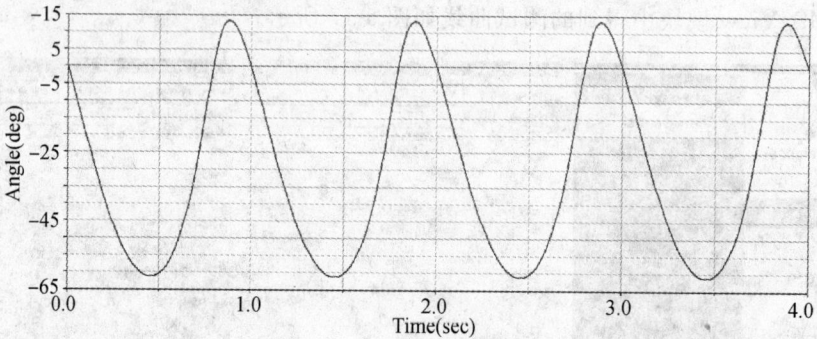

(a) 角位移曲线

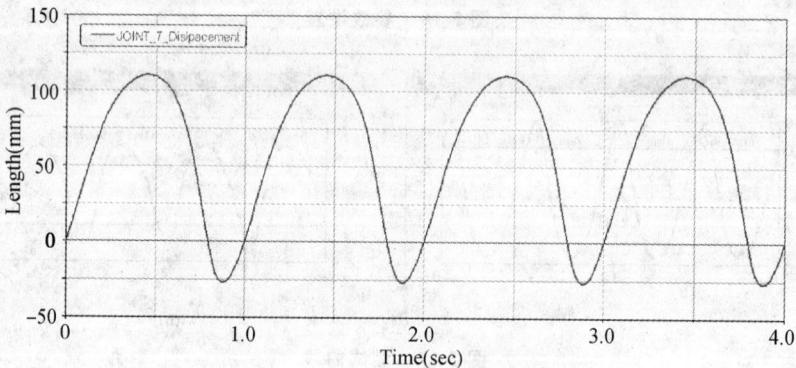

(b) 滑块位移曲线

图 5-19　角位移和滑块位移曲线

（9）在 ADAMS/Postprocessor 界面下选择菜单 view/Toolbars/Curve Edit Toolbar 如图 5-20 所示，加载的 Curve Edit Toolbar 如图 5-21 所示。

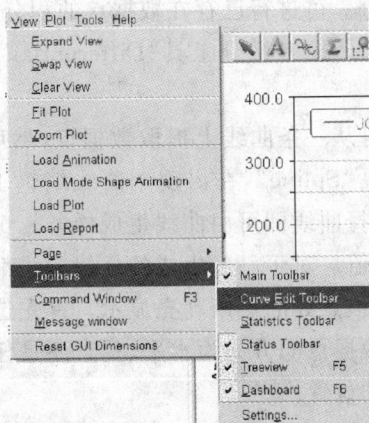

图 5-20 下拉菜单

图 5-21 加载工具图标

(10) 通过 Curve Edit Toolbar 可以完成以下的曲线数学处理。

通过在曲线上进行简单的数学计算可以对曲线进行修改,可以使用包含在另一条曲线中的值或重新指定一个值。进行操作的曲线必须属于同一个曲线图。

如果想改变基于数值的曲线而不创建新的曲线,需在曲线编辑工具栏的最右端清空"Create New Curve"选项。ADAMS/Postprocessor 有时需要两条曲线来完成这些操作从而得到一条新的曲线(如求减运算)。

① 将一条曲线的值与另一条曲线的值进行加、减、乘。按照要进行的操作在曲线编辑工具栏中选择工具,如曲线数据相加"Add Curve Data"、曲线数据相减"Subtract Curve Data"或曲线数据相乘"Multiply Curve Data"。然后选择要被加、减、乘的曲线,再选择第二条曲线。

② 找出数据点绝对值或对称点。在曲线编辑工具栏中选择将要进行操作的工具,如绝对值工具"Absolute Value",或找对称点工具"Negate"。然后选择一条曲线进行操作。

③ 产生采样点均匀分布的曲线(曲线插值)。在曲线编辑工具栏中选择曲线采样工具"Curve Sampling",然后从工具栏右端的选项菜单中选择用于插值的样条曲线类型,继而输入需要生成的插值点的数目(缺省的为 1024,必须输入一个正整数)再选择需要进行操作的曲线。

④ 按特定值缩放或平移曲线。在曲线编辑工具栏中选择下列工具:缩放工具"Scale"或平移工具"Offset"。然后在曲线编辑工具栏右端出现的文字栏中输入缩放或平移值,再选择需要进行操作的曲线。

⑤ 将一条曲线与另一条曲线的开始点对齐。在曲线编辑工具栏中选择"Align Curve to Curve"工具,然后选择要对齐的曲线,再选择第二条曲线。

⑥ 将曲线的开始点移至零点。在曲线编辑工具栏中选择"Align Curve to Zero"工具,然后选择需要进行操作的曲线。

先计算曲线的积分或微分。可进行已存在数据点的积分和微分操作。在曲线编辑工具栏中选择积分工具"Integrate"或者微分工具"Differential",然后选择要进行该运算的曲线,再选择第二条曲线。

之后由曲线生成样条。可从一条曲线上提取数据点,然后由这些点生成样条。在曲线编辑工具栏中选择样条工具"Spline",在出现于曲线编辑工具栏左边的样条名称文本框中输入样条的取名,然后选择曲线即可由曲线生成样条。

最后,手工修改数据点数值。对于已经生成的任何曲线都可手工修改数据点的数值,手工修改数据点的数值时,各顶点处的点以高亮显示。首先选择需要高亮显示的曲线,然后在特性编辑器中设置移动数据点的方向为水平、垂直还是任意方向,再将光标置于高亮显示的点上将其拖动到所需的位置。

ADAMS/Postprocessor 后处理程序对于求解机构的速度加速度方法很多,对测试的数据来源可以是 Measures,Objects,Result sets,在此通过 Curve Edit Toolbar 来求解机构的速度、加速度。具体方法参照以下步骤:

已知摇杆的角位移和滑块的线位移曲线,根据角速度、线速度的定义,对相应的位移求导就得到相应速度曲线,在 Curve Edit Toolbar 工具栏上选择微分工具 $\frac{dx}{dy}$,然后选择摇杆角位移曲线,这样就在角位移曲线窗口里增加了一条角速度曲线,同理再对角速度曲线微分一次得到角加速度曲线,如图 5-22a 所示,同理对滑块的位移曲线进行微分操作得到的曲线如图 5-22b 所示。

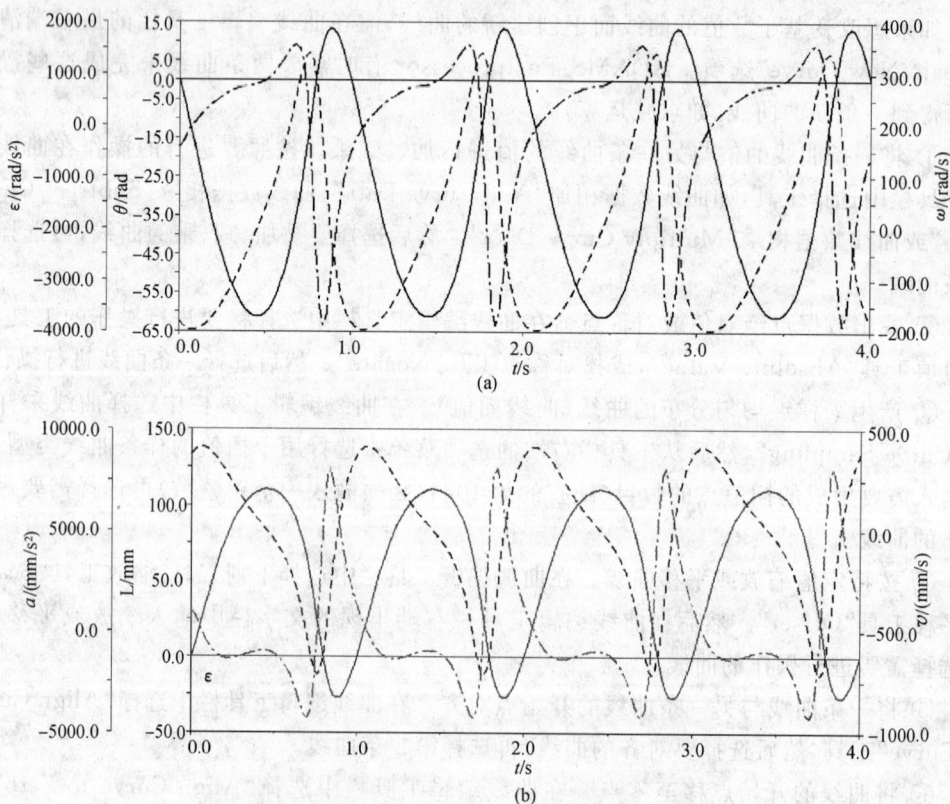

(a)

(b)

图 5-22　摇杆及滑块的角加速度和加速度曲线

提示：对于已有的曲线图表，可以对表格和曲线的属性进行修改，可以对表格的栅格和字体大小等进行设置，对于曲线可以修改其线型等。表格的修改方法为在表格的空白处单击，在 Postprocessor 窗口的左下角出现表格属性如图 5-23a 所示，即可对其编辑，修改表格横竖坐标属性。单击横坐标或竖坐标，同样在 Postprocessor 窗口的左下角出现表格属性窗口如图 5-23b 所示。对于曲线属性直接在表格上点击相应的曲线在 Postprocessor 窗口的左下角出现的曲线属性如图 5-23c 所示，然后修改即可。

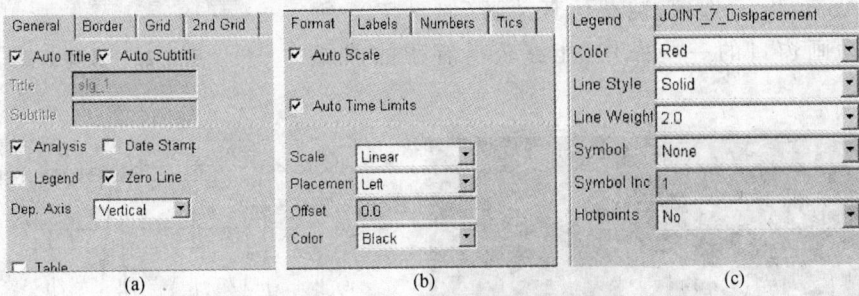

图 5-23　表格和曲线属性设置窗口

有时候想精确地知道曲线图上某时刻的曲线值，可以通过 Postprocessor 工具栏上的 Plot Tracking 工具 来显示，然后将鼠标移到相应曲线上，在 Postprocessor 工具区将实时显示鼠标所到曲线位置的值（如图 5-24 所示）。

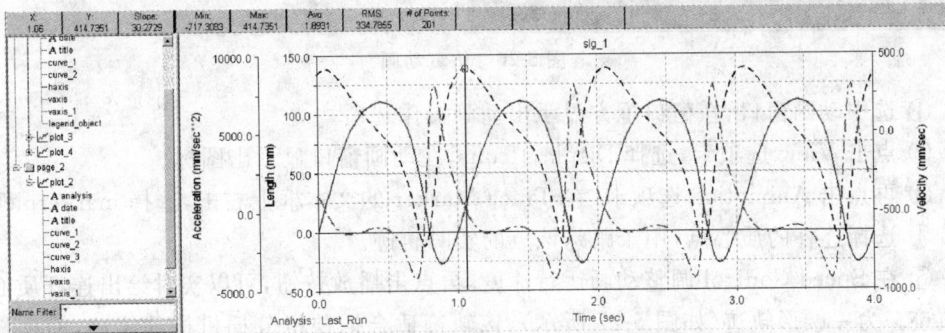

图 5-24　实时显示鼠标所到曲线位置的值

对于 Postprocessor 工具栏上的各个按钮，建议读者多多点击，查看其作用，探索其功能。

摇杆的机械特性分析。对于原动件（曲柄）作匀速定轴转动、从动件相对于机架做往复运动的连杆机构，虽然从动连杆的正负行程位移量相等，但是所需时间并不相同，那么平均速度也就不相同，这种现象就是机构的急回特性，公式如下：

$$K = \frac{t_1}{t_2} = \frac{\varphi_1}{\varphi_2} = \frac{(180° + \theta)}{(180° - \theta)}$$

所以利用 Plot Tracking 工具 捕捉到摇杆慢行程的时间为 $t_1 = 1.46 - 0.88 = 0.58$；快行程时间为 $t_2 = 0.88 - 0.46 = 0.42$，所以急回系数 $K = t_1/t_2 = 1.381$。

5.4.2　曲线中增加动画

通过 ADAMS/Postprocessor 可以同时显示多个仿真模型的动画和曲线，这样在播

放动画的同时,可以查看曲线的实时结果。为了在曲线上增加动画,参阅以下步骤:

(1) 右击视图窗口上方工具条中的页面布置(Page Layout)工具,则出现如图 5-25 所示的分屏设置,选择两页屏,点击后将屏幕分成两部分。

(2) 在新的视图窗口中,右击,选择装载动画(Load Animation)选项,装载仿真动画(如图 5-26 所示),对动画窗口的一些操作,能够获得有用的曲线结果。

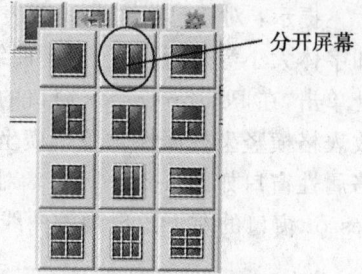

图 5-25　分屏设置

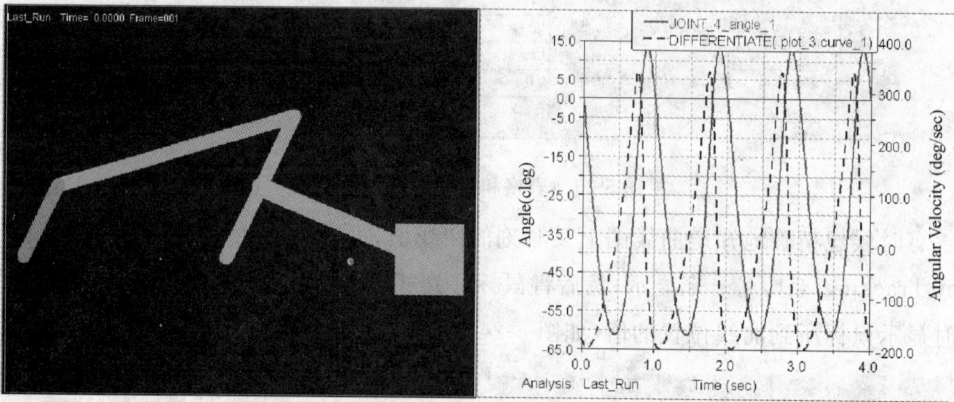

图 5-26　仿真动画

① 选中动画窗口,在窗口下方显示出动画操作选项。

② 点击 View 选项卡,选择 Display Icons,在动画窗口显示出图标。

③ 再点击 Animation 选项卡,在 Trace Marker 的文本框上右击,选择 markerpick。

④ 选择连杆的质心点,用于跟踪该点的实时轨迹。

⑤ 在 Speed Control 调整动画运行速度,再点击播放按钮,可以实时绘出连杆质心点的轨迹。为一腰形轨迹(如图 5-27 所示),该轨迹适合插秧机分插机构的轨迹,曲柄摇杆式分插机构原理就是该四杆机构。

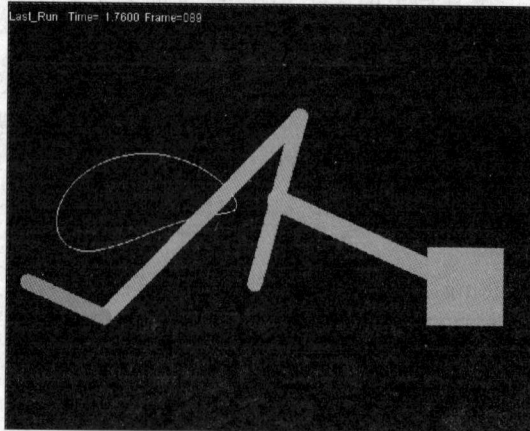

图 5-27　仿真运动轨迹

5.5　ADAMS 函数

在上一节中介绍了运用 ADAMS 进行基本的建模、添加约束驱动、运行仿真、后处理结果分析，以及一些有用的结果分析与操作。通过上一章的学习，了解了使用 ADAMS 对机械系统进行分析的基本流程和一些技术要领，而对于一个复杂的机械系统来说，通过简单的约束和设置已经不能满足系统分析的要求。

在本章将学习 ADAMS 函数用于较复杂的机械系统分析，在使用 ADAMS 过程中，函数比较多，大概有 11 种之多，常用函数有 STEP 函数、IF 函数、AKISPL 函数、碰撞函数 impact，BISTOP 函数，本章将介绍这些函数的用法。

5.5.1　STEP 函数应用

格式：STEP(x,x0,h0,x1,h1)

参数说明：

x——自变量，可以是时间或时间的任一函数；

x0——自变量的 STEP 函数的开始值，可以是常数、函数表达式或设计变量；

x1——自变量的 STEP 函数结束值，可以是常数、函数表达式或者设计变量；

h0——STEP 函数的初始值，可以是常数、设计变量或其他函数表达式；

h1——STEP 函数的最终值，可以是常数、设计变量或其他函数表达式。

STEP 为阶跃函数，其相应的曲线如图 5-28 所示。

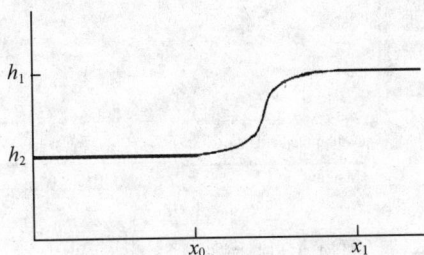

图 5-28　STEP 为阶跃函数曲线

在有些复杂应用场合，存在多层阶跃的情况，则可以使用 STEP 函数的嵌套功能，嵌套格式有以下 3 种：

(1) STEP(time,t1,v1,t2,v2)＋step(time,t3,v3,t4,v4)；

(2) STEP(time,t1,v1,t2,v2) * step(time,t3,v3,t4,v4)；

(3) STEP(time,t1,v1,t2, step(time,t3,v3,t4,v4))。

上面 3 个表达式的结果一样，其结果如下：

t<=t1 时，表达式值为 v1；t=t2 时，表达式值为 v2＋v3；t=t3 时，表达式的值为 v2＋v3；t>＝t4 时，表达式值为 v2＋v4；

应用举例：一条曲线，其节点如下表所示：

$x(t/s)$	0	0.15	0.3	0.45	0.6	0.75	0.9	1
$y(\alpha/(°))$	0	20	0	20	45	60	15	0

（1）启动 ADAMS 软件，任意建立一构件，比如杆件，添加其和地面之间的转动副，添加旋转驱动；

（2）在旋转驱动上右击选择 modify，如图 5-29 所示，点击 function 文本框后面的省略号，弹出函数建立窗口如图 5-30 所示。

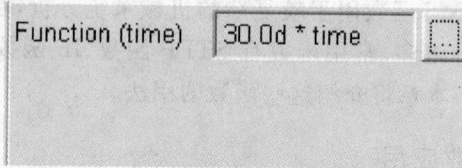

图 5-29　function 文本框

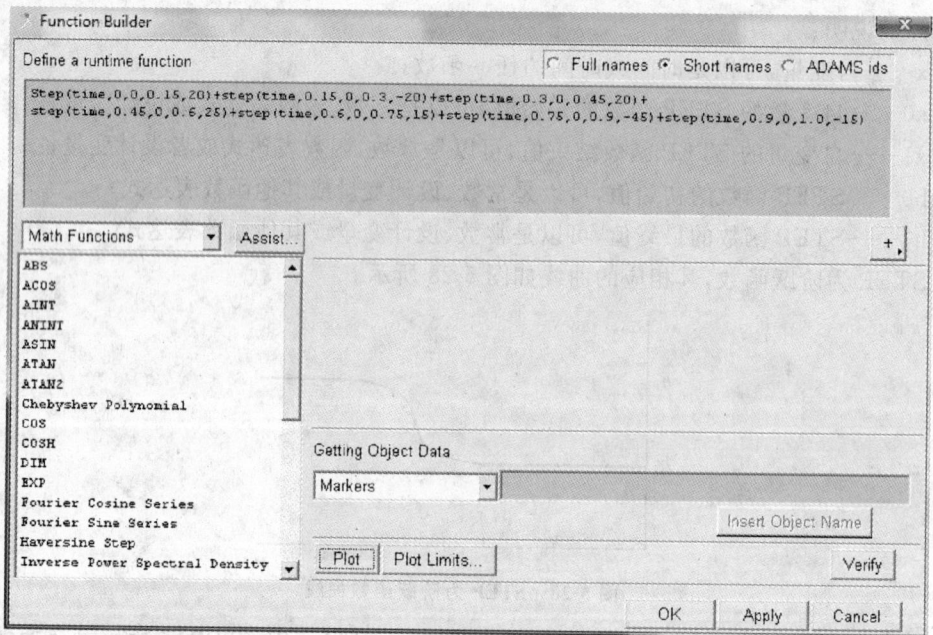

图 5-30　函数建立窗口

（3）在函数输入区输入如下 STEP 函数（注意所有字符须在英文输入法下输入）：

Step(time,0,0,0.15,20)＋step(time,0.15,0,0.3,－20)＋step(time,0.3,0,0.45,20)＋step(time,0.45,0,0.6,25)＋step(time,0.6,0,0.75,15)＋step(time,0.75,0,0.9,－45)＋step(time,0.9,0,1.0,－15)

（4）点击 Plot 按钮，弹出该函数的曲线（如图 5-31 所示）。

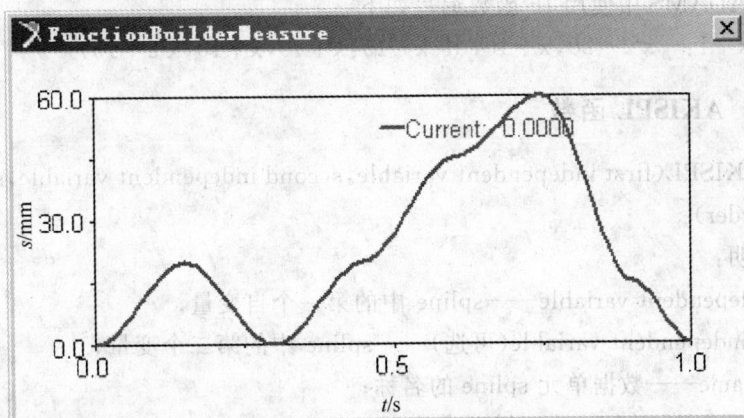

图 5-31　函数的曲线

从图 5-31 可以看出该曲线能很好地通过节点,说明该函数编写正确,STEP 函数可广泛地应用于有复合驱动和有时序关系驱动场合。

5.5.2　IF 函数应用

函数格式:IF(Expression1:Expression2,Expression3,Expression4)

参数说明:

Expression1——ADAMS 的评估表达式;

Expression2——如果 Expression1 的值小于 0,IF 函数返回 Expression2 的值;

Expression3——如果 Expression1 的值等于 0,IF 函数返回 Expression3 的值;

Expression4——如果 Expression1 的值大于 0,IF 函数返回 Expression4 的值;

例如:函数 IF(time−2.5,0,0.5,1)

结果:0.0 IF time<2.5;

0.5 IF time=2.5;

1.0 IF time>2.5;

应用举例 1:分段函数的表示:

在 ADAMS 中如何输入力或位移、速度、加速度等的分段曲线,这一直是值得注意的问题。例如输入一个常见的加速—匀速—减速的问题。

(1) 要输入的速度函数为

$$v=\begin{cases} 10*t & (0<t\leqslant0.1) \\ 1 & (0.1<t\leqslant0.4) \\ -10*t+5 & (0.4<t<0.5) \end{cases}$$

(2) 在 ADAMS 中的表示如下:

Velo(time)=IF(time−0.1:step(time,0,0,0.1,1),step(time,0.4,1,0.5,0))

应用举例 2:分段函数如下请使用 IF 语句来编写:

(1) $y=\begin{cases} -x^2-20 & (x<-1) \\ x+10 & (-1\leqslant x\leqslant15) \\ x^2-15 & (x>15) \end{cases}$

（2）在 ADAMS 中使用 IF 函数编写如下：

$y = IF(x+1 : -x^2-20, x+10, if(x-15 : x+10, x+10, x^2+15))$

5.5.3 AKISPL 函数

格式：AKISPL(first independent variable, second independent variable, spline name, derivative order)

参数说明：

first independent variable——spline 中的第一个自变量；

second independent variable(可选)——spline 中的第二个变量；

spline name——数据单元 spline 的名称；

derivative order(可选)——样条阶数。

例如：

Function＝AKISPL(DX(marker_1, marker_2, marker_2), 0, spline_1)

Spline_1 用表 5-2 中的离散数据定义。AKISPL 的拟合曲线如图 5-32 所示。

表 5-2　离散数据定义

自变量(x)	函数值(y)
-4.0	-3.6
-3.0	-2.5
-2.0	-1.2
-1.0	-0.4
0.0	0.0
1.0	0.4
2.0	1.2
3.0	
4.0	

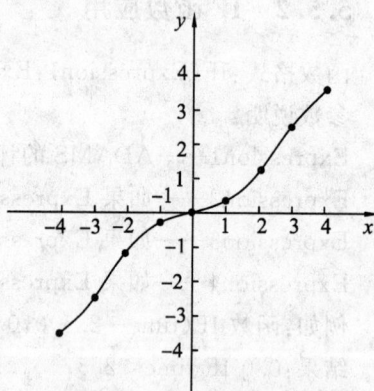

图5-32　AKISPL的拟合曲线

5.5.4 碰撞函数 impact

格式：impact(displacement variable, velocity variable, trigger for displacement variable, stiffness coefficient, stiffness force exponent, damping coefficient, damping ramp-up distance)

参数说明：

Displacement variable——实时位移变量值，通过 DX, DY, DZ, DM 等函数实时测量；

Velocity variable——实时速度变量，通过 VX, VY, VZ, VM；

Trigger for distancement variable——激发碰撞力的位移测量值；

Stiffness coefficient or K——刚度系数；

Stiffness force exponent——非线性弹簧力指数；

Damping coefficient or C——阻尼系数；

Damping ramp-up distance——当碰撞力被激发阻尼逐渐增大的位移值。

5.5.5　bistop 函数

bistop(x,dx,x1,x2,k,e,cmax,d),它由 8 个参数定义,与函数 impact 类似。可以认为,bistop 是双侧碰撞函数。

bistop 的触发是由两个边界条件确定的,及 x1 和 x2。当 x1≤x≤x2 时,函数值为 0;当 x>x2 或 x<x1 时,函数值是不同的。

当 x<x1 时,返回值是:K(x1-x)^e-cmax * dx * step(x,x1-d,1,x1,0)

当 x>x2 时,返回值是:k(x-x2)^e-cmax * dx * step(x,x2,1,x2+d,0)

5.5.6　STEP 函数应用实例

1. 五连杆并联机械手运动仿真

本节主要介绍 step 多重嵌套函数应用于运动仿真,给出机构运动的关节时序,以便电气工程师设计控制系统以及旋转副的定义。该五连杆并联机械手主要用于产品分类、分选和穴盘苗高速移栽系统,本节主要讲述其在穴盘苗高速移栽系统上的应用,其系统组成如图 5-33 所示,机械手各部件名称如图 5-34 所示,机构各部分的尺寸如表 5-3 所示,根据该尺寸用三维软件建立机构模型。

启动 ADAMS/View 在欢迎对话窗中选择打开文件(Open an existing database),点击 OK 按钮后,弹出打开文件对话框,在对话框中找到 wlgjxs. bin。

打开工作栅格。如果工作栅格没有打开,单击工具栏中的 Grid 按钮或者按下键盘上的 G 键,将工作栅格显示出来。

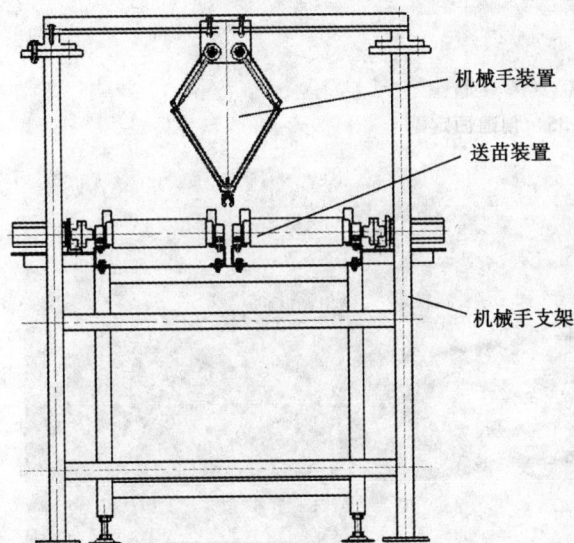

图 5-33　穴盘苗高速移栽系统组成

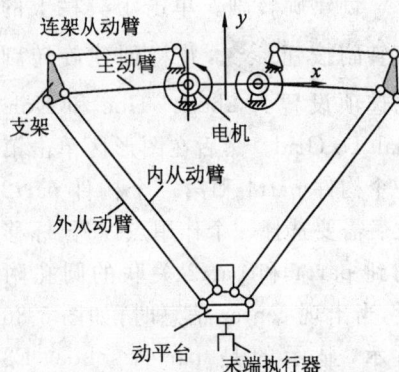

图 5-34　穴盘苗高速移栽机构各部分名称

表 5-3　机构各部分尺寸

mm

部件、部位	尺寸
主动臂长度 $L1$	300
从动臂长度 $L2$	656
工作空间位置 H	620
关节中心间距差 e	65
工作空间宽度 b	800
工作空间高度 h	120

　　创建固定副。单击工具栏上的固定副按钮 🔒，并将定义固定副的选项选为 1—Location 和 Normal To Grid，然后在图形区点击 part2 上的一点，将 part2 固定在大地上，如图 5-35 所示。

　　按照上面的步骤，再将定义固定副的选项选为 2bod—1Location 和 Normal To Grid，在 part3 和 part5 之间添加固定副，part6 和 part16 之间添加固定副。

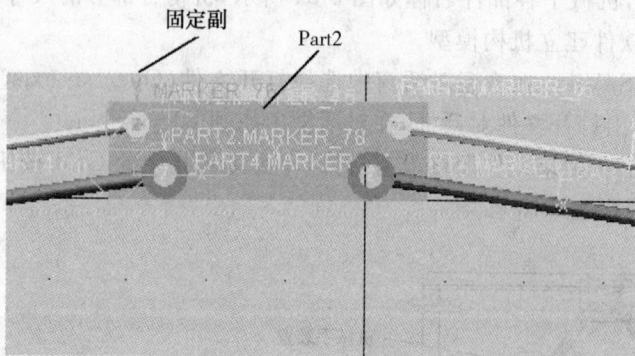

图 5-35　创建固定副

　　创建旋转副。单击工具栏上的旋转副按钮 🎞️，并将创建旋转副的选项设置为 2bod—1loc 和 Normal To Grid。然后在图形区单击第一个构件 part4 和第二个构件 part2 之后需要选择一个作用点，将鼠标移动到 part4 和 part2 关联的圆孔附近，当出现 center 信息时，如图 5-36 所示，显示的是 part4，solid3，E3 (center)，按下鼠标左键后就可以创建旋转副。旋转轴的方向垂直工作栅格。如果在选择构件时不容易选

图 5-36　创建转动副

取，可以放大模型，也可以在构件上单击右键，在弹出的选取对话框的列表中，选择相应的

构件即可。

按照上面的步骤，完成其他旋转副的定义，如图 5-37 所示。

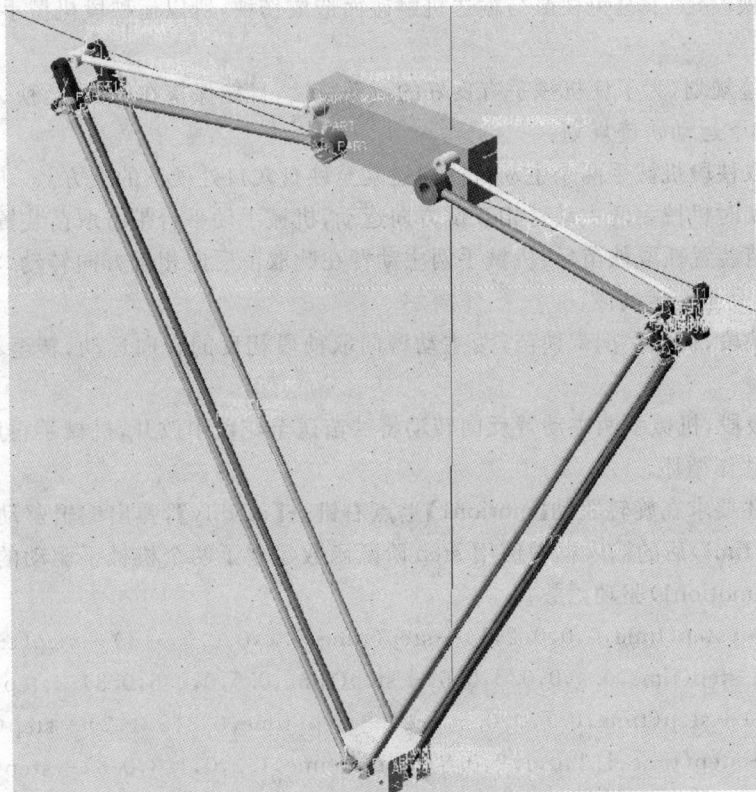

图 5-37　创建其他转动副

添加驱动。在工具栏中单击滑移驱动按钮 ，然后在图形区点取如图 5-38 高亮显示的旋转副，即 part4 和 part2 之间的旋转副，part2 和 part5 之间的旋转副，所创建的驱动是一个常值函数驱动，这并不能满足相关要求。

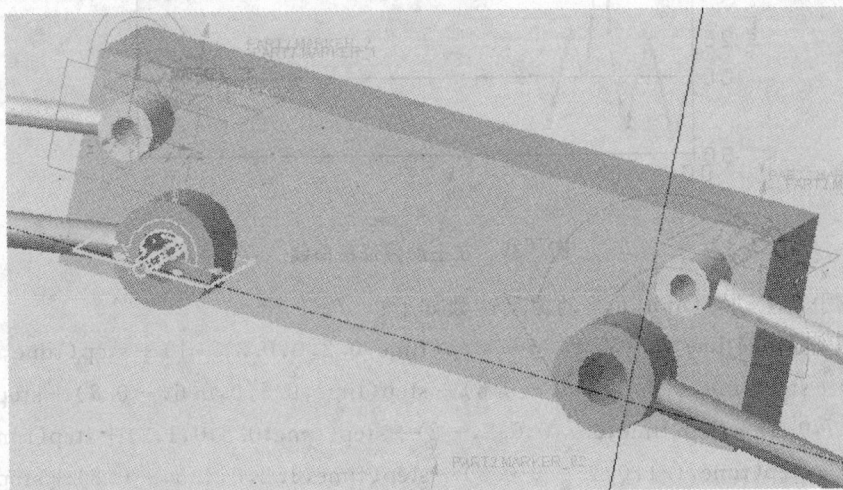

图 5-38　添加驱动

　　首先分析该机构的工作过程。本五连杆移栽机械手,在运动过程中要求把穴盘里的种苗取出,然后移植到花盆中,所以在取秧段机械手末端的轨迹曲线可以低一点,在取了苗之后的运秧段,为了避免秧苗与输送机触碰而造成伤秧,所以运秧段机械手的轨迹相对取秧段要高。

　　运动轨迹规划,为了使机械手有良好的运动特性,且能保持在取秧、运秧、移栽段不伤苗,先作出如下运动轨迹规划:

　　(1)在取秧段机械手两个主动臂同向运动至秧盘穴口处秧苗的上方。

　　(2)取秧时机械手两主动臂相互反方向运动,机械手动平台带着取苗装置抓取秧苗。

　　(3)取苗装置抓取秧苗后,机械手两主动臂在此取苗后向相反方向转动,将秧苗从穴盘取出,并提高至一定高度。

　　(4)运秧段,机械手携带秧苗,两主动臂向取秧段相反的转向运动,转至花盆上方停止转动。

　　(5)移栽段,机械手两主动臂反向转动将秧苗送至花盆中放开,机械手再原路返回进行下一次的动作循环。

　　根据上述要求在旋转驱动【motion1】上点右键→【modify】,弹出编辑驱动的对话框,在 Function(time)后的输入框中使用 step 阶跃函数建立了两个机械手驱动的函数,机械手左主动臂(motion1)驱动函数:

$-240d * (step(time,0,0,0.2,1) + step(time,0.2,0,0.3,-1) + step(time,0.3,0,0.4,-0.6) + step(time,0.4,0,0.5,0.6) + step(time,0.5,0,0.6,0.8) + step(time,0.6,0,0.7,-0.8) + step(time,0.7,0,0.8,-2) + step(time,0.8,0,1,2) + step(time,1,0,1.1,-0.8) + step(time,1.1,0,1.2,0.8) + step(time,1.2,0,1.3,0.8) + step(time,1.3,0,1.4,-0.8))$,其位移曲线见图 5-39。

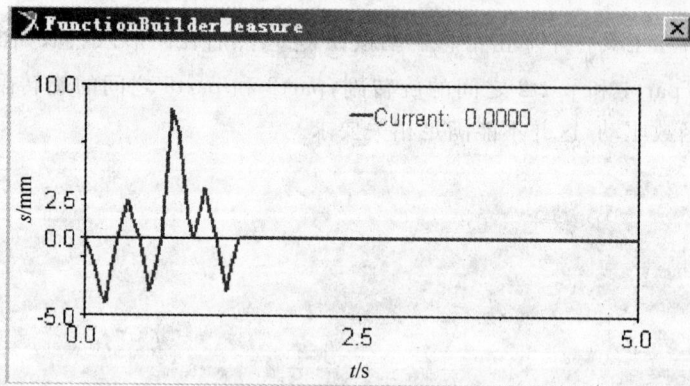

图 5-39　左主动臂位移曲线

　　机械手右主动臂(motion2)的驱动函数如下:

$240d * (step(time,0,0,0.2,1) + step(time,0.2,0,0.3,-1) + step(time,0.3,0,0.4,0.6) + step(time,0.4,0,0.5,-0.6) + step(time,0.5,0,0.6,-0.8) + step(time,0.6,0,0.7,0.8) + step(time,0.7,0,0.8,-2) + step(time,0.8,0,1,2) + step(time,1,0,1.1,0.8) + step(time,1.1,0,1.2,-0.8) + step(time,1.2,0,1.3,-0.8) + step(time,1.3,0,1.4,0.8))$,其位移曲线见图 5-40。

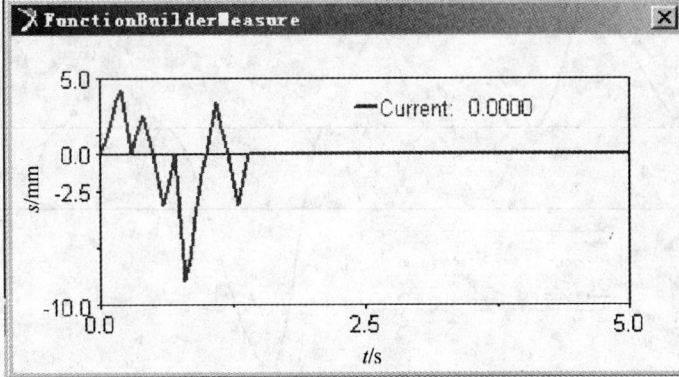

图 5-40　右主动臂位移曲线

运动仿真计算。点击主工具栏中的仿真计算按钮 ▦，将仿真类型设置为 default，仿真时间 end time 设置为 1.4，仿真步数设置为 100，然后点击按钮 ▶ 进行仿真计算。

需要注意的是：以上创建的运动副对模型来说是约束的，这个可以通过菜单【tool】→【model verify】来查看过约束情况如图 5-41 所示，通过将其中的几个旋转副变成基本副就可以解决过约束的问题。

```
VERIFY MODEL: .wlgjxs

-16 Gruebler Count (approximate degrees of freedom)
 16 Moving Parts (not including ground)
 16 Revolute Joints
  5 Fixed Joints
  2 Motions

  0 Degrees of Freedom for .wlgjxs

There are 16 redundant constraint equations.

  This constraint:                  unnecessarily removes this DOF:

  .wlgjxs.JOINT_1    (Revolute Joint)   Rotation Between Zi & Xj
  .wlgjxs.JOINT_1    (Revolute Joint)   Rotation Between Zi & Yj
  .wlgjxs.JOINT_4    (Revolute Joint)   Rotation Between Zi & Xj
  .wlgjxs.JOINT_6    (Revolute Joint)   Rotation Between Zi & Xj
  .wlgjxs.JOINT_8    (Revolute Joint)   Rotation Between Zi & Yj
  .wlgjxs.JOINT_9    (Revolute Joint)   Rotation Between Zi & Xj
  .wlgjxs.JOINT_9    (Revolute Joint)   Rotation Between Zi & Yj
  .wlgjxs.JOINT_12   (Revolute Joint)   Rotation Between Zi & Yj
  .wlgjxs.JOINT_14   (Revolute Joint)   Rotation Between Zi & Yj
  .wlgjxs.JOINT_16   (Revolute Joint)   Rotation Between Zi & Xj
  .wlgjxs.JOINT_16   (Revolute Joint)   Rotation Between Zi & Yj
  .wlgjxs.JOINT_18   (Revolute Joint)   Rotation Between Zi & Xj
  .wlgjxs.JOINT_19   (Revolute Joint)   Rotation Between Zi & Yj
  .wlgjxs.JOINT_21   (Revolute Joint)   Rotation Between Zi & Xj
  .wlgjxs.JOINT_21   (Revolute Joint)   Rotation Between Zi & Yj
  .wlgjxs.JOINT_23   (Revolute Joint)   Rotation Between Zi & Xj

Model verified successfully
```

图 5-41　查看过约束情况

运动仿真分析。进入 ADAMS 后处理模块，在 data 的 source 下拉列表框选择 object，filter 选择 constraint，选择 joint23（part2 和 part4 之间的转动副）和 joint4（part2 和 part5 之间的转动副），characteristic 选择 angular_velocity，component 选择 z，然后点击 add curves，将这两个运动副的转角关系添加到曲线框上，通过图 5-42 可以看出机构的两个驱动的转角符合所设计的轨迹规划。

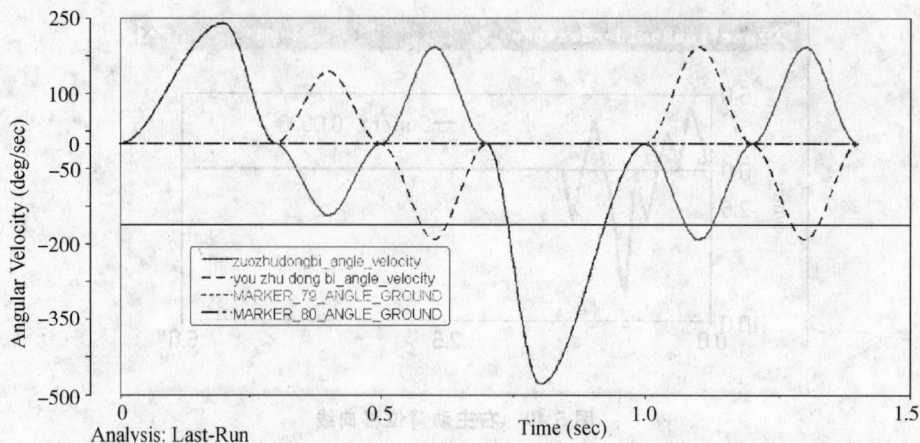

图 5-42　两个驱动的转角符合所设计的轨迹规划曲线

2. 番茄采摘机械手

启动 ADAMS 2007,打开 harvest_1 文件,该文件就是番茄采摘机械手的 ADAMS 模型(如图 5-43 所示)。该机械手按照如下动作过程执行:

(1) 由驱动电机驱动夹持机械手松开到合适位置;

(2) 番茄吸盘伸出吸住番茄,并拉回至机械手指可夹位置;

(3) 机械手夹持番茄;

(4) 整个机械手绕扭转关节转动,拧下番茄。

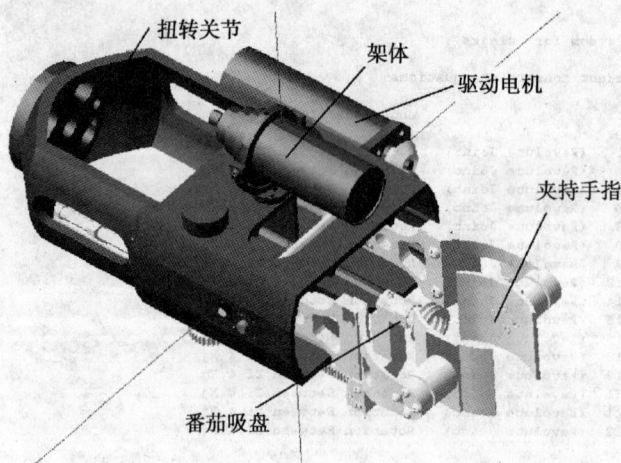

图 5-43　番茄采摘机械手的 ADAMS 模型

根据以上需要执行的过程,下面进入操作步骤:

添加转动副。在 part41 和 part185 之间添加转动副 JOINT_7,转动副的位置为 part41 的中心,方向垂直于 XOY 平面(栅格)如图 5-44a 所示;同理添加 part199 和 part185 之间的转动副 JOINT_6,如图 5-44b 所示;添加 part35 和 part185 之间的转动副 JOINT_10,如图 5-44c 所示;添加扭转转动副,在 part185 和地面之间添加转动副 JOINT_11,如图 5-44d 所示。

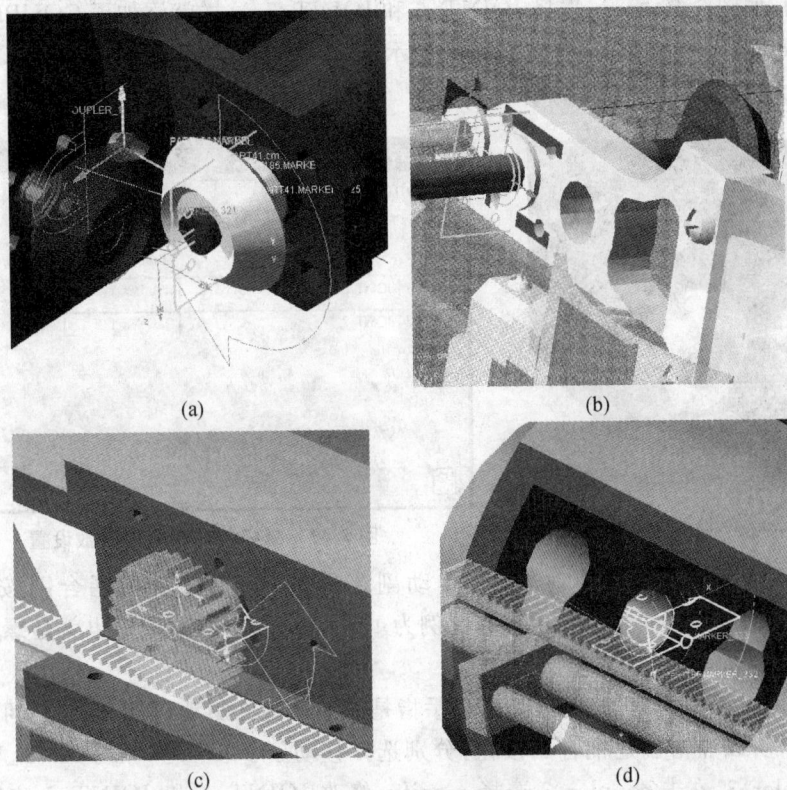

图 5-44　添加转动副

　　添加移动副。机械手夹持手指的开合是靠一个差动螺杆来驱动,可以使用两个移动副来模拟两个手指的运动。点击移动副按钮 ,选择 part133 和 part17,在 part133 的滑杆(part17)孔中心(center)放下,方向与滑杆(part17)轴线方向重合 JOINT_4,如图 5-45a 所示;同样在 part17 和 part12 之间添加移动副 JOINT_5,在 part12 的滑杆(part17)孔中心(center)放下,方向与滑杆(part17)轴线方向重合,如图 5-45b 所示;番茄吸盘也是通过移动来完成工作的,所以也需要添加移动副,在 part20 和 part185 之间添加移动副 JOINT_9,如图 5-45c 所示。

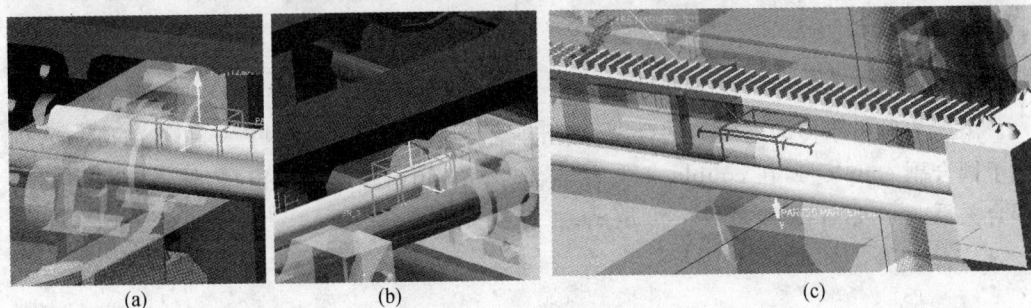

图 5-45　添加移动副

　　添加耦合副。对于模型上的锥齿轮传动、齿轮齿条传动及螺杆传动可以利用耦合副来模拟。点击耦合副 ,需要选择两个运动副来设定它们之间的耦合关系。首先,设定锥齿轮传动,如图 5-46 所示,选择 JOINT_6 和 JOINT_7,这样就添加了 COUPLER_1,点右键选择 Couple_1/modify,设置如图 5-47 所示,因为两锥齿轮齿数一样,所以 JOINT_6 和 JOINT_7 之间的比例为 1.0 : 1.0。

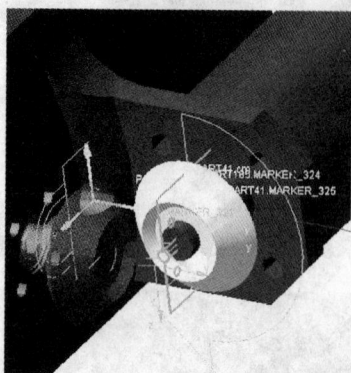

图 5-46 添加耦合副

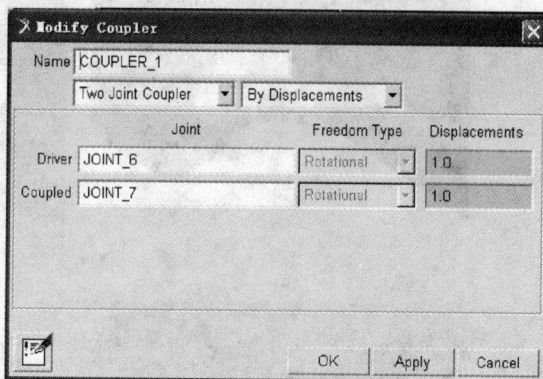

图 5-47 螺杆传动耦合副参数设置

同样,添加螺杆传动(移动副)与转动副之间的耦合副,点击耦合副按钮,选择 JOINT_4 和 JOINT_6,生成 coupler_2,比例为 1.0 : 0.025,如图 5-48,也就是螺杆转 1°机械手指移动 0.025 mm。

再添加两个手指之间的耦合副,两个手指是靠差动螺杆驱动,所以他们之间的运动都是反向运动,所以点击创建耦合副按钮,分别选择移动副 JOINT_4 和 JOINT_5,创建了耦合副 coupler_3,右击 coupler_3 选择 modify,修改 JOINT_4 和 JOINT_5 之间的关系为—1.0 : 1.0,如图 5-49 所示,即表示这两个移动副是反向移动的关系。

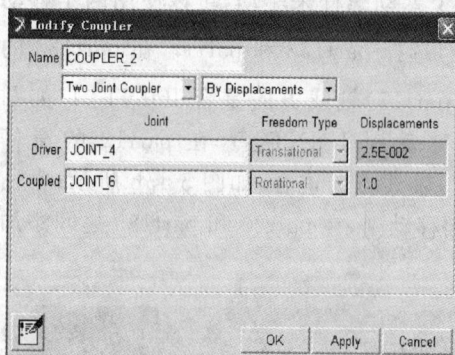

图 5-48 齿轮齿条传动之间的耦合副设置

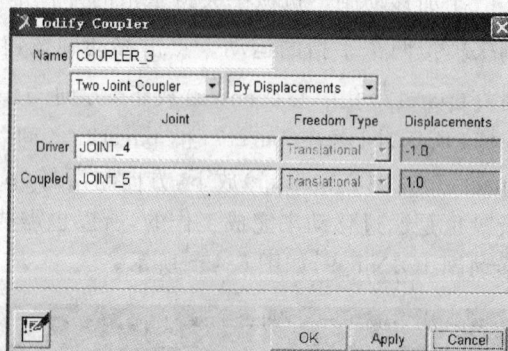

图 5-49 螺杆传动与转动副之间的耦合副设置

添加齿轮齿条传动之间的耦合副,点击耦合副工具,选择 JOINT_9 和 JOINT_10,创建了耦合副 couple_4,在 couple_4 上右击,选择 modify,弹出修改窗口,输入它们之间的耦合关系:—0.25 : 1.0,如图 5-50 所示。

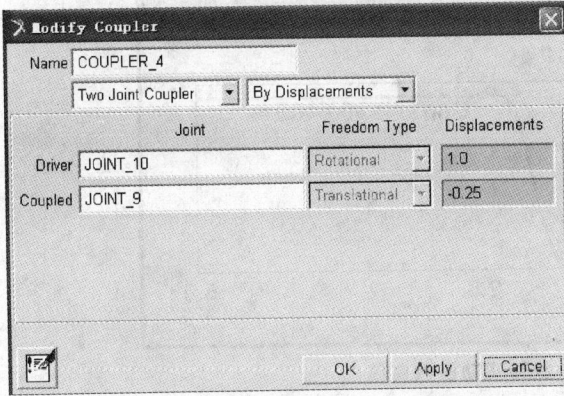

图 5-50　两个手指之间的耦合副参数设置　　　图 5-51　添加旋转驱动

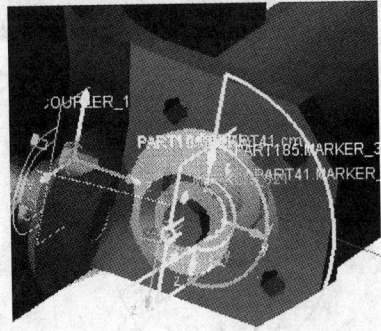

　　驱动设置,机械手指的开合是由点击供给动力,所以 JOINT_7 处需要添加一个旋转驱动,通过耦合副转化为机械手指的移动,番茄吸盘处也需要添加旋转驱动,通过耦合副转化为番茄吸盘的移动,机械手拧番茄动作需要添加转动驱动来完成相应动作。

　　点击旋转驱动按钮 ,在 JOINT_7 上添加一个旋转驱动 Motion_1,如图 5-51 所示。在 Motion_1 上右击,选择 Motion_1/modify,弹出驱动参数修改对话框如图 5-52 所示。在 Function(Time)后面的 □ 按钮,弹出函数编辑对话框,如图 5-53 所示。在函数编辑区,输入如下代码:

　　$-350\text{d} * (\text{step}(\text{time},0,0,0.5,1.2) + \text{step}(\text{time},0.5,0,1,0) + \text{step}(\text{time},1.0,0,1.8,0) + \text{step}(\text{time},1.8,0,2.3,-1.1))$

　　点击 Plot 按钮,显示该函数的曲线如图 5-54 所示。在 0~0.5 s,手指张开;0.5~1.8 s,手指保持张开的状态;在 1.8~2.3 s,去抓果实,抓到果实的同时闭合手指。

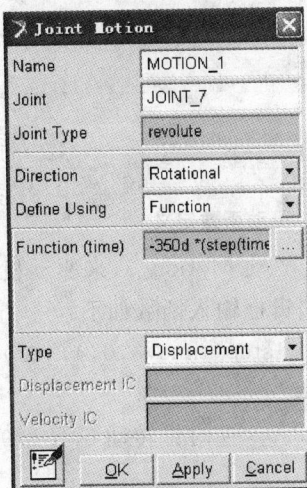

图 5-52　驱动参数设置　　　　　　　　　　图 5-53　函数编辑对话框

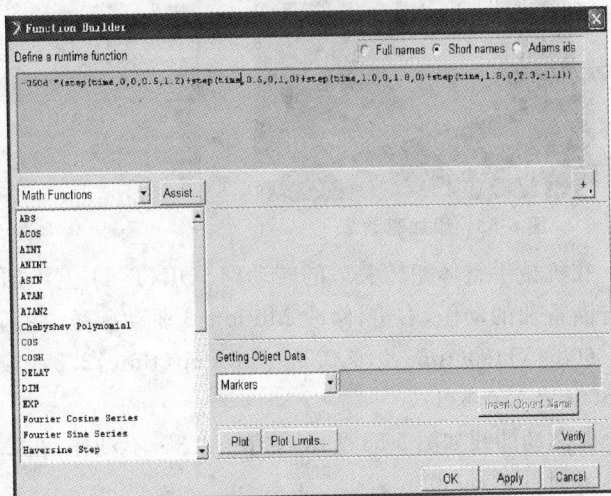

171

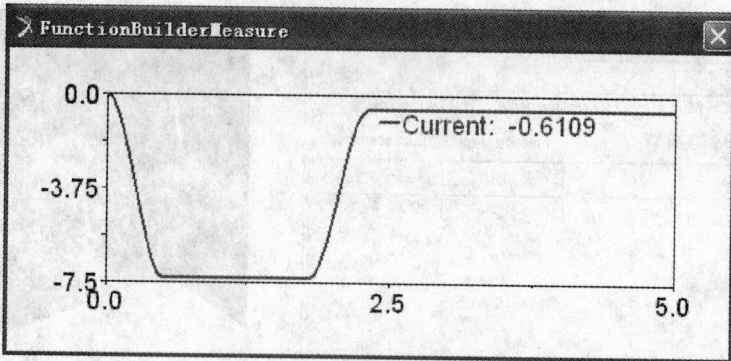

图 5-54　旋转驱动函数曲线

在驱动番茄吸盘运动的齿轮齿条机构的齿轮转动副 JOINT_10 上添加旋转驱动 Motion_2,如图 5-55 所示。右击 modify Motion_2,弹出驱动参数修改对话框,如图 5-56,编写驱动函数如下:

$66d * (step(time, 0, 0, 0.8, 2) + step(time, 0.8, 0, 1.0, 0) + step(time, 1.0, 0, 2, -1.8))$

该驱动函数曲线如图 5-57 所示,在 0~0.8 s,番茄吸盘伸出吸住番茄;在 0.8~1.0 s,保持并可靠地吸住番茄;在 1.0~2.0 s,吸盘带着番茄拉回至机械手指可夹范围。

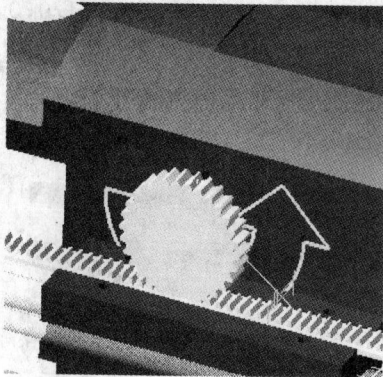

图 5-55　添加驱动 2

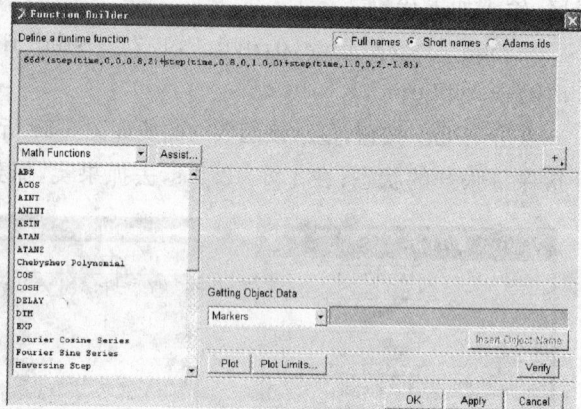

图 5-56　驱动函数定义

在机械手整体扭转关节的转动副 JOINT_11 上添加旋转驱动 Motion_3,来驱动机械手拧断番茄的动作,右击,修改 Motion_3 驱动函数,在函数编辑框输入函数如下:

$60d * (step(time, 0, 0, 2.3, 0) + step(time, 2.3, 0, 3, 1) + step(time, 3, 0, 4, -2) + step(time, 4, 0, 5, 1))$

其驱动曲线如图 5-58 所示,在 0~2.3 s 不动作,在 2.3~3.0 s 逆时针转动 60°,3.0~4.0 s 顺时针转动 60°。

完成上面工作后点击仿真按钮 ▦,参数设置如图 5-59 所示,然后点击运行 ▶ 按钮,便可以看到机械手执行一个完整采摘动作的过程。

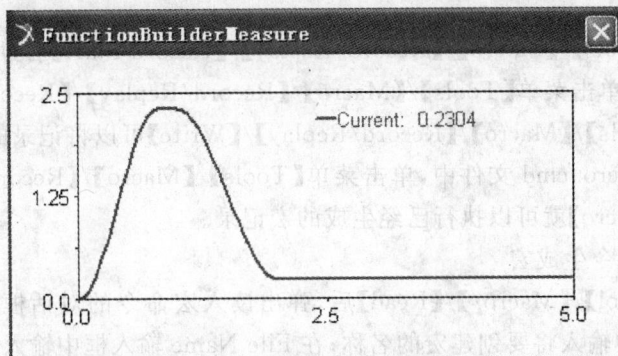

图 5-57 驱动函数曲线

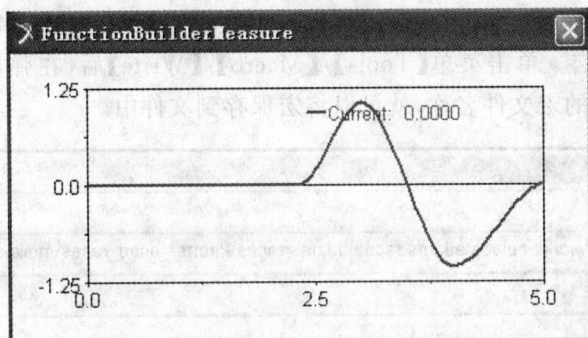

图 5-58 采摘过程仿真曲线

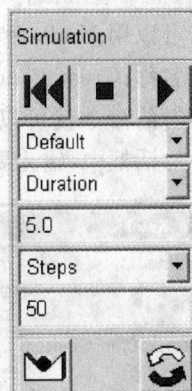

图 5-59 仿真参数设置

5.6 ADAMS 宏操作

宏（Macro）是由用户生成的命令，通过宏记录可以将用户的操作记录下来，并再现过程，使用宏命令可以完成一些重复性的操作；可以记录、编辑、存储或执行宏，完成 ADAMS/View 一系列的命令，如扩张 ADAMS/View 的基本功能，二次开发，自动生成整个模型，快速修改一个机构等。本章将介绍如何创建宏，如何利用宏完成重复性操作和大面积修改操作。

5.6.1 宏操作

1. 创建宏

在 ADAMS 中有 4 种方式创建宏，可以通过交互式记录操作过程生成宏、读入命令生成宏、编辑宏命令生成宏、使用命令导航器或者命令窗口直接输入要生成的宏。对于简单的宏命令可以使用交互式记录方式；对于复杂的宏可以通过读入一个包含宏要执行的 ADAMS/View 命令文件，因为这样还可以指定与该宏相关的帮助文件或者帮助说明；对于已有的宏，使用宏命令编辑器较好。

（1）宏记录

单击菜单【Tools】/【Macro】/【Record/Replay】/【Record Start】后，用户以后的操作将被记录到宏里面，单击菜单【Tools】/【Macro】/【Record/Replay】/【Record End】结束宏记录，单击菜单【Tools】/【Macro】/【Record/Replay】/【Write】可以将记录的宏保存到工作目录下的 record_macro.cmd 文件中，单击菜单【Tools】/【Macro】/【Record/Replay】/【Execute Recorded Macro】就可以执行已经生成的宏记录。

（2）读入宏命令生成宏

单击菜单【Tool】/【Macro/】/【Read】后，弹出读入宏命令的对话框，如图 5-60 所示，在 Macro Name 中输入将要创建宏的名称；在 File Name 输入框中输入命令文件，也可在输入框中点右键，然后选择 browse 浏览到要读入的宏命令文件，在 User Entered Command 输入框中输入执行宏的命令，如果不输入，那么则默认为宏的名称；Wrap in Undo 确定是否可以用 Undo 命令撤销宏操作；Help String 或 Help File 输入帮助性文字或帮助文件的名称；Creat Panel 确定是否生成相应的对话框。创建了宏之后，在命令窗口中输入执行宏的命令就可以执行宏。单击菜单【Tools】/【Macro】/【Write】后，在弹出的保存宏命令对话框中，输入要保存的宏文件名称，就可以将宏保存到文件中。

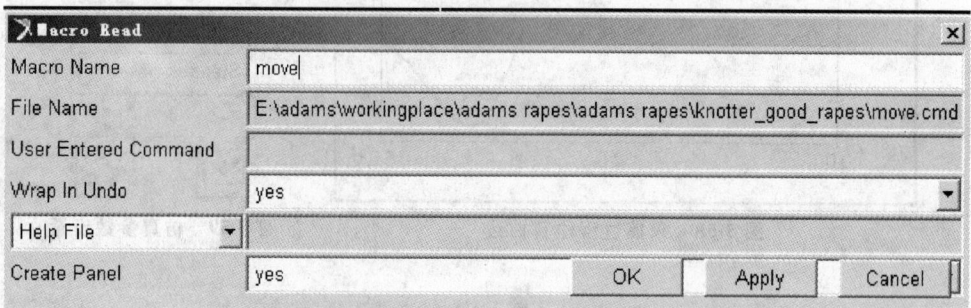

图 5-60　读入宏命令对话框

（3）编辑命令生成宏

单击菜单【Tools】/【Macro】/【Edit】/【New】后弹出编辑命令生成宏对话框，如图 5-61 所示。在 Macro Name 输入框中输入宏的名称；在 User-Entered Command 输入框中输入执行宏的命令，如果使用宏的名称作为执行宏的命令，只要勾选 Use Macro name 项就可以；Wrap in undo 确定是否可以用 Undo 命令撤销宏操作；在 Commands 下的输入框中输入命令后就可以创建宏。

宏创建好后，还可以将宏删除，单击菜单【Edit】/【Delete】，在弹出的数据导航对话框中找到相应的宏后，单击 OK 按钮就可以将宏删除。通过菜单【Tools】/【Macro】/【Debug】就可以对宏进行调试了。

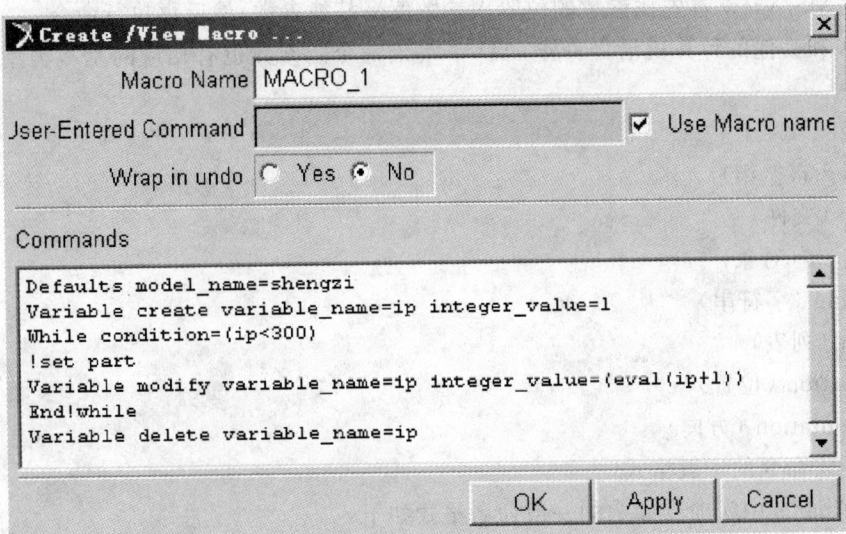

图 5-61　生成宏对话框

（4）建立和读入宏命令文件

在 ADAMS/View 中，可以通过创建 CMD 命令文件，然后读入执行相应的命令。具体操作是在工作目录下新建一个文本文件并打开，输入 CMD 命令程序，然后保存并关闭该文件，将文本文件的扩展名改成 ∗.cmd 格式，这样的文本文件就成为 ADAMS/View 的 CMD 命令文件。对于编辑好的 CMD 文件，在 ADAMS/View 环境下，单击菜单【Tools】/【Read Command File F2】，弹出读入 CMD 文件对话框，见图 5-62。浏览到所建立的 ∗.cmd 文件打开就读入了该命令文件并执行相应的操作。

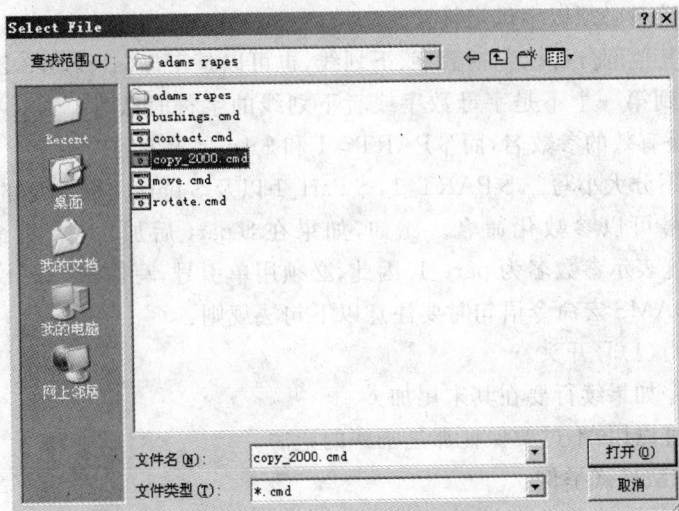

图 5-62　读入 CMD 文件对话框

2. 命令的句法和参数

参数是用户在执行宏命令时提供给宏命令信息的载体，它以 $ 开头，后加参数名，在同一个宏命令中可加入多个参数或将同一个参数加入多次。当创建并要求执行宏命令时,ADAMS/View 首先找参数的位置用参数值来替换参数,然后再执行命令。

(1) 和其他的计算机语言一样,ADAMS 宏命令的参数也有相应的基本类型,主要有如下几种:

Real（实数）

Integer（整型）

File（文件）

Object（对象）

String（字符串）

List（列表）

Location（位置）

Orientation（方向）

(2) 宏命令的一般格式

在 Adams 中宏命令参数的一般命名格式如下:

$'name:q1:q2:q3…'

其中,name 是参数名,q1,q2,q3…是定义参数特性的限定词。

在格式中单引号和限定词是可选的,这样可能的格式有 4 种,分别如下:

$ name

$'name'

$ name:q1:q2:q3…

$'name:q1:q2:q3:…'

(3) 命名规范

宏命令参数的命名规则主要有:

① 一个参数名必须以字母字符开头。

② 名称的其他部分可以包括数字、下划线,也可以是字母(a—z,A—Z)。

③ 名称遇到第一个不是字母数字或者下划线的字符时认为结束。因此, $ p, $ p1 和 $ PART_1 是有效的参数名,而 $ PART♯1 和 $ 1p 是无效的。

④ 参数名不分大小写。 $ PART_1, $ Part_1 以及 $ part_1 是一样的。

⑤ 用单引号可以参数化命名。比如,如果在 $ part 后加"－1"重命名,不能写作 $ part_1,因为这表示参数名为 part_1. 因此,必须用单引号,写作: $'part'_1。

在编写 ADAMS 宏命令语句时要注意以下句法规则:

① 注释行由(!)号开头。

② 一个命令如果续行要在其末尾加 &。

③ 缩写词可以用,不过要保证那是唯一的记法。

以下面的句法格式举例:

① Marker delete marker_name=. mod1. par4. mar27 !

② Marker delete&

Marker_name=. mod1. par4. mar27

③ mar del mar=. mod1. par4. mar27

④ mar del mar=mar27

上面的命令都是执行了同一个动作那就是删除模型 mod1 的 par4 构件上的 mar27 marker 点。

5.6.2　宏命令的条件与循环结构

1. 基于数字的 FOR/END 循环结构

FOR/END 循环命令用于按照设定的次数循环执行一组命令,这种形式是基于数字反复循环执行的结构。ADAMS/View 执行由 FOR 和 END 括起来的命令组,每次执行都对应循环变量的一个允许值。

FOR/END 循环结构可以嵌套本身(FOR/END)和(while/end)和其他条件结构(IF/else,IF/else/end)。

句法形式:

FOR VARIABLE_NAME(变量名)=var START_VALUE=REAL(起始值)&

INCREMENT_VALUE=REAL(递增值) END_VALUE=REAL(终止值)

...

END

说明:

(1) 循环变量 var

ADAMS/View 每次执行 FOR 和 END 之间的命令过程都对应着变量 var 的一个值,该值处于 START_VALUE 和 END_VALUE 之间。在 FOR 循环开始,ADAMD/View 创建 REAL 类型的变量 var,而在循环结构结束后将删除该变量。如果在表达式中用到了该循环变量,ADAMS/View 将给出警告信息,因为在循环结束后要删除该变量,就会影响表达式的定义而报警。如果不想这样,可以用 EVAL 函数,它可以求得循环变量的即时值,但不影响删除变量的操作。一般情况下,程序执行完之后使用 variable delete variable_name=var 删除该变量,这样在其他的语句循环体内就可以再定义并使用该变量。

(2) START_VALUE,INCREMENT_VALUE 和 END_VALUE

START_VALUE,INCREMENT_VALUE 和 END_VALUE 可以是任何有效的实数表达式,INCREMENT_VALUE 可以是正值,也可以是负数,不定义则默认值是 1。

如果 INCREMENT_VALUE 是正值,ADAMS/View 就在每一循环后,循环变量增加一个递增值,直到循环变量值大于 END_VALUE 才会停止循环。

如果 INCREMENT_VALUE 是负值,ADAMS/View 在每一循环后,减去递增值,直到循环变量值小于 END_VALUE 才会停止循环。

(3) FOR/END 循环体内命令

该命令可以调用循环变量 var 作为其 REAL 型参数变量。

例如:ADAMS/View 创建 10 个标记点,MAR1 至 MAR2,该标记点位于默认的零件上,且在该零件参考坐标系 X 轴上开始,间隔一个单位递增。如下式:

For variable_name tempreal start_value=1 end_value=10

Marker creat marker_name=(eval("MAR"//RTOI(tempreal)))&

Location=(eval(tempreal-1),0,0)

End

2. 基于对象的 FOR/END 循环结构

与基于数字的 FOR/END 循环结构一样,基于对象的循环结构的操作对象是一组 ADAMS/View 数据对象,比如标记点和零件等。该形式的 FOR/END 结构也可以进行循环嵌套和条件嵌套。

(1) 语法结构

FOR VARIABLE_NAME＝var(变量名) OBJECT_NAMES＝OBJECTS(对象名) &TYPE＝database_object_type(对象的数据类型)

...

END

对于此类的 FOR 循环结构,ADAMS/View 先创建一个 object 类型的变量,并依次将改组对象赋予变量,供 FOR/END 循环结构内命令调用变量操作。

例如:在 ADAMS 中利用该命令对零件 part_1 进行复制,从 1 开始递增,复制 250 次,如下面的命令:

For variable_name ip start_value＝1 end_value＝250

! set part

part copy part＝. knotter. part_1 new_part＝(unique_name("part"))

! set part

variable modify variable_name＝ip integer_value＝(eval(ip＋1))

variable delete variable_name＝ip

while/end 循环结构

While/end 命令用于有条件地执行一组命令,其结果可能是不执行或者执行多次。ADAMS/View 所执行的命令是由 while 和 end 括起来的内容,他会重复执行直到 while 附带条件表达式值为零时才退出,该结构也可以嵌套循环结构和条件选择结构。

(2) 句法结构

While condition＝(expression)

...

End

举例,该指令对零件 part_1 进行复制,从 1 开始递增,复制 250 次,如下面的命令:

variable creat variable_name＝ip integer_value＝1

while condition＝(ip<＝250)

! set part

part copy part＝. knotter. part_1 new_part＝(unique_name("part"))

! set part

variable modify variable_name＝ip integer_value＝(eval(ip＋1))

end! while

variable delete variable_name＝ip

条件循环 IF/ELSE

IF/ELSE 用于有条件的执行一个命令,由 IF/END 括起来的命令是否执行将取决于条件表达式的取值。

句法结构：

IF CONDITION＝(expression)

…

END

IF CONDITION＝(expression)

…

Else

…

END

IF CONDITION＝(expression)

…

ElSIEF

…

ELSE

…

END

说明：在条件表达式中常用到的操作符有：

! ＝　　不等于

&& 　　逻辑与

|| 　　逻辑或

== 　　等于

< 　　小于

举例：如果标记点的 MAR1 存在，ADAMS/View 就修改其位置；如果不存在，AD-AMS/View 就创建 MAR1 并设定它的位置。代码如下：

If condition＝(DB_EXTSTS(″MAR1″))

　　Marker modify marker＝mar1 location＝2,0,0

Else

　　Marker creat marker＝mar1 location＝2,0,0

End

5.6.3　宏命令实例：捆绳模型的建立

一般情况下在 ADAMS 中建立的构件是刚性体，这种构件在受到力的作用下是不会产生变形的，当然 ADAMS 也提供了 3 种用于建立柔性体的方法，但是所建立的柔性体是不能产生大变形，一般用于小变形的场合。所以通过 ADAMS 提供的 bushing 连接来建立可以大变形的柔性体，其实这不是真正意义上的柔性体，但可以满足分析那些需要使用到绳子的场合，比如起吊机械等用到钢丝绳的机械系统分析。本节将介绍在 ADAMS 中建立绳子模型的方法。在本例中将绳子分成一段一段的小圆柱体，各段小圆柱体通过柔性连接 bushing 连接起来成为一个整体的绳子，可以大变形建立步骤如下：

启动 ADAMS 建立一个新的模型,model name 为 shengzi 如图 5-63 所示,注意 model name 要与所编写的宏命令(CMD 文件中的 model name)名称一致。

图 5-63　启动 ADAMS 建立一个新的模型对话框

创建一个圆柱体长 50 mm,半径 10 mm,圆柱参数:Location:0.0,0.0,0.0,Orientation:180.0,90.0,180.0,如图 5-64 所示在圆柱体上右击选择 Rename,将其名称改为 shengzi.part_1.点击确定退出。

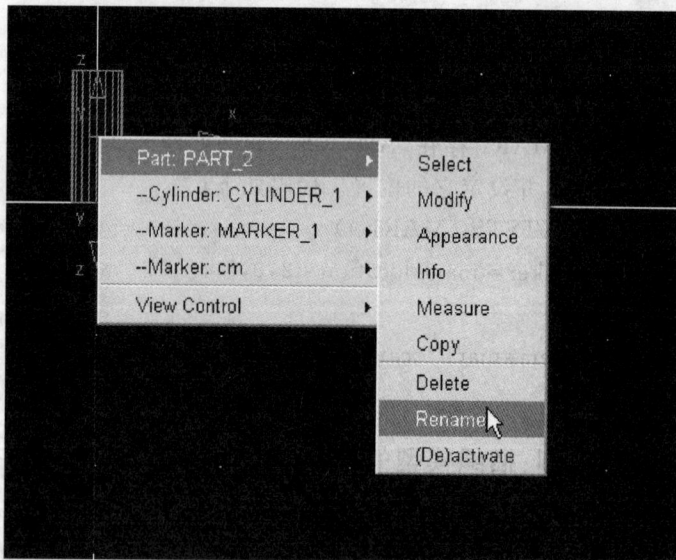

图 5-64　创建圆柱体

将上面建好的圆柱体 copy300 次,在 ADAMS 工作目录下建立一个命令文件,文件名是 copy.cmd,键入如下所示的代码,然后点击 tools>read cmmand file F2,选择该命令文件,运行后 part_1 圆柱体在原位被复制 300 次。

Defaults model_name=shengzi　　　　　　　　　　　　　　//声明模型的名称是 shengzi

```
Variable create variable_name＝ip integer_value＝1      //定义变量 ip 为整型,初值为1
While condition＝(ip＜300)                              //循环条件为 ip＜＝300
! set part
part copy part＝. shengzi. part_1 new_part＝(unique_name("part"))   //复制 part_1
! set part
Variable modify variable_name＝ip integer_value＝(eval(ip＋1))    //变量 ip 自加1
End! while                                             //结束循环
Variable delete variable_name＝ip                        //删除变量 ip
```

圆柱体在原位被复制 300 次后,要使其能组成一段完整的绳子,就要使原位复制的圆柱体一段一段地首尾相连,这就需要移动被复制的圆柱体。同样建立一命令文件命名为 move. cmd,输入如下代码,然后读入该命令文件圆柱体就被移动成一条长线。(命令中 $c1,c2,c3$ 代表移动方向,此例中是向 Y 方向移动,所以 $Y＝50$,即 $c2＝50$,为一节圆柱体的长度)完成移动后的图形如图 5-65 所示。

```
Defaults model part_name＝. shengzi. part_1            //声明模型的名称是 shengzi
Variable create variable_name＝ip integer_value＝1      //定义变量 ip 为整型,初值为1
    While condition＝(ip＜300)                          //循环条件为 ip＜＝300
Move object part_name＝(eval(". shengzi. part_"//(ip＋1))) &
                                                       //逐一移动圆柱体
    c1＝0 c2＝50 c3＝0&                                 //设定移动参数
    cspart_name＝(eval(". shengzi. part_"//(ip＋1)))    //移动相对参照物
end! while
variable delete variable_name＝ip                       //删除变量 ip
```

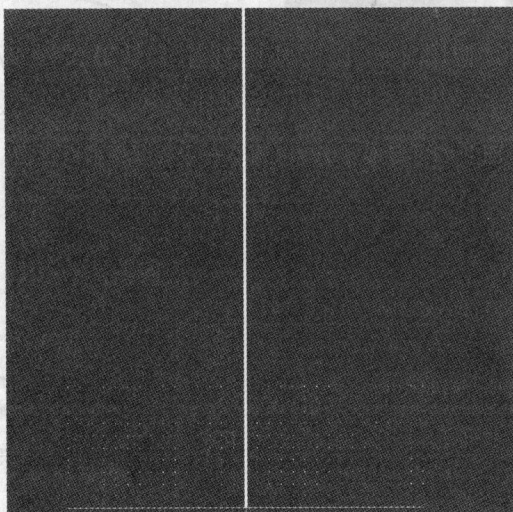

图 5-65 圆柱体移动成一条长线

建立一个圆柱体用于转动绳子之用,调整 Working Grid 方向为 Global YZ,如图 5-66 所示。

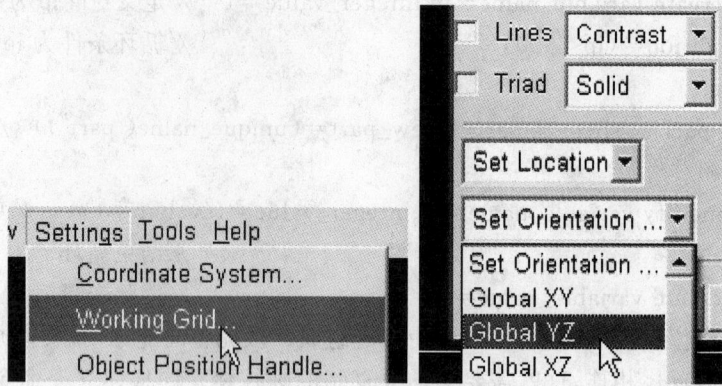

图 5-66　调整 Working Grid 方向

建立一个半径为 73.30mm 的圆柱体,长度随意,但是不能太短,位置如图 5-67 所示,圆心的坐标为(0,0,0)。注意半径的由来:计划让这条绳子绕这个圆柱(下文称为转轮),绳子两端都朝下,这就需要绳子旋转一定角度。设绳子长度为 L,转轮半径为 R,那么 $\tan\varphi=L/2R$,计算出 φ 的值,根据所需要转动的角度,便可求出需要转动几段绳子。本例中绳子是由半径为 10 mm、长为 50 mm 的圆柱组成,希望绕转轮的每一个圆柱都与转轮相切。设定每个圆柱旋转 30°,这样 6 个就可以转 180°。如图 5-68 所示 $OD=25/\tan 15°\approx$ 73.30 mm,其他的也可以用类似的方法计算。

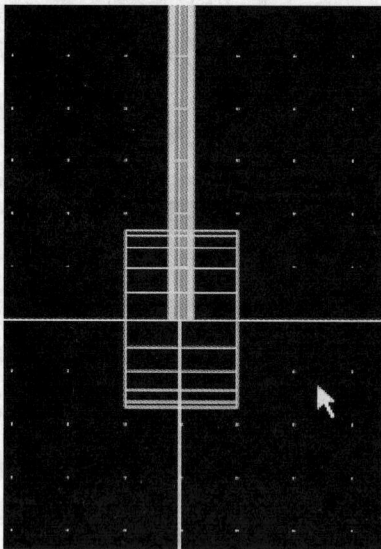

图 5-67　创建半径为 73.30 的圆柱体

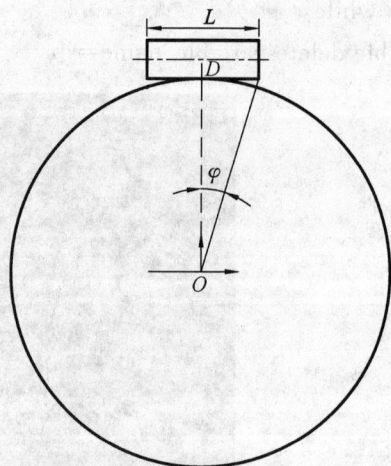

图 5-68　圆柱与转轮相切示意图

将转轮移动到目标位置,首先将网格视图切换到 xy 平面如图 5-69 所示。

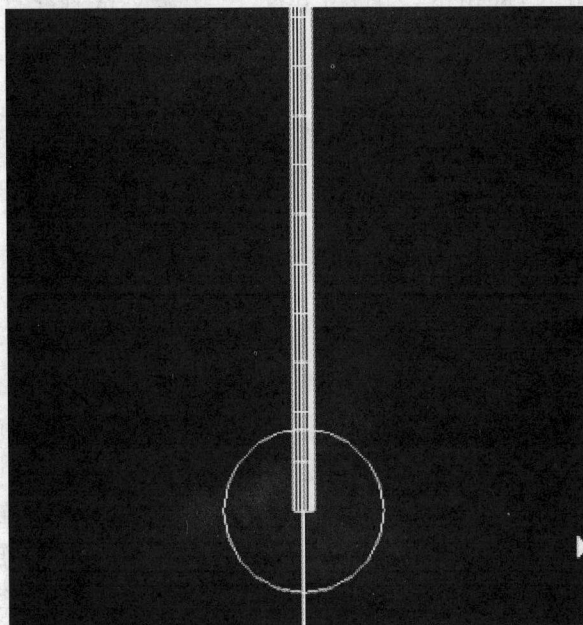

图 5-69　网格视图切换到 xy 平面示意图

　　往 x 方向移动 93.301,往 y 方向移动 6 025=120×15+25,就是 125 号圆柱的中心,如图 5-70 所示。

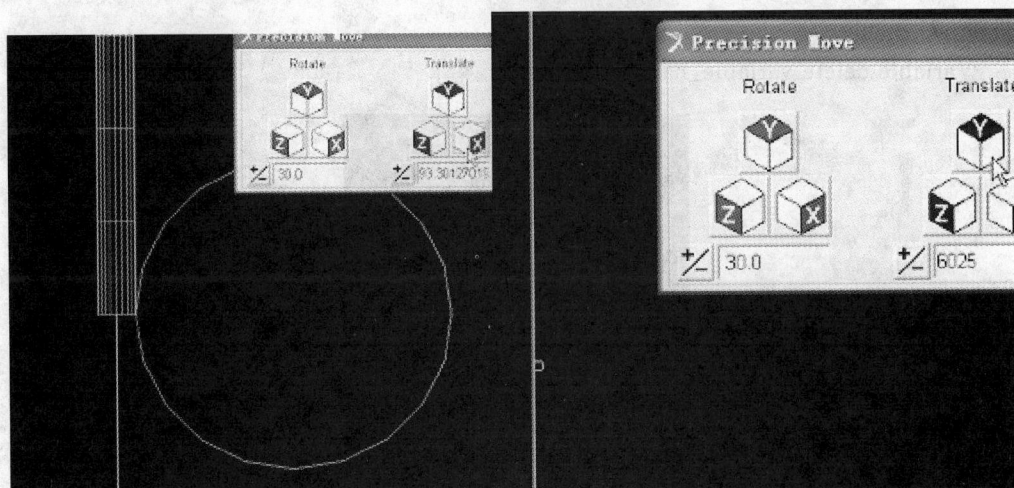

图 5-70　x,y 方向移动后示意图

给各绳子添加 bushing 柔性连接,其代码如下,然后读入该命令。如图 5-71 所示

Defaults model model_name=. shengzi

Variable create variable_name=ip integer_value=1　　　　　　　//定义变量 ip

While condition=(ip<300)　　　　　　　　　　　　　　　//定义循环条件

Marker create &

　　Marker_name=(eval(″. shengzi. part_″//″). marker_1″//ip+1000) &

　　　　　　　　　　　　　　　　　　　　　　　　//创建 marker 点

```
        Location=0.0,(eval(ip*50)),0.0 &        // 定义 marker 点位置
        Orientation=0d,90.0d,90.0d               // 定义 marker 点方向
Marker create &
        Marker_name=(eval(".shengzi.part_"//"").marker_1"//ip+2000) &
        Location=0.0,(eval(ip*50)),0.0 &
        Orientation=0d,90.0d,90.0d
Force create element_like bushing &              // 创建 bushing 连接
Bushing_name=(eval(".shengzi.bushing_"//ip))&
                                                 // 定义 bushing 的名称
Adams_id=(eval(ip))&                             // 定义 ID 号
I_marker_name=(eval(".shengzi.part_"//ip//".MARKER_1"//ip+1000))&
I_marker_name=(eval(".shengzi.part_"//ip//".MARKER_1"//ip+2000)) &
                                                 // 设置 bushing 连接的两个连接点
Damping=1,1,1 &                                  // 设置 bushing 连接的阻尼
Stiffness=5.9346e4,5.9346e4,5.9346e4 &           // 设置 bushing 连接的刚度系数
Tdamping=1,1,1 &                                 // 定义切向阻尼
Tstiffness=5,5,5                                 // 定义切向刚度
Variable modify variable_name=ip integer_value=(eval(ip+1))
                                                 // 变量 ip 自加 1

End! while
Variable delete variable_name=ip
```

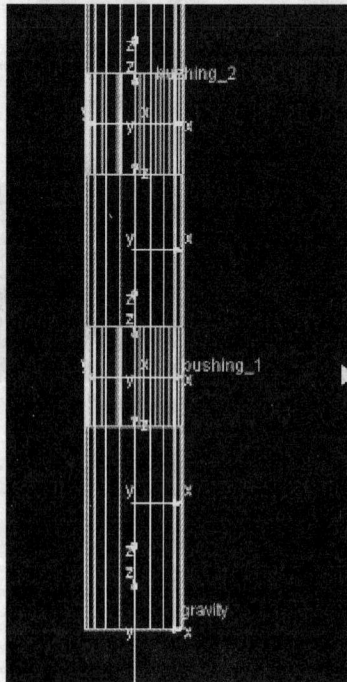

图 5-71　给各绳子添加 bushing 柔性连接后示意图

对于上面建立好的 bushing，可以通过改变 bushing 的 CMD 文件中建立 bushing 的两个 marker 点的方向来改变 bushing 的方向。

让圆柱体绕转轮旋转，依然通过 CMD 文件实现，代码如下：

```
Variable create variable_name=wh integer_value=122    //定义变量 wh 初值为 122
While condition=(wh<=127)                             //定义循环条件
Variable create variable_name=ip integer_value=(evak(wh))
                                                      //定义变量 ip 的值为 wh 的值
While condition=(ip<=300)                             //定义 ip 的循环条件
If cond=(! str_is_space("part_varval(wh)"))
    Undo begin sup=yes
    Variable set variable=. mdi. tmpdeforis str="body313"
                                                      //设置转动方式
    Defaults unit orientation_type=body123
    Move rotation part=(eval(". shengzi. part_"//ip)) &
                                                      //设定所需要转动的小圆柱体编号
        Csmarker=(eval(". shengzi. part_"//wh//". MARKER_1)) &
    al=2. 0 a2=30d a3=0. 0 about=yes                  //设置旋转角度为 30°
    defaults unit orientation_type=""body313"         //设置转动方式
    undo end
end
variable modify variable_name=ip integer_value=(eval(ip+1))       //ip 自加 1
end! while                                            //结束 ip 循环
variable delete variable_name=ip                      //删除变量 ip
variable modify variable_name=wh integer_value=(eval(wh+1))      //wh 自加 1
end! while                                            //结束 wh 循环
variable delete variable_name=wh                      //删除变量 wh
```

在 ADAMS 中，如果两个物体之间没有添加 contact 接触，那么两个物体接触后会直接穿透。所以为了使转轮和各个小圆柱体之间保持不穿透，那么需要将小圆柱体和转轮之间添加 contact 接触，代码如下，添加好的接触模型如图 5-72 所示。

```
Defaults model model_name=. shengzi
Variable create variable_name=ip integer_value=1
While condition=(ip<=300)
Contact create &                                      //创建接触
Contact_name=(eval(". shengzi, contact_"//ip)) &      //给接触命名
Adams_ip=(eval(ip)) &
I_geometry_name=. shengzi. PART_601. CYLINDER_600 &
                                                      //指定要添加接触的物体
I_geometry_name=(eval(". Shengzi. part_"//ip//". CYLINDER_1")) &
Stiffness=1. 0E+004 &
```

              Damping＝10.0 &   //指定接触参数

              Exponent＝1.1 &

              Dmax＝0.1

Variable modify variable_name＝ip integer_value＝(eval(ip＋1))

End！while

Variable delete variable_name＝ip

在转轮和地面(ground)之间并在质心处添加一旋转副(joint revolute)，在重力作用下，绳子就会绕着转轮运动。

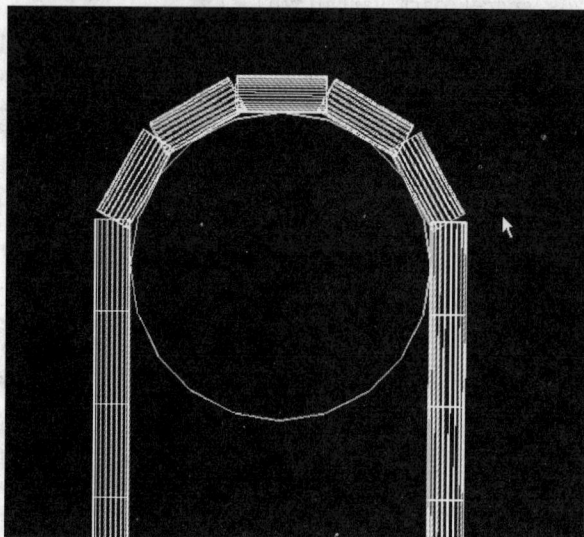

图 5-72   添加好的接触模型图

5.7   ADAMS 中柔性体的建立

    在 ADAMS 里如果没做处理，所有在 ADAMS 里建立的模型或者其他三维软件导入的模型均为刚性体，刚性体在受到力的作用下是不会产生形变的。在现实中将样机当做刚性体来处理大多情况是可以满足要求的，但是在一些需要考虑到形变的场合，完全把模型当做刚性体来处理是达不到精度要求的。此时就需要将模型的部分构件当做柔性体来处理，例如高空抢险车、大型吊机等重型机械和两个运动部件之间有接触，接触后产生运动有微小变形的机构均需要柔性化，以计算接触力或者形变等；有的需要研究构件受力后其内应力的大小和分布情况，也需要将其柔性化处理，一般柔性体适合小形变的场合。

    在 ADAMS 中，有 3 种建立柔性体的方法，一种是用 ADAMS 中的柔性梁连接，将一个构件离散成许多段刚性构件，这些离散后的构件之间通过柔性梁连接，这种方法适用于简单构件，其离散连接的实质是刚性体和柔性体连接，和上一节提到的 bushing 连接类似，不能成为真正意义上的柔性体；第二种方法是通过其他的有限元软件比如 ANSYS，NASTRAN 将构建划分网格再进行模态计算，并将计算结果保存成模态中性文件 MNF，然后读入 ADAMS 中建立柔性体；第三种方法是通过 ADAMS/AutoFlex 模块(2005 版本有该模块,2007 版本没有)直接在 ADAMS/View 中建立柔性体的 MNF 文件,然后使用生成的模态文件替换模型中对应的刚性零件。

5.7.1　利用柔性梁生成柔性体

柔性梁连接件是直接将刚性构件分成许多小块,然后在各块之间建立柔性连接,每块都有自己的质心坐标系、名称、颜色和质量信息等属性,要定义离散柔性连接件,可以通过菜单【Build】\【Flexible Bodies】\【Discrete Flexible Link】(如图 5-73 所示)。然后弹出创建离散柔性连接件对话框,如图 5-74 所示。

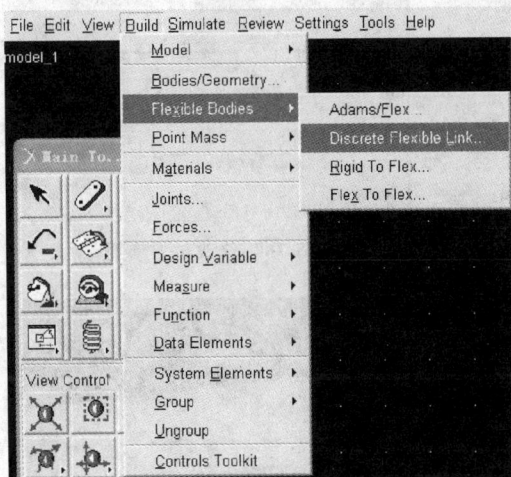

图 5-73　柔性连接下拉菜单

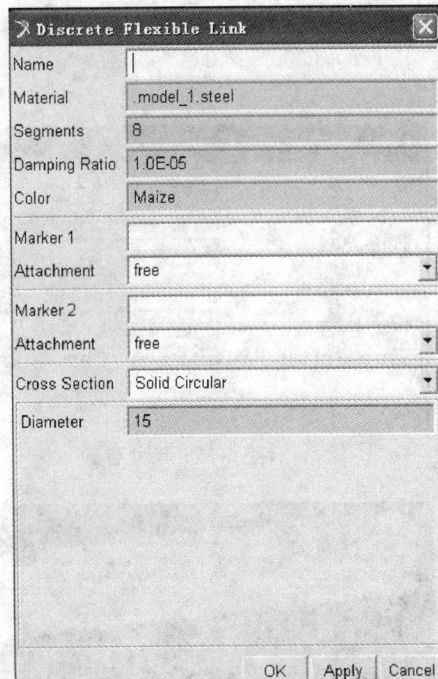

图 5-74　离散柔性连接件对话框

各选项的功能如下:

(1) Name:给离散连接件定义一个名字的前缀,如 link_flex,系统就会按 link_flex_elem1,link_flex_elem2,link_flex_elem3…的顺序给每个离散块起一个名字,按照 link_flex_beam1,link_flex_beam2,link_flex_beam3…的顺序给每个柔性梁连接起一个名字。

(2) Material:给每个离散件指定材料,也可以以后再修改每段离散连接件的材料。

(3) Segments:设定将零件离散成的段数。

(4) Dampling Ratio:设置柔性连接的粘性阻尼和刚度之间的比值。

(5) Color:设置柔性连接件的颜色。

(6) Marker1 和 Marker2 点:需要选择 Marker 点,以便确定离散柔性连接件的起始端和终止端。

(7) Attachment:确定离散柔性连接件在起始端和终止端与其他构件之间的连接关系,有 free(自由连接)、rigid(刚性连接)和 flexible(柔性连接)3 种。

(8) Cross Section:确定离散柔性连接件的横截面形状,共有 6 种形状:Solid Rectan-

187

gular(实心矩形)、Hollow Rectangular(空心矩形)、Solid Circle(实心圆形)、Hollow Circle(空心圆形)、I Beam(工字梁形)和 Properties(特性)。

实例 1：刚性构件和柔性构件的比较

为了比较刚性构件和柔性构件之间对仿真结果的影响，举一个简单的例子用来比较两者的不同。过程如下：

1. 刚性构件

（1）启动 ADAMS/View，选择 Create a new model，然后点击 OK。

（2）新建一个 Box □ 构件 Part2，尺寸参数如图 5-75 所示，在其位置点（Marker_1）处右击选择 Modify，修改其位置参数如图 5-76 所示，最终的模型如图 5-77 所示。

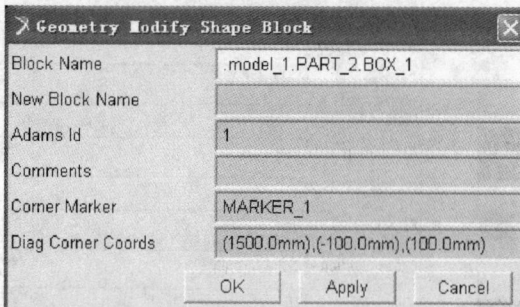

图 5-75　尺寸参数

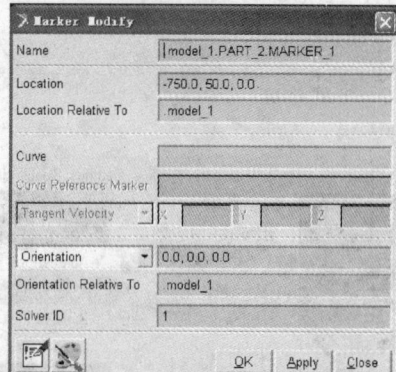

图 5-76　修改位置参数

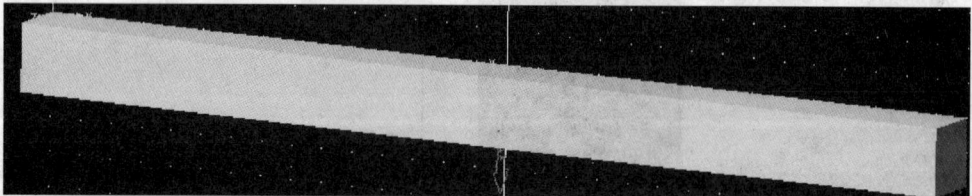

图 5-77　模型建立

（3）添加固定约束

点击 🔒 图标，在 Construction 下设置为 2 Body-1 Loc，方向为 Normal To Grid，其中的一个 Body 选择 Part2，另一个 Body 选择 Ground，固定副放在 Part2 的端点 MARKER_1 处，如图 5-78 所示。

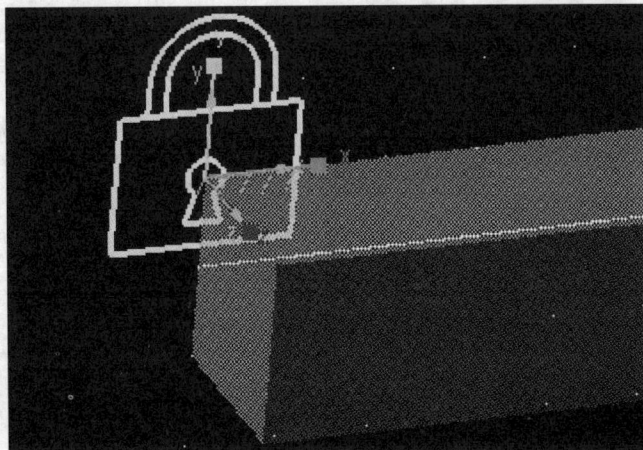

图 5-78　添加固定约束

（4）施加力

点击 Setting\working Grid，设置栅格方向，在 Set Orientation 下拉列表先选择 Global XZ，如图所示 5-79，在 part2 的末端施加一个力，点击施加力按钮 ，相关参数设置如图 5-80 所示，添加完成的力如图 5-81 所示，修改力的大小为 1 200 N。

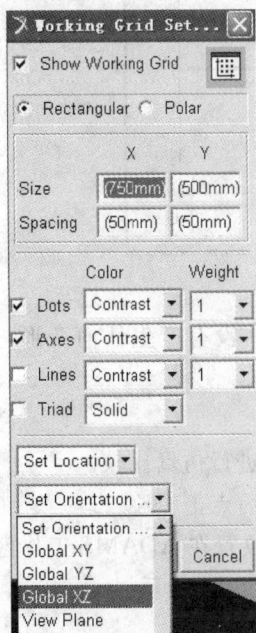

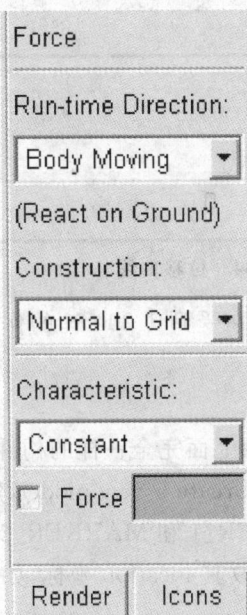

图 5-79　栅格方向　　　图 5-80　力参数设置　　　图 5-81　添加力示意图

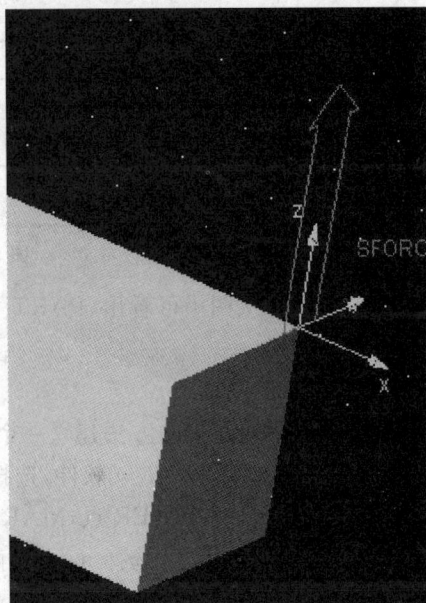

（5）运行仿真

查看运行结果，时间为 1 s，步长为 50（如图 5-82 所示），在 PART2 的末端点击右键，选择 MARKER_4\Measure，弹出图 5-83 所示的测量对话框，按照图示设置，然后点击 OK。弹出如图 5-84 所示的 Marker_4 点在 Y 方向的位移曲线图。

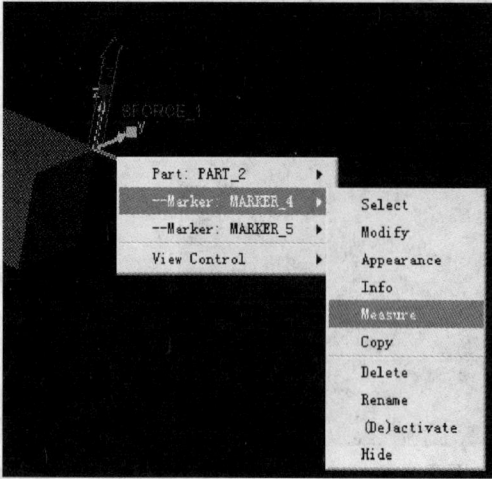

图 5-82 查看运行结果

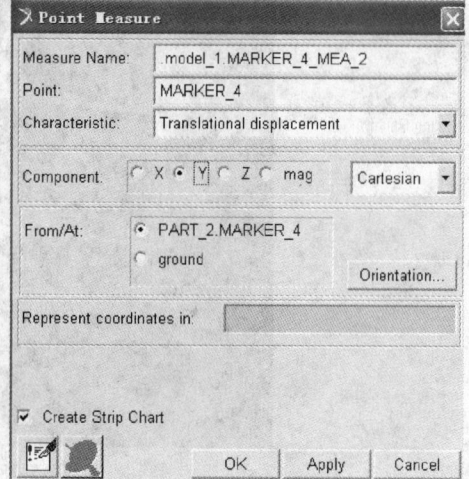

图 5-83 测量对话框

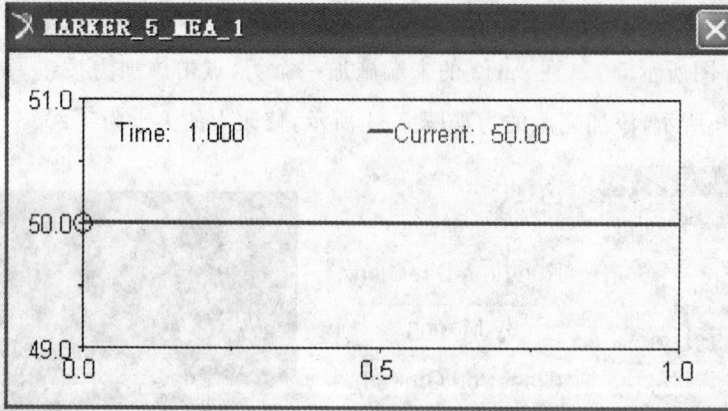

图 5-84 位移曲线

结果分析。从图中可看出，PART_2 在受到 1 200 N 的作用，没有产生任何变形，这不符合实际情况。

2. 柔性构件

通过离散柔性连接的方法建立一个和上面完全一样的构件，进行仿真比较。

（1）启动 ADAMS/View 软件，选择 Create a new model，然后点击 OK。

（2）建立两个 MARKER 点，MARKER_1 和 MARKER_2，放置在 ADAMS 工作区，在每个 marker 点上右击，选择 modify 修改其 location 坐标，如图 5-85 所示。

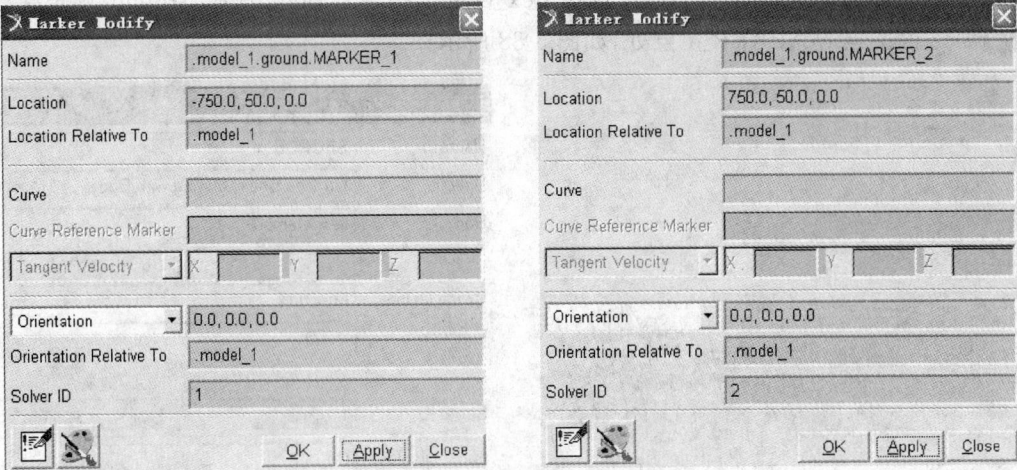

图 5-85　修改标记点坐标

（3）点击 Build\Flexible Bodies\Discrete Flexible Link 菜单，弹出离散柔性连接件对话框，参数设置如图 5-86 所示，生成的离散柔性模型如图 5-87 所示。

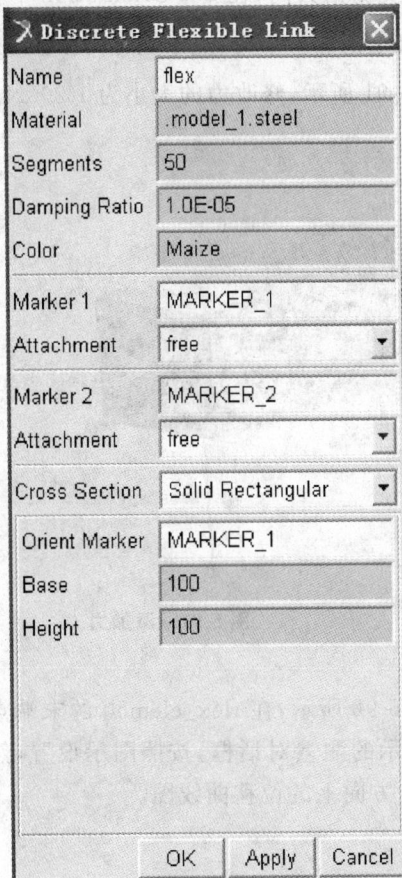

图 5-86　柔性连接件对话框参数设置

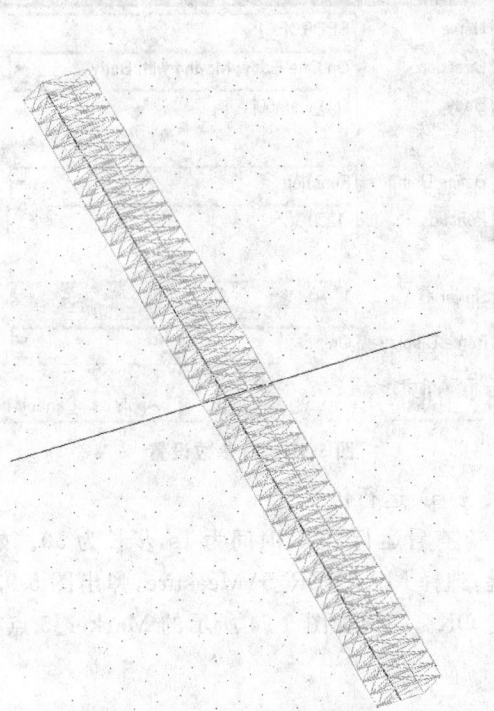

图 5-87　离散柔性模型生成

（4）添加固定约束，点击 图标，在 Construction 下设置为 2 Body-1 Loc，方向为

Normal To Grid,其中的一个 Body 选择 flex_elem1,另一个 Body 选择 Ground,固定副放在 part2 的端点 MARKER_1 点处,如图 5-88 所示。

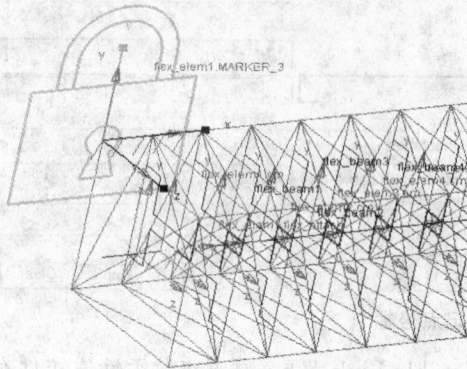

图 5-88　添加固定约束

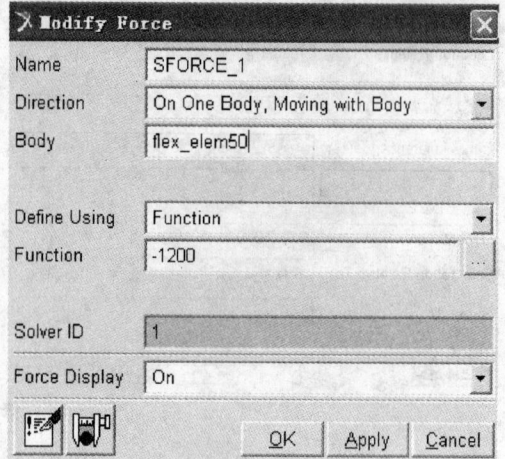

图 5-89　施加力载荷

（5）施加力,点击 Setting\working Grid,设置栅格方向,在 Set Orientation 下拉列表先选择 Global XZ,如图 5-89 所示;在 part2 的末端施加一个力,点击施加力按钮 ↗,相关参数设置如图 5-90 所示,添加完成的力如图 5-91 所示,修改力的大小为 1 200N。

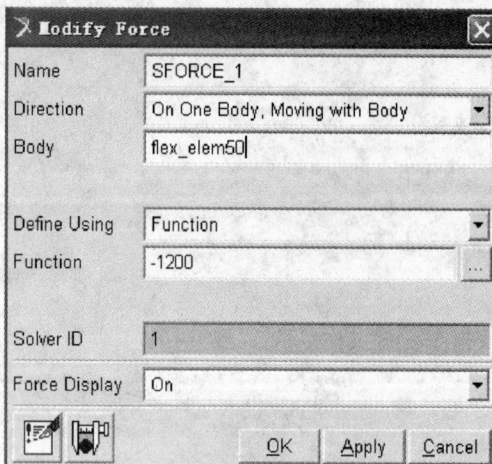

图 5-90　力参数设置

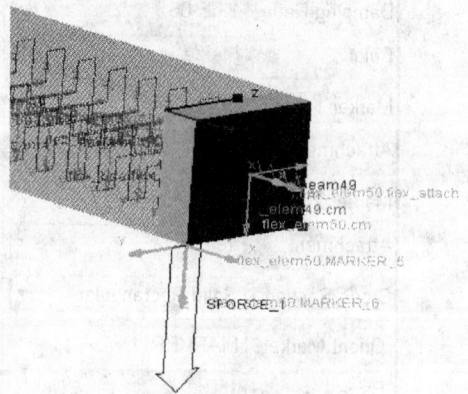

图 5-91　添加力

（6）运行仿真。

查看运行结果,时间为 1s,步长为 50。如图 5-92 所示,在 flex_elem50 的末端点击右键,选择 MARKER_5\Measure,弹出图 5-93 所示的测量对话框,按照图示设置,然后点击 OK。弹出如图 5-94 所示的 Marker_5 点在 Y 方向上的位移曲线图。

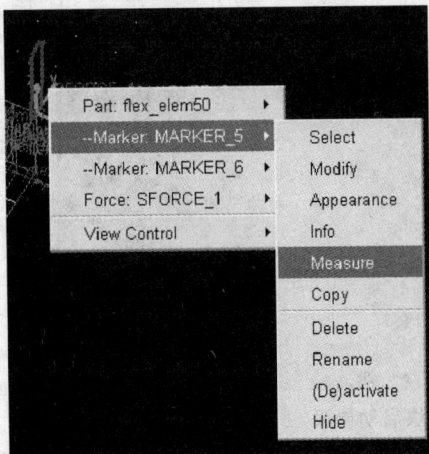

图 5-92　测量下拉菜单

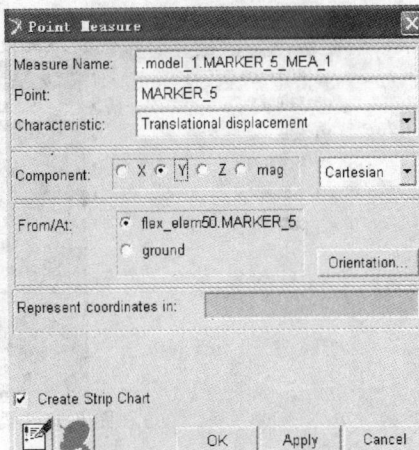

图 5-93　测量对话框

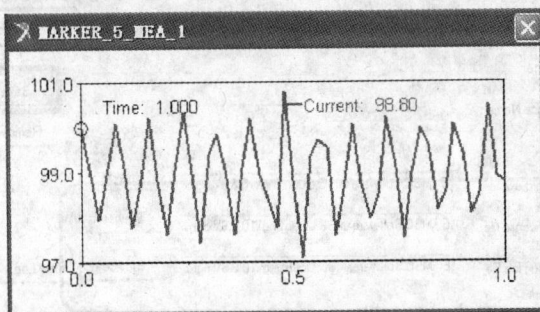

图 5-94　*Y* 方向位移曲线图

结果分析。从图中可以看出,离散柔性连接件在受到 1 200 N 的作用,产生了变形,这和实际情况比较吻合。

5.7.2　利用 ADAMS/AutoFlex 模块建立柔性体

ADAMS 公司专门开发了一个可以直接在 ADAMS/View 中创建 MNF 模态中性文件的模块 ADAMS/AutoFlex,该模块可以创建几何外形较复杂的柔性体。在 AD-AMS2005 版本中保留了该模块,2007 版本中没有该模块,所以,可以在 2005 版本中创建柔性模块,如果仿真不涉及到柔性接触就可以在 2005 版本中完成工作,如果仿真计算涉及到柔性接触,那么将在 2005 版中创建的柔性体导入 2007 版,在 2007 版本中完成仿真工作(2005 版本不支持柔性体接触,2007 版本则支持)。

同一台电脑上装两个版本的 ADAMS,首先安装 ADAMS 2007,并且安装 ADAMS 2007 许可证程序,安装好后如图 5-95 所示;点击 FLEXlm Configuration Utility,弹出如图 5-96 所示许可证配置窗口。在 Config Services 选项卡上对 3 个(图示圈起来的地方)选项,点击 Browse,浏览到安装的 ADAMS 许可文件所在的文件夹找到对应文件,然后点击 Save Service,再点击 Start/Stop/Reread,如图 5-97 所示,先点击 Stop Server,然后点击 Start Server.

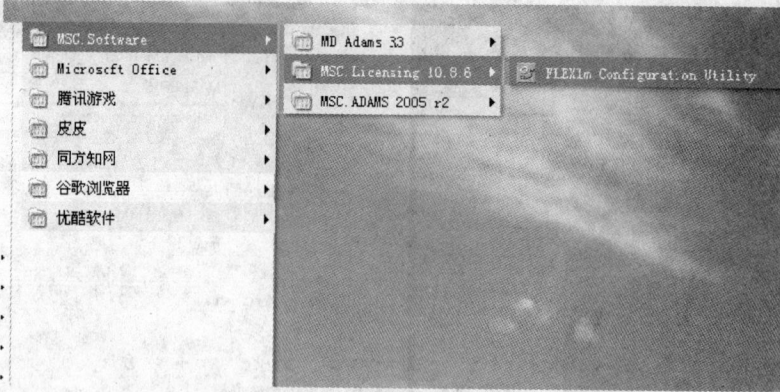

图 5-95　柔性模块启动界面

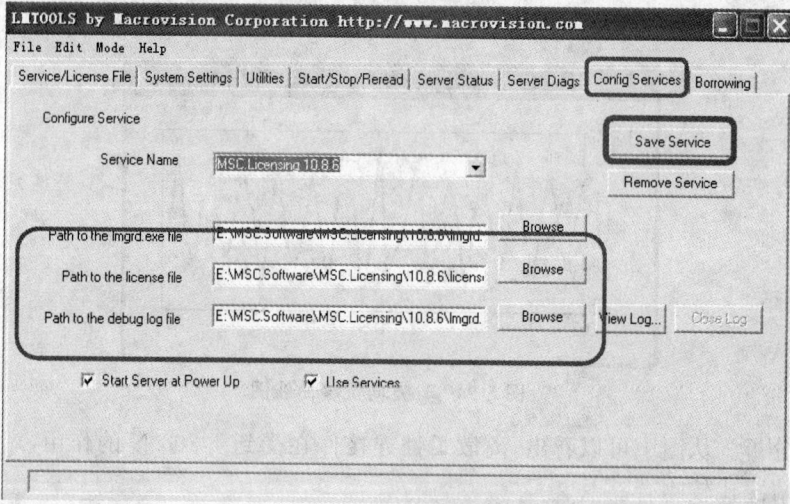

图 5-96　许可证配置窗口

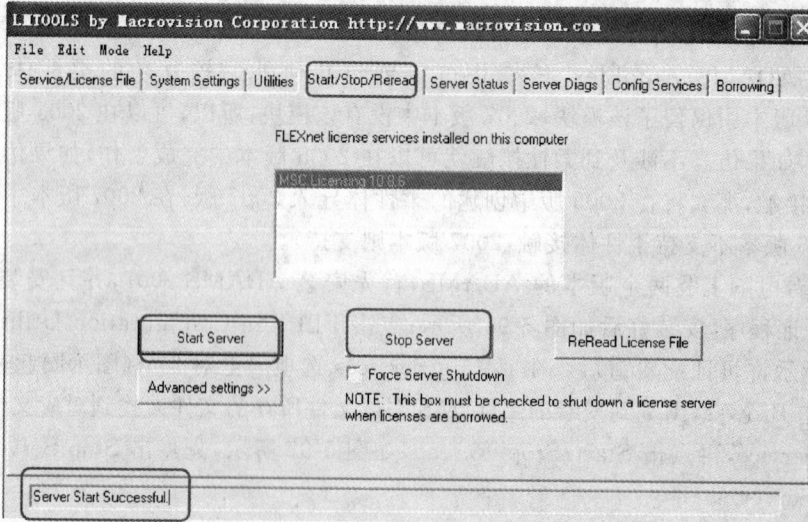

图 5-97　启动设置

接下来安装 ADAMS 2005,只安装 ADAMS 2005 程序,和 ADAMS 2007 安装在同一个大文件夹下,不要安装 ADAMS 2005 的许可证程序,安装完毕后,就可正常启动和使用 ADAMS 2005。

1. 加载 ADAMS/AutoFlex 模块

ADAMS/AutoFlex 作为一个单独的插件,所以在使用前需要将其加载到 ADAMS/View 中,点击【Tool】\【Plugin Manager】,然后弹出插件管理器,如图 5-98 所示。在插件管理器中勾选 ADAMS/AutoFlex,单击 OK 按钮后就可以将 ADAMS/AutoFlex 加载进来。ADAMS/AutoFlex 可以用 3 种方法来创建柔性体,第一种是通过路径拉伸一个横截面来创建柔性体;第二种方法是直接利用刚性体构件的几何外形来创建柔性体;第三种就是导入有限元模型的网格文件来创建柔性体。由于在 ADAMS 中分析的模型大多是来自于其他三维设计软件,所以本节只介绍第二种方法,使用刚性构件的几何外形来创建柔性体。

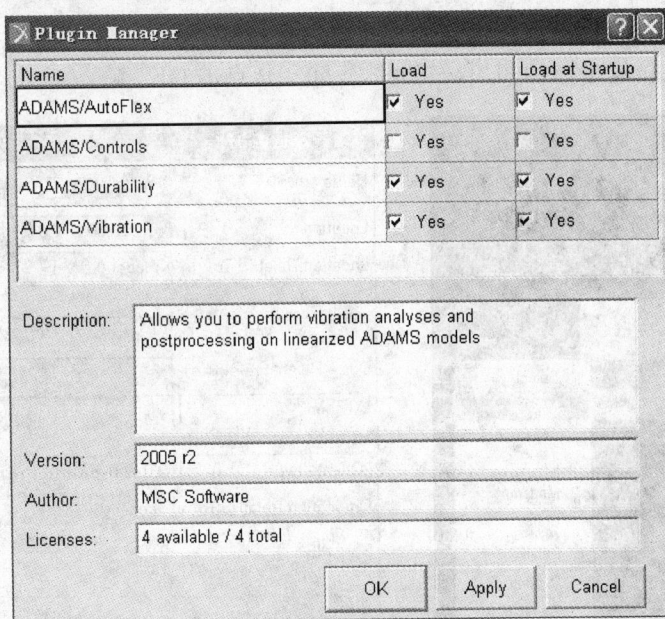

图 5-98 插件管理器

2. 简单示例应用

新建一个曲柄滑块机构,步骤如下:

(1) 启动 ADAMS 2005,建立一曲柄滑块机构,详细如下:

① 设置工作栅格,参数如图 5-99 所示。

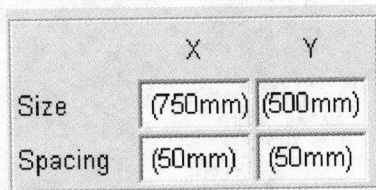

	X	Y
Size	(750mm)	(500mm)
Spacing	(50mm)	(50mm)

图 5-99 设置工作栅格

② 建立曲柄。在主工具箱上点击 按钮,在屏幕上点击两下,放置连杆,右击选择连杆两端的定位 marker 点,然后选择 modify,如图 5-100 所示。修改连杆的位置,在弹出的 Marker Modify 窗口中修改其 Location 坐标,分别为(−100,150,0),(−250,0,0)然后点击确定。

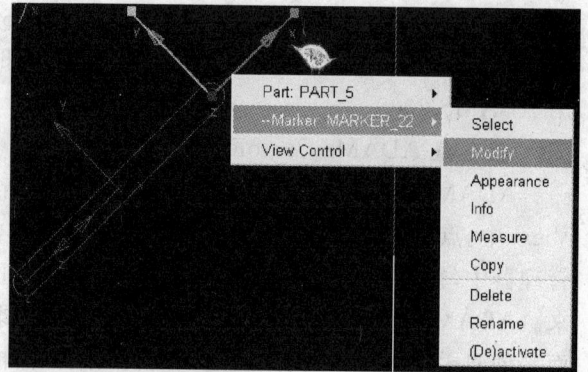

③ 同理建立连杆,如图 5-101 所示,修改其 marker 点坐标分别为(−100,150,0.0),(400.0,0.0,0.0)。

图 5-100　修改连杆位置

④ 建立滑块。在主工具箱上点击 按钮,设置其长宽高均为 100 cm,放置在屏幕上,然后修改其位置参数,按照如图 5-102 所示进行操作,在弹出的修改对话框的 Location 项目里输入位置坐标(350.0,−50.0,−50.0),点击 OK。

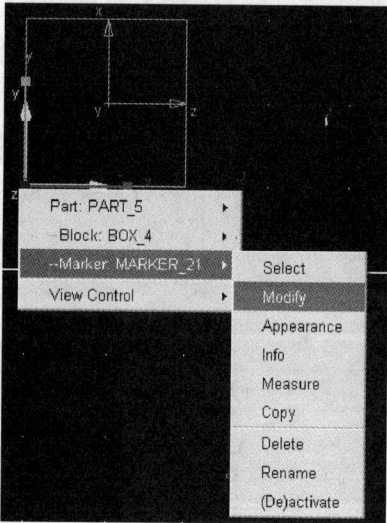

图 5-101　位置修改

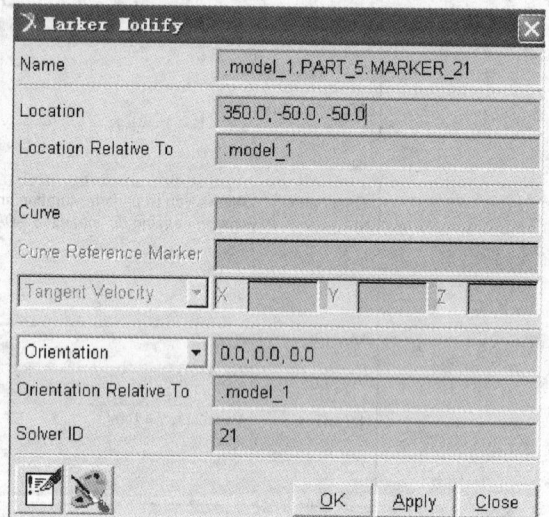

图 5-102　修改位置参数

⑤ 添加约束。点击转动副按钮 ,Construction 下选择:2 Body-1 Loc,Normal To Grid,首先在地面和曲柄之间添加转动副,分别选择曲柄和地面,然后在曲柄转动中心处放下,同理在连杆和曲柄之间也添加一个转动副,在连杆和滑块之间也添加一个转动副,如图 5-103 所示。

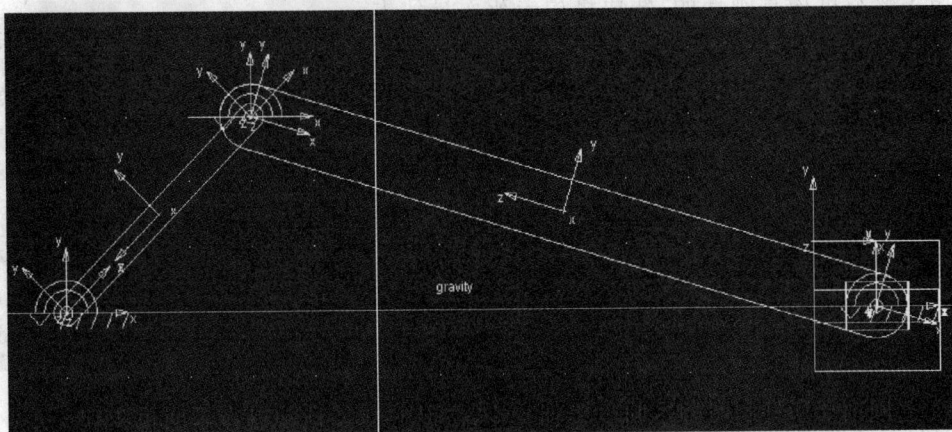

图 5-103　添加约束

⑥ 点击创建 Marker 点 ![icon]工具，Add To Ground，放置在工作区，然后右击修改其位置和方向参数，如图 5-104 所示，这样改 marker 点与滑块质心重合。

⑦ 添加移动副。点击移动副按钮 ![icon]，Construction 下选择：2 Body-1 Loc，Pick Feature，选择滑块和 Ground，然后在滑块的质心位置右击，选择上面创建的 marker 点（如图 5-105 所示），方向选择改 marker 点的 X 轴方向（如图 5-106 所示）。

⑧ 在曲柄与地面之间的转动副上添加旋转驱动，转速为 360°/s，如图 5-107 所示。

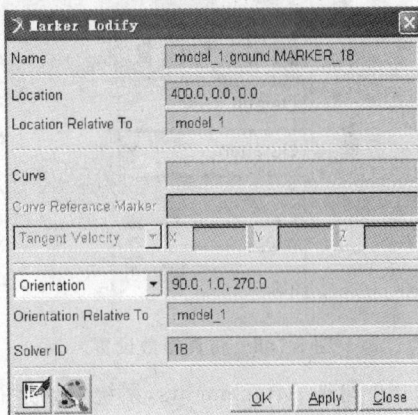

图 5-104　修改位置和方向参数

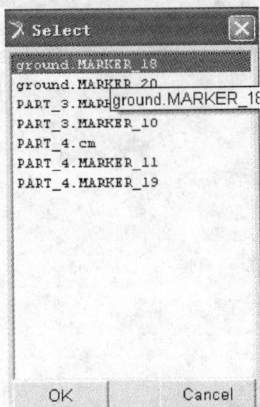

图 5-105　创建标记点

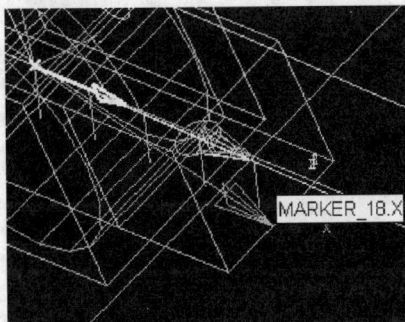

图 5-106　改变标记点 X 方向

⑨ 运行仿真。点击 ![icon] 按钮，参数设置如图 5-108 所示，单击运行 ▶ 按钮，便会弹出如图 5-109 所示的 Simulation operation failed 对话框。这是由于移动副的方向不

对,由于整个机构是刚性的,造成机构卡死而导致失败,所以接下来使用 ADAMS/AutoFlex 模块进行柔性化处理。

⑩ 载入 ADAMS/AutoFlex 模块,点击菜单 Build/Flexible Bodies/ADAMS/AutoFlex,打开 AutoFlex－Create 对话框,在 Flexbody Type 中选择 Geometry,勾选 Mesh/Properties,Element Specification 里选择 Size,Part to be meshed 选择 PART_2(曲柄),勾选 Stress Analysis(可以在后处理模块里分析应力),勾选 Replace Part(这样在生成了模态中性文件后,直接替换原构件)。其他默认。

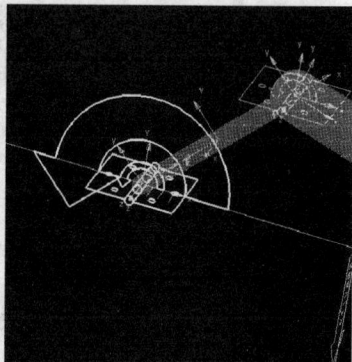

图 5-107　添加旋转约束

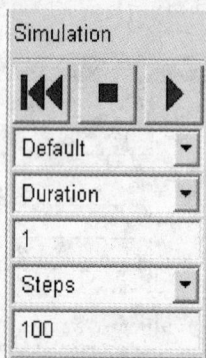

图 5-108　仿真参数设置

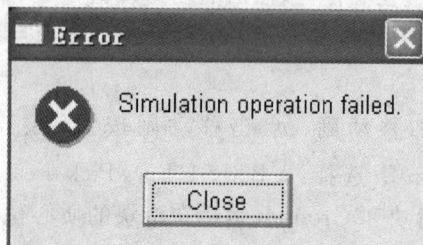

图 5-109　Simulation operation failed 对话框

⑪ 勾选 Attachments,系统开始运行划分操作,如图 5-110 所示。通过 Message Windows 显示创建的网格参数,如图 5-111 所示。点击确定,通过 Message Windows 窗口显示,替换成功,如图 5-112 所示。

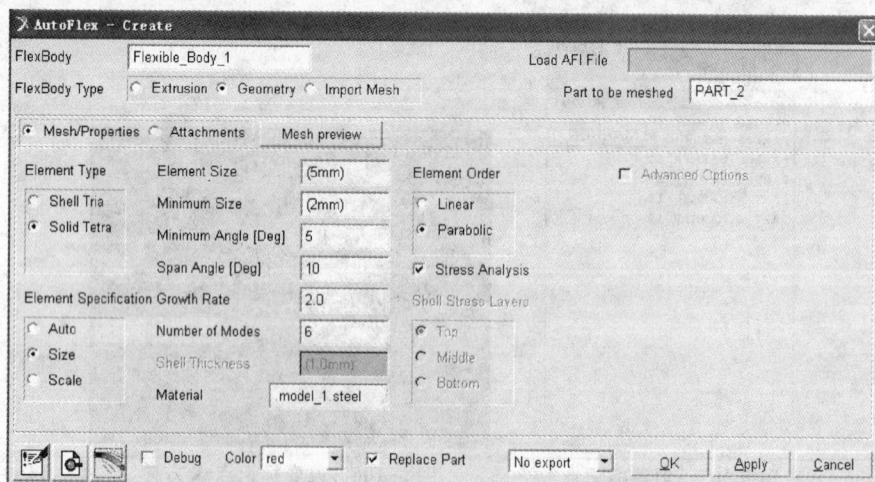

图 5-110　系统开始运行划分操作

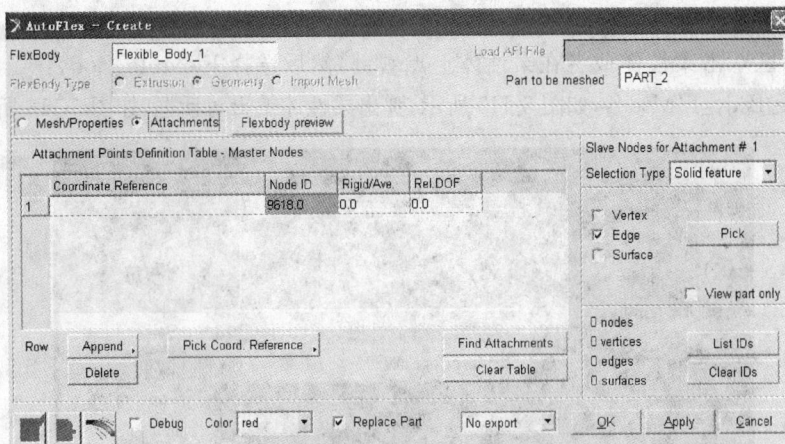

图 5-111　创建的网格参数

```
Storing Solid Mesh Data...
Creating Mesh Preview for Solid in progress...
Mesh preview successfully generated!
Nodes=9617, Elements=5717
```

图 5-112　显示替换成功

⑫ 查看替换情况,如图 5-113 所示,曲柄已被模态中性文件替换,如图 5-114 所示,即为网格化的曲柄。在替换过程中,曲柄与地面、曲柄与连杆之间的约束、驱动都不会改变。

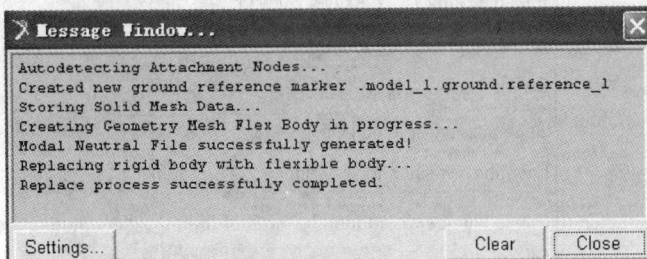

图 5-113　查看替换情况

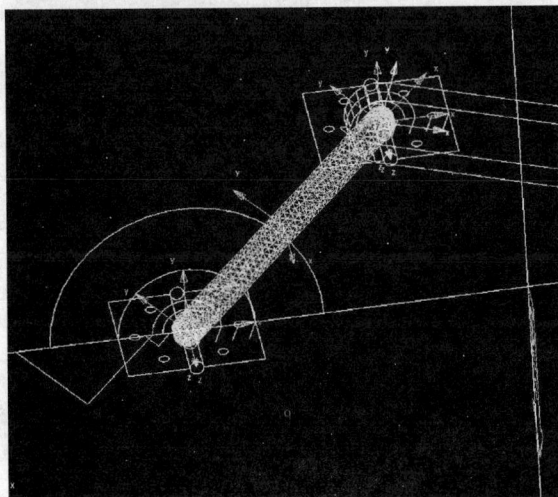

图 5-114　约束显示

（2）编辑柔性体

在图形区双击柔性体或者在柔性体上点右键，然后选择 Flexible_Body：
Flexible_Body_1/Modify，如图 5-115 所示，弹出柔性体编辑对话框，如图 5-116 所示。

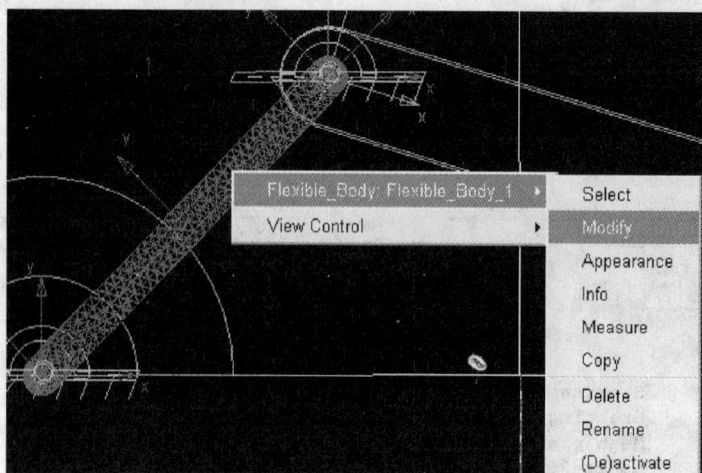

图 5-115　选择 Flexible_Body

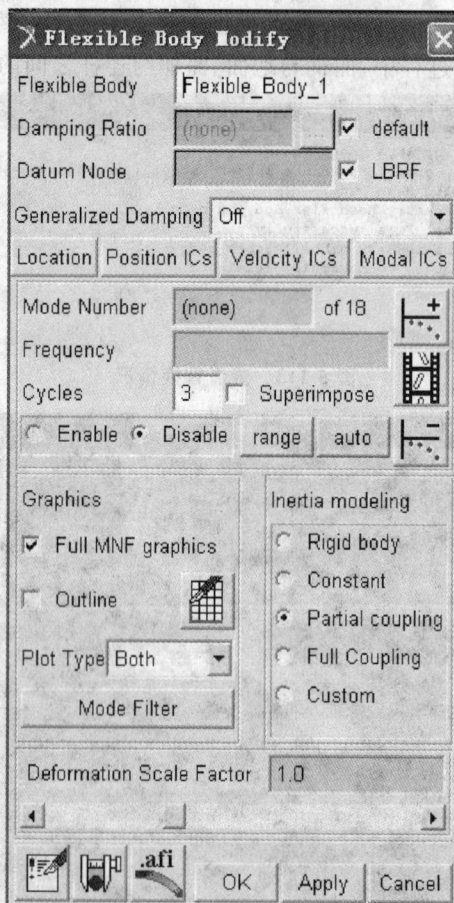

图 5-116　柔性体编辑对话框

对话框各选项功能如下：

① Damping Ratio：设置柔性体的阻尼，当勾选 use default 时，将频率低于 100 的模态阻尼设置为 0.01，将频率为 100～1 000 之间的阻尼设置为 0.1，将频率超过 1 000 的模态阻尼设置为 1。当然用户也可以去掉 use default，在后面的输入框中输入一个具体的数值，也可以点击后面的按钮，在弹出的对话框中编辑函数来定义模态阻尼。一般会用到 FXMODE 和 FXFREQ 两个函数，其中 FXFREQ 用于返回当前所用到的角频率，而 FXMODE 返回当前用到的模态的阶次。

② Datum Node：当柔性体产生变形时，会以不同颜色显示相对位移量的大小。

③ Location：用于编辑柔性体的位置。

④ Position ICs：编辑柔性体的初始装配位置。

⑤ Velocity ICs：编辑柔性体的初始速度。

⑥ Modal ICs：编辑柔性体的模态初始状态，单击该按钮后弹出如图 5-117 所示的对话框。对话框中的一行对应相应的某阶模态，单击 Disable Highlighted Modes 或者 Enable Highlighted Modes 按钮，就可以使选中的模态失效或者激活，以"＊"号表示。

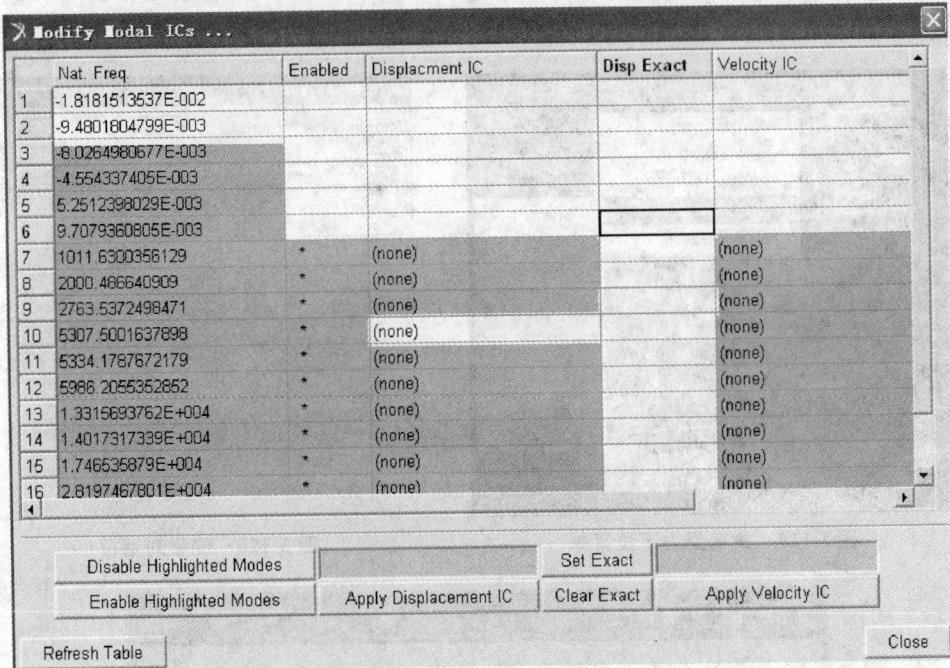

图 5-117 柔性体的模态初始状态对话框

⑦ Modal Number：显示柔性体在当前图形区显示的模态阶数，如果模态阶数的数字上没有"（）"号就是表示该模态是激活的，如果有则表示是失效的，可以单击 ⊢｜ 和 ⊢｜ 按钮来显示下一阶或者上一阶模态的振型，如图 5-118 所示为曲柄的几个模态。

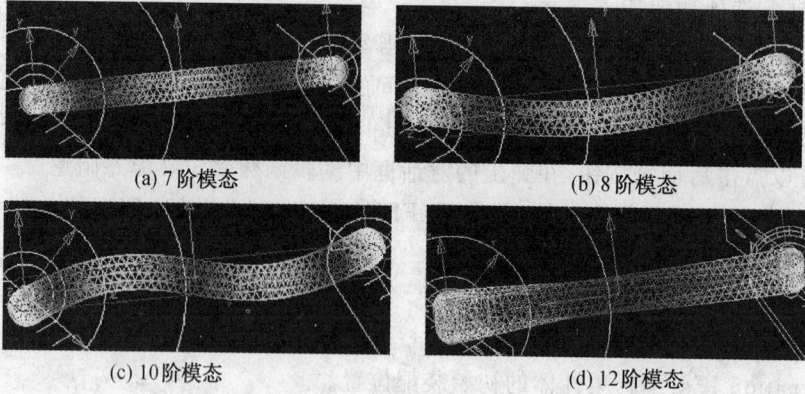

(a) 7阶模态　　　　　　　　　　　　　(b) 8阶模态

(c) 10阶模态　　　　　　　　　　　　(d) 12阶模态

图 5-118　曲柄的模态振型

⑧ 点击仿真按钮 ▦ ，可以看出，虽然仿真动画不是很流畅，但经过柔性化处理的曲柄滑块机构依然可以通过形变来克服由于装配误差而导致的机构卡死。

⑨ 结果测量。可以测算曲柄的受力，如图 5-119 所示测量步骤，弹出如图 5-120 所示测量对话框，然后点击 OK，就测出了如图 5-121 所示 JOINT_2 所受合力变化曲线。

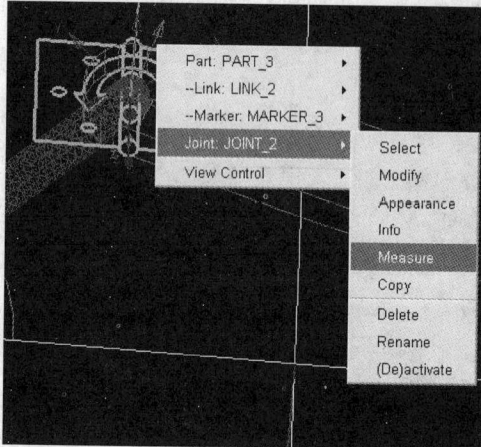

图 5-119　曲柄受力下拉菜单

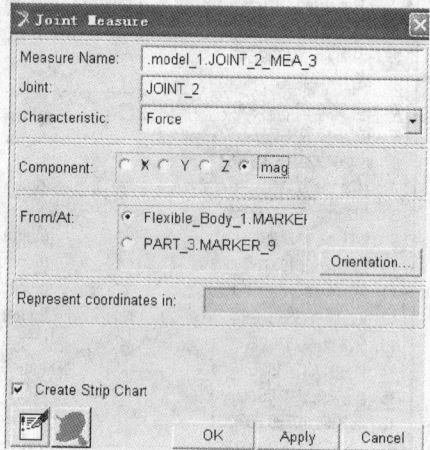

图 5-120　测量对话框

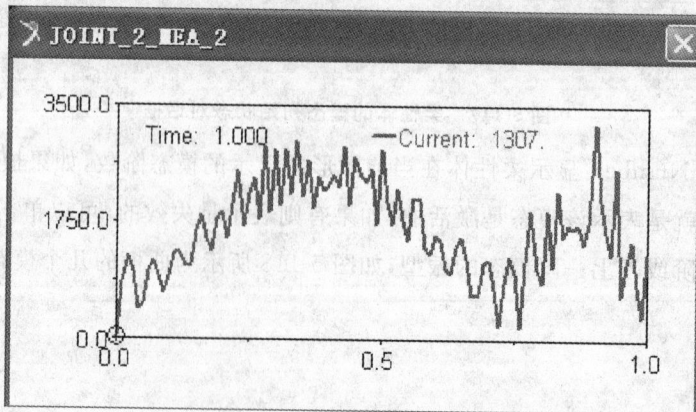

图 5-121　JOINT_2 所受合力变化曲线

⑩ 测量曲柄变形情况,在曲柄转动中心处点右键,选择回转中心处的 Marker_2 点如图 5-122 所示操作。在弹出的 Measure 对话框(如图 5-123 所示),测量该点在 Z 方向的位移,点击 OK,弹出该点处的变形曲线(如图 5-124 所示)最大为 6.0 mm。

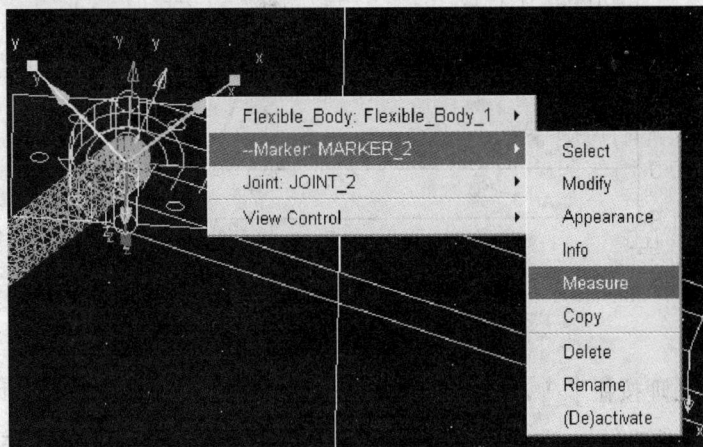

图 5-122 Marker_2 点测量下拉菜单

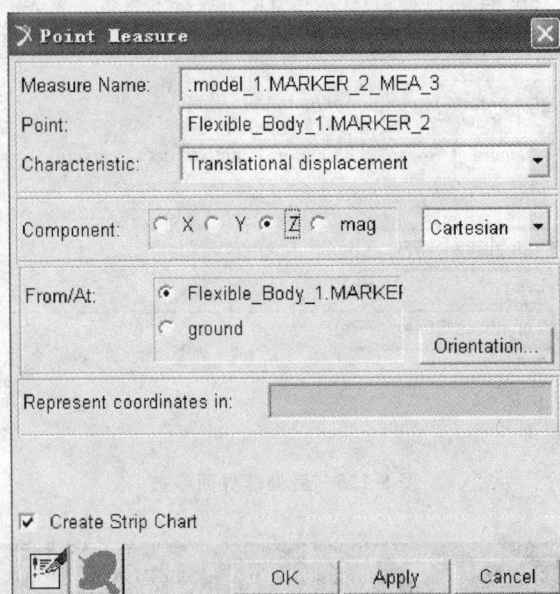

图 5-123 测量对话框

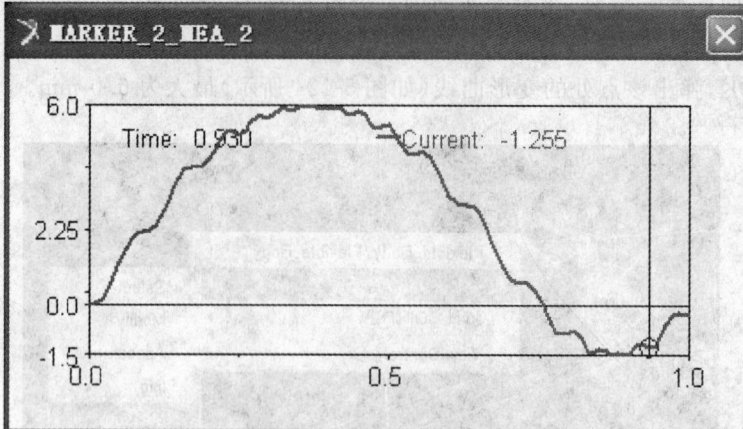

图 5-124 变形曲线

⑪ 点击后处理按钮 ，进入后处理模块，在工作区点右键选择 Load Animation 载入仿真动画。在选项卡上选择如图 5-125 所示的 Contour Plot 选项，在 Contour Plot Type 下拉列表框选择 Von Mises Stress，勾选 Display Legend（在输出创建 MNF 文件时必须选择 Stress analysis 选项，否则不可用），其他为默认设置。这样在 Animation 显示区就显示了如图 5-126 所示的应力云图最大应力为 2.05E+004MPa。

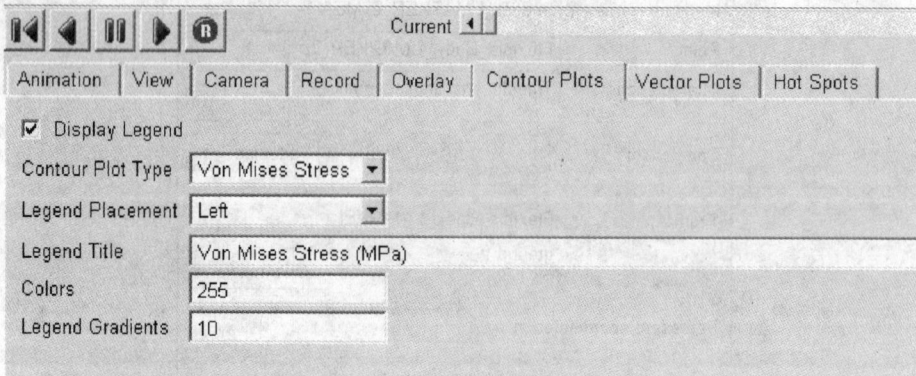

图 5-125 后处理界面参数

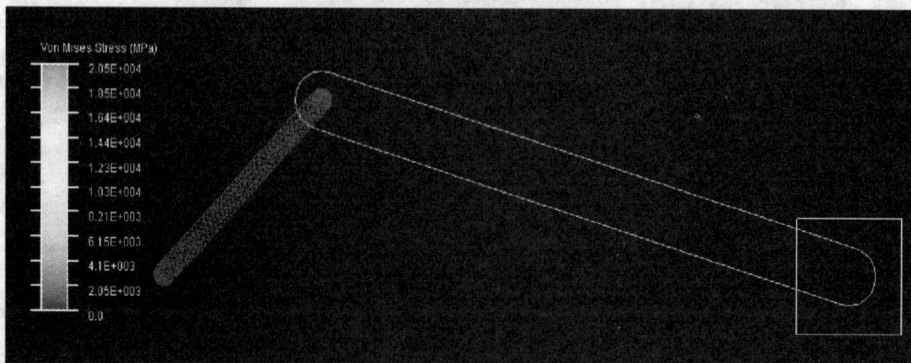

图 5-126 应力云图最大应力分布

5.7.3　秸秆自动捡拾压捆机打结器捆绳接触力的测算

秸秆自动捡拾压捆机打结器是一种秸秆、饲草捆扎设备,它将压缩成型后的高密度草块,用绳捆后将两个绳端打成绳结以免松散,其三维结构如图 5-127 所示。

图 5-127　打结器三维结构

打结器在工作过程中受力比较复杂,其中打结嘴和割绳刀臂受力复杂,打结嘴和割绳刀臂之间存在相对运动,且有接触,所以有必要对打结器相关部件进行动力学和强度分析。本章将使用 ADAMS 软件对打结器进行动力学分析,并根据分析的结果作为强度分析的依据。

本例中将使用到 flex to flex 接触,所以联合使用 ADAMS 2005 和 ADAMS 2007,并要在 ADAMS 2005 中使用 AutoFlex 模块,生成 MNF 文件并替换对应的刚性构件,在 ADAMS 2007 中添加柔性接触,并运行计算接触力,所以分析步骤如下:

① 运行 ADAMS 2005,打开文件 write_book_knotter_flex. bin,该打结器模型的运动副、驱动以及相应接触已定义完毕,直接进行 MNF 模态文件的制作和替换。

② 点击菜单 Build/Flexible Body/Adams/AutoFlex,弹出 AutoFlex－Create 对话框,选中 Geometry,Mesh/Properties,选中 Size,在 Part to be meshed 选择 PART21(割绳刀臂),勾选 Stress Analysis 复选框和 Replace Part 复选框,其他的设置见图 5-128(网格参数不要设置的太小)。

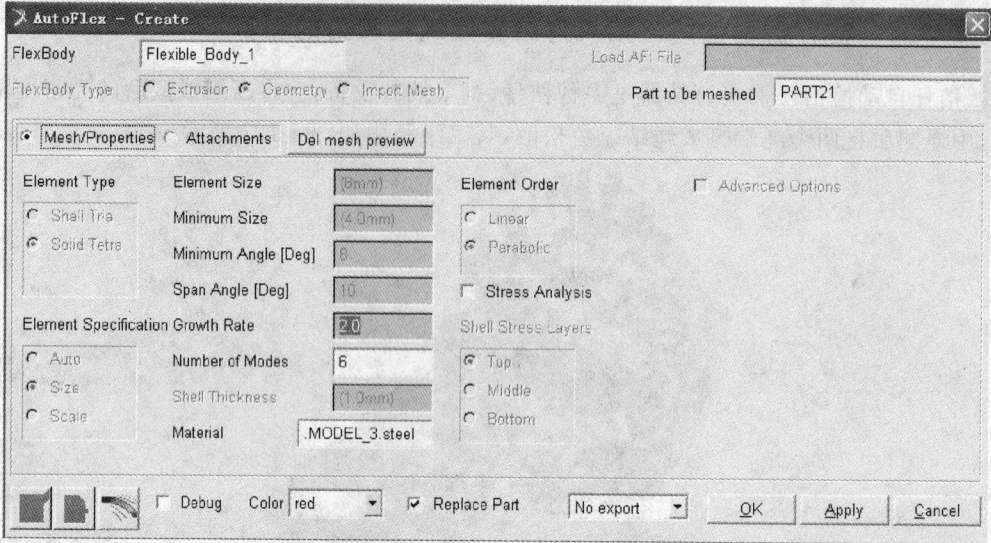

图 5-128　AutoFlex—Create 对话框

③ 点击 Attachments，程序进行划分网格，并生成 MNF 模态中性文件，Message window 提示网格划分成功，并显示网格参数。在 Attachments 窗口下，勾选 Replace Part 复选框，其他按默认设置，点击 OK 按钮，便将模型中的刚性构件替换为所生成的 MNF 模态中性文件，如图 5-129 所示，显示替换进度，替换完毕后，模态文件会接管相应刚性构件的运动副等。

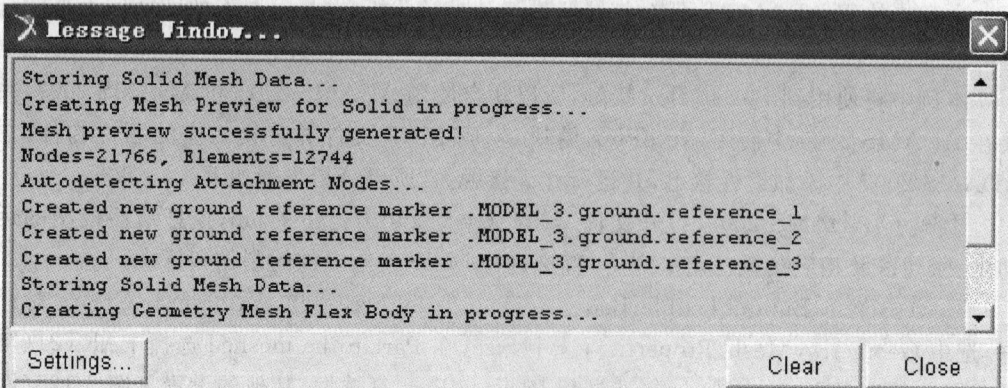

图 5-129　网格划分显示

④ 在模态化的割绳刀臂上点右键选择 modify，弹出柔性体修改对话框，可以选择
![icon]，来查看割绳刀臂的模态，如图 5-130 所示。

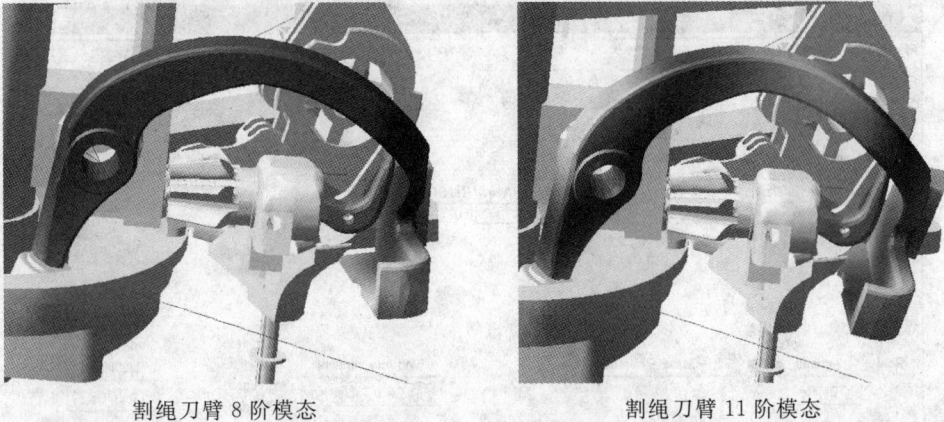

割绳刀臂 8 阶模态　　　　　　　　割绳刀臂 11 阶模态

图 5-130　割绳刀臂的模态

⑤ 模态化打结嘴。按照上面同样的步骤模态化打结嘴并将其替换,点击菜单 Build/Flexible Body/ADAMS/AutoFlex,弹出 AutoFlex — Create 对话框,选中 Geometry,Mesh/Properties 和 Size,在 Part to be meshed 选择 PART18(打结嘴),勾选 Stress Analysis复选框和 Replace Part 复选框,其他的设置见图 5-131 所示。然后选中 Attachments,如图 5-132 所示,点击 OK,替换原模型中刚性的打结嘴构件,也可以在柔性化后的打结嘴上点右键修改,弹出其柔性体修改对话框,查看其模态,如图 5-133 所示。

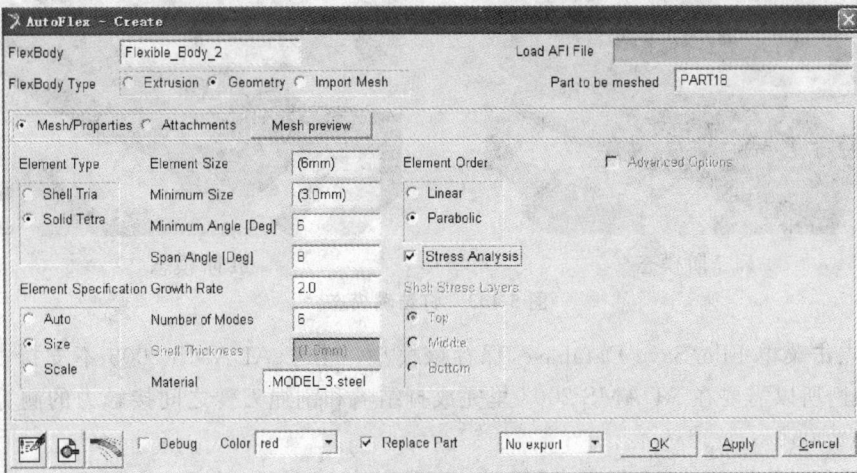

图 5-131　参数设置

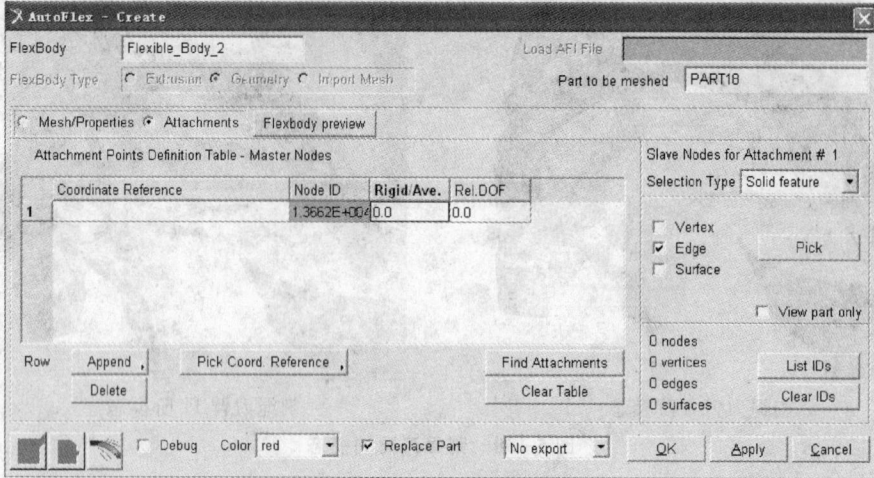

图 5-132　柔性体修改对话框

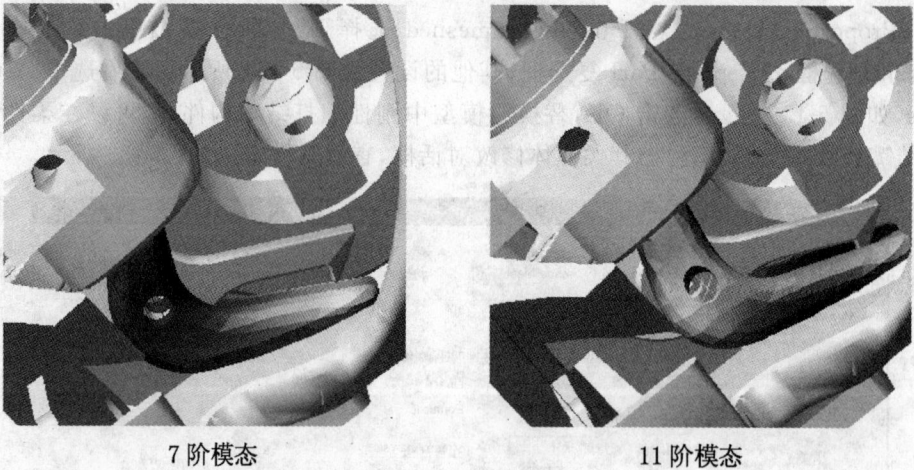

7 阶模态　　　　　　　　　　　　11 阶模态

图 5-133　打结嘴模态

　　⑥ 点击菜单 File/Save Database，保存该模型。由于 ADAMS 2005 不支持 Flex to Flex 接触，所以需要在 ADAMS 2007 里完成打结嘴和割绳刀臂之间接触力的测算，关闭 ADAMS 2005。

　　⑦ 运行 ADAMS 2007 程序，打开上一步保存的 write_book_knotter_flex. bin 文件，会弹出一些警告窗口，不予理会。

　　⑧ 点击接触按钮 ▨ ，弹出添加接触的对话框，在 Contact Type 下拉列表框选择 Flex Body To Flex Body，如图 5-134，这样就选择了接触类型为柔性体对柔性体；分别选择割绳刀臂（Flexible_Body1）和打结嘴（Flexible_Body2），如图 5-135 所示，点击 OK，创建了 CONTACT_17 柔性接触。

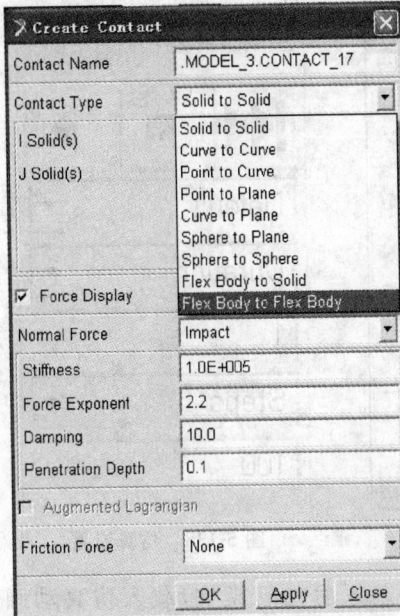

图 5-134　Contact Type 下拉列表框

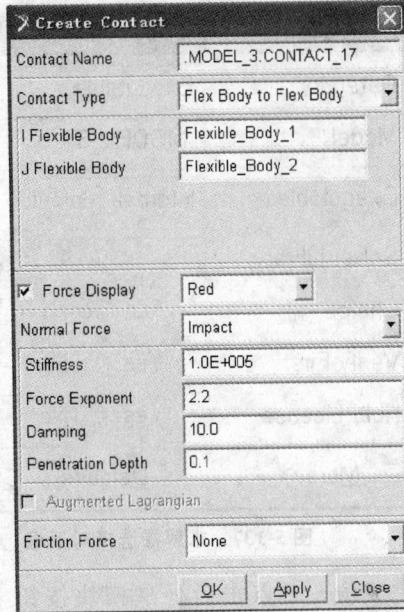

图 5-135　选择割绳刀臂和打结嘴

⑨ 修改求解器类型。原本的 FORTRAN 求解器适合刚性体求解，如果没有修改求解器类型进行仿真，就会弹出如图 5-136 所示的出错窗口。对于有柔性接触的运算需要修改其求解器的类型为 C++求解器，点击菜单 Settings/Solver/Executable 弹出如图 5-137 所示的求解器选择对话框，在 Choice 下勾选 C++单选框，然后点击 Close 关闭对话框。

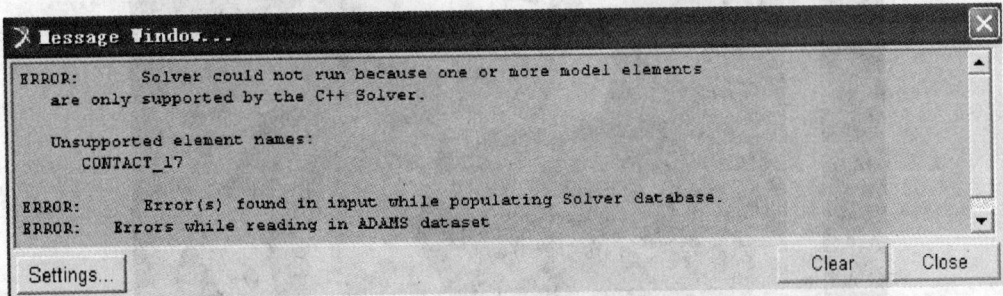

图 5-136　出错窗口

⑩ 点击仿真按钮 ，参数设置如图 5-138 所示，然后点击仿真运行按钮 ，AD-AMS 开始仿真。

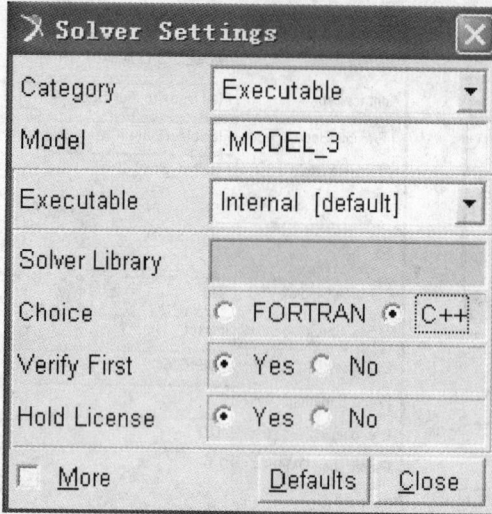

图 5-137 求解器选择对话框

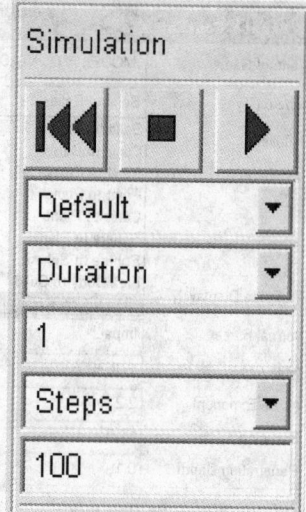

图 5-138 仿真设置

⑪ 完成仿真后点击后处理模块按钮 $\square$，进入后处理模块，载入仿真动画，点击 Contour Plots 选项卡，在 Contour Plot Type 下拉列表选择 Von Mises Stress，勾选 Display Legend，如图 5-139 所示，显示了应力云图。

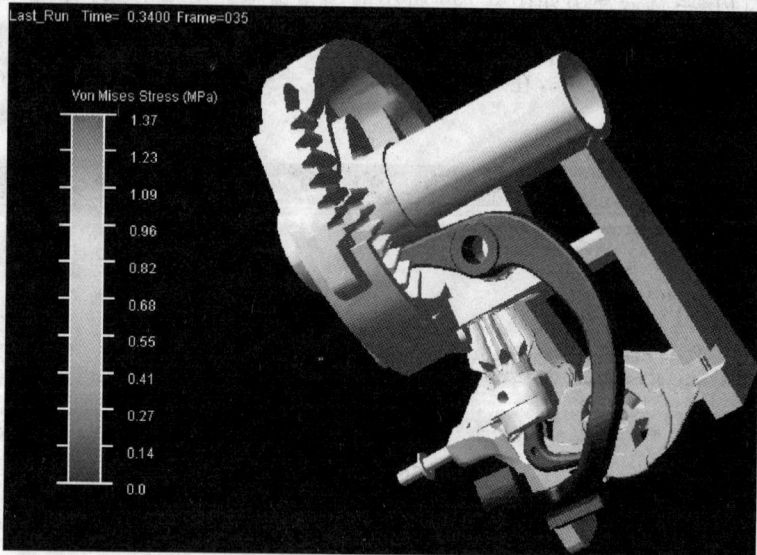

图 5-139 应力云图分布

⑫ 在动画区点击右键，选择 Load Plot，载入曲线窗口，按照如图 5-140 所示的来设置测试曲线来源，在 Model 里选择 Model_3，Source 下拉列表框选择 Objects，在 Fiter 下选择 force，在 Object 下选择 CONTACT_17，在 Characteristic 下选择 Element_Force，在 Component 下选择 X,Y,Z，并且点击 Add Curves，这样就把柔性接触力在 X,Y,Z 方向的分离添加到图表上，如图 5-141 所示。所测力可以用于打结嘴和割绳刀臂的强度以及疲劳分析。

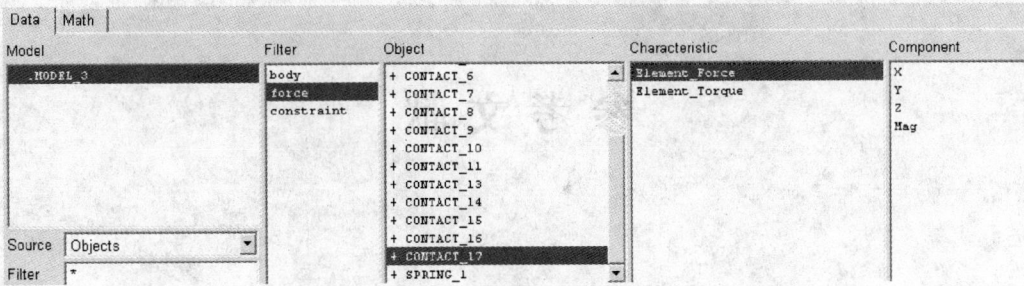

图 5-140   设置测试曲线来源

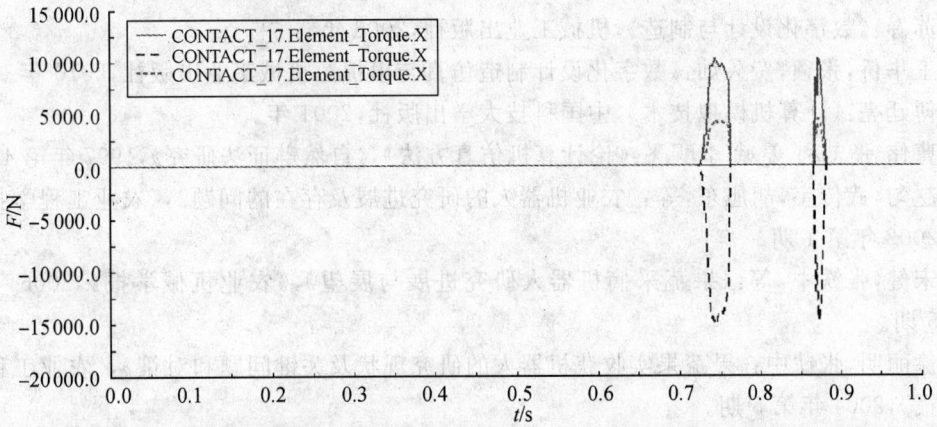

图 5-141   柔性接触力在 X, Y, Z 方向的分布

参 考 文 献

[1] 祝效华,廖伟志,黄永安:《CAD/CAE/CFD/VPT/SC 软件协作技术》,中国水利水电出版社,2004 年。

[2] 苏春:《数字化设计与制造》,机械工业出版社,2006 年。

[3] 王华侨,张颖,费久灿:《数字化设计制造仿真与模拟》,机械工业出版社,2010 年。

[4] 傅廷亮:《计算机模拟技术》,中国科技大学出版社,2001 年。

[5] 曹伟 张忠利 姜斌 李醒飞:《论计算机仿真方法》,《自然辩证法研究》,1997 年第 4 期。

[6] 赵匀,武传宇,胡旭东,等:《农业机器人的研究进展及存在的问题》,《农业工程学报》,2003 年第 1 期。

[7] 宋健,张铁中,等:《果蔬采摘机器人研究进展与展望》,《农业机械学报》,2006 年第 5 期。

[8] 徐丽明,张铁中:《果蔬果实收获机器人的研究现状及关键问题和对策》,《农业工程学报》,2004 年第 5 期。

[9] 黎志刚,段锁林,赵建英,等:《机器人视觉伺服控制及应用研究的现状》,《太原科技大学学报》,2007 年第 1 期。

[10] 张颖,吴成东,原宝龙:《机器人路径规划方法综述》,《控制工程》,2003 年第 10 期。

[11] 戴光明:《避障路径规划的算法研究》,华中科技大学,2004 年。

[12] 殷跃红:《机器人柔顺控制研究》,《机器人》,1998 年第 3 期。

[13] 蔡健荣,赵杰文,等:《水果收获机器人避障路径规划》,《农业机械学报》,2007 年第 3 期。

[14] 姚天曙,丁为民:《机械手采摘黄瓜的振动特性试验》,《农业工程学报》,2006 年第 9 期。

[15] 武传宇:《基于 PC+DSP 模式的开放式机器人控制系统及其应用研究》,浙江大学,2002 年。

[16] 王萌,王晓荣,李春贵,等:《改进人工势场法的移动机器人路径规划研究》,《计算机工程与设计》,2008 年第 6 期。

[17] 李善寿,方潜生,肖本贤,等:《全局路径规划中基于改进可视图法的环境建模》,《华东交通大学学报》,2008 年第 6 期。

[18] 刘鹏飞,韩九强,马健梅:《Motoman 机器人的运动学建模及基于 BP 网络的 IKP 研究》,《微电子学与计算机》,2004 年第 11 期。

[19] 陈宁,焦恩璋:《PUMA 机械手逆运动方程求解新方法》,《南京林业大学学报》,2003 年第 4 期。

[20] 何清华,贺湘宇:《凿岩机器人双臂干涉分析》,《1994—2010 China Academic Journal

Electronic Publishing House》,2010 年。

[21] 董春,杨耕,徐文立:《七自由度冗余仿人臂的障碍实时回避》,《清华大学学报》,2004
年第 10 期。

[22] 陈靖波,赵猛,张珩:《空间机械臂在线实时避障路径规划研究》,《控制工程》,2007
年第 4 期。

[23] 蔡建荣,赵杰文:《Thomas Rath,Macco Kawallek,水果收获机器人避障路径规划》,
《农业机械学报》,2007 年第 3 期。

[24] 王伟,杨扬,原魁:《机器人 C-空间障碍边界建模与无碰路径规划》,《机器人》,1998
年第 4 期。

[25] 陈树人,戈志勇,王新忠,等:《番茄采摘机械手 C-空间障碍计算方法》,《农业机械学
报》,2008 年第 1 期。

[26] 蔡自兴,徐光祐:《人工智能及其应用:Principles And Applications》,清华大学出版
社,2003 年。

[27] 刘继展,李萍萍,李智国,等:《球形果实收获机器人末端执行器及其控制方法》,发明
专利申请号:200710020501.6。

[28] 朱伯芳:《有限单元法原理与应用(第二版)》,水利水电出版社,1999 年。

[29] 张洪信:《有限元基础理论与 ANSYS 应用》,机械工业出版社,2007 年。

[30] 张红松,胡仁喜,康士廷,等:《ANSYS12.0 有限元分析从入门到精通》,机械工业出
版社,2010 年。

[31] Saeed Moaveni:《有限元分析-ANSYS 理论与实践(第三版)》,电子工业出版社,
2008 年。

[32] 盛和太,喻海良,范训益:《ANSYS 有限元原理与工程应用实例大全》,清华大学出
版社,2006 年。

[33] 周长城,胡仁喜,熊文波:《ANSYS11.0 基础与典型范例》,电子工业出版社,
2007 年。

[34] 庞洪臣,王吉忠,夏波,等:《HR601 驱动桥变速箱壳体结构分析》,《农机化研究》,
2008 年第 4 期。

[35] 周明,张国忠,许绮川,等:《土壤直角切削的有限元仿真》,《华中农业大学学报》,
2009 年第 4 期。

[36] Geitmann A, Joseph K E, et al. Mechanics And Modeling of Plant Cell Growth.
Trends in Plant Science, 2009(9).

[37] Tancrède Alméras, Joseph Gril. Mechanical Analysis of the Strains Generated by
Water Tension in Plant Stems. Part I: Stress Transmission from the Water to the
Cell Walls. Tree Physiology,2007(11).

[38] Pierre Fayant,Orlando Girlanda,Youssef Chebli, et al. Finite Element Model of
Polar Growth in Pollen Tubes. Plant Cell Advance, 2010(22).

[39] 王福军:《计算流体动力学分析——CFD 软件原理与应用》,清华大学出版社,
2004 年。

[40] 罗惕乾,程兆雪,谢永曜:《流体力学》,机械工业出版社,1999 年。

［41］陶文铨：《数值传热学（第二版）》，西安交通大学出版社，2001 年。

［42］王瑞金，张凯，王刚：《FLUENT 技术基础与应用实例》，清华大学出版社，2007 年。

［43］流体中文网．FLUENT 全攻略．www.cfluid.com，2005.

［44］韩占忠，王敬，兰小平：《Fluent 流体工程仿真计算实例与应用》，北京理工大学出版社，2004 年。

［45］Fluent Inc.．FLUENT 6.3 User's Guide．Fluent Inc.，2006.

［46］Jia W D, Li Ch and Mao H P. CFD Simulation of Three Multi-foll Shields. The 21st International Symposium on Transport Phenomena, Kaohsiung City, Taiwan, 2010.

［47］Jia W D, Li Ch. Numerical Simulation on Impacting the Interface Process of A Single Droplet. The 21st International Symposium on Transport Phenomena, Kaohsiung City, Taiwan, 2010.

［48］程秀花，毛罕平，伍德林，李本卿：《玻璃温室自然通风热环境时空分布数值模拟》，《农业机械学报》，2009 年第 6 期。

［49］苏刚，史建新，葛炬：《基于逆向工程的方捆机打结器空间角度测量》，《农业机械学报》，2008 年第 6 期。

［50］王国权，余群，卜云龙，等：《秸秆捡拾打捆机设计及捡拾器的动力学仿真》，《农业机械学报》，2001 年第 5 期。

［51］陈峰：《大方捆打捆机压缩机构设计及压缩试验研究》，中国农业机械化科学研究院，2007 年。

［52］杨诗军，姚文席：《凯斯 8545 与 Welger AP－530 牧草方捆机打结器结构及效能比较》，《机械研究与应用》，2006 年第 1 期。

［53］万其号，布库，张国瑞：《方草捆捡拾压捆机打结器控制系统运动分析》，《农机化研究》，2009 年第 9 期。

［54］李建桥，郇楠，等：《基于 ADAMS 的中小型割捆机的仿生研究》，《中国农业工程学会2007 年学术年会论文集》。

［55］于建国：《固定式饲草压捆机分捆机构的改进设计》，《农业工程学报》，2007 年第4 期。

［56］陈正清：《9KJ-1.4A 型拣拾压捆机打结机构的使用调整》，《现代化农业》，1998 年第9 期。

［57］安国邦，计守信：《奔驰 88-A 型高密度固定干草压捆机的研制》，《东北农业大学学报》，1994 年第 6 期。

［58］徐斌，于斌，王德友，等：《9CYZ-4A 型草块压制机的模拟试验及理论分析》，《农机化研究》，1998 年第 5 期。

［59］金鳃鹏，徐斌，石铁，等：《9CYZ-4B 型牧草压缩设备液压系统的设计》，《农机化研究》，1999 年第 11 期。

［60］杨名赟：《我国牧草压缩基础研究工作进展及探索》，《农机化研究》，2002 年第 5 期。

［61］杨明韶，李旭英，杨红蕾：《牧草压缩过程研究》，《农业工程学报》，1996 年第 12 期。

［62］杨明韶：《压捆机设计与发展中的几个问题》，《畜牧机械》，1984 年第 4 期。

［63］杨明韶，王春光：《牧草压缩工程中几个主要问题分析》，《农业工程学报》，1997 年（增刊）。

［64］王国权，余群，卜云龙，等：《秸秆捡拾打捆机设计及捡拾器的动力学仿真》，《农业机械学报》，2001 年第 5 期。

［65］李大鹏：《可编程控制器在牧草压捆机上的应用研究》，《黑龙江八一农垦大学学报》，2002 年第 3 期。

［66］李杰，阎楚良，杨方场：《基于虚拟样机技术的联合收割机切割机构的仿真》，《农业机械学报》，2006 年第 10 期。

［67］孙贵斌，李明利，孟炜，等：《卡扣式方草捆打结器的设计》，《农业机械学报》，2008 年第 12 期。

［68］王春光，杨明韶，高焕文，等：《打捆机草捆捆绳张力的测试研究》，《内蒙古农牧学院学报》，1998 年第 3 期。

［69］道尔吉，郑刚：《打结器试验台的模拟设计》，《农业机械学报》，1989 年第 2 期。

［70］赵洪刚：《饲草压捆机动态特性仿真研究》，东北林业大学，2007 年。